国家重点图书出版规划项目

中国载人航天科普丛书

总主编 王永志 王文宝 袁家军

飞天英雄

——追踪航天员飞天足迹

主 编 陈善广

副主编 黄伟芬

中国宇航出版社

·北京·

内 容 提 要

本书深入浅出地介绍了航天员的培养过程和工作内容，包括航天员的选拔训练，丰富多彩的太空生活，繁重复杂的太空工作，充满风险的舱外活动，航天员医学监督与保障，空间生命科学探索，大型太空环境模拟和训练设备，人类的太空梦想和长期载人飞行的关键技术。

本书内容全面，覆盖面广，知识性和趣味性并重，是一部比较系统、全面介绍航天员的科普图书。可以作为航天爱好者和非专业人员了解航天员的参考读物，也可供航天医学工程专业的技术人员和管理人员参考。

图书在版编目（CIP）数据

飞天英雄：追踪航天员飞天足迹／陈善广主编．-- 北京：中国宇航出版社，2011.1

（中国载人航天科普丛书 ／王永志，王文宝，袁家军主编）

ISBN 978-7-80218-445-9

I．①飞…　II．①陈…　III．①航天员—中国—普及读物　IV．① V527-49

中国版本图书馆 CIP 数据核字（2010）第 263280 号

责任编辑　田方卿　**责任校对**　王　妍　**设计制作**　03 工舍

出　版 发　行	中国宇航出版社		
社　址	北京市阜成路 8 号 (010)68768548	**邮　编**	100830
网　址	www.caphbook.com/www.caphbook.com.cn		
经　销	新华书店		
发行部	(010)68371900 (010)68768541		(010)88530478(传真) (010)68767294(传真)
零售店	读者服务部 (010)68371105		北京宇航文苑 (010)62529336
承　印	北京画中画印刷有限公司		
版　次	2011 年 6 月第 1 版		2011 年 6 月第 1 次印刷
规　格	787 × 960	**开　本**	1/16
印　张	16.5	**字　数**	262 千字
书　号	ISBN 978-7-80218-445-9		
定　价	46.00 元		

本书如有印装质量问题，可与发行部联系调换

总　序

上世纪九十年代初，党中央审时度势、高瞻远瞩，果断作出了实施中国载人航天工程（代号 921 工程）的重大决策。这一战略工程的建设与发展，至今已走过了十八年的光辉历程，中华民族实现了千年的飞天梦想，在世界航天发展的史册上，铭刻下了中国人民勤劳智慧、自强不息、勇攀科技高峰的辉煌印记，在人类和平利用太空的伟大征程中树立了不朽丰碑。当今世界，伴随高新技术发展的突飞猛进，航天技术发展方兴未艾，我国航天事业正迈上新的历史征程。当此之际，中国载人航天工程办公室组织编著出版这套《丛书》，对历史、现实和未来都是一件颇有意义的事情。

这套《丛书》全面介绍了工程的发展历程、各系统工作原理及相关航天知识。我作为工程的亲历者、见证者和组织者，更深切地体会到：工程意义重大而充满挑战，成就举世瞩目而来之不易。工程实施以来，在党中央、国务院、中央军委的坚强领导和亲切关怀下，在全国各相关方面的大力支持下，广大航天工作者大力协同、锐意进取，成功突破了一大批拥有自主知识产权的载人航天核心关键技术，先后实现了从无人飞行到载人飞行、从一人一天到多人多天、从舱内实验到出舱活动等重大跨越，使我国成为世界上第三个能够独立开展载人航天活动的国家，在载人航天高技术领域占有了重要一席。胡锦涛总书记明确指出，载人航天工程取得的成就，是我国综合国力不断增强、科技水平不断提高的重要体现，对于增强全民族的自信心和自豪感，凝聚全民族的智慧和力量，鼓舞全党全军全国各族人民全面建设小康社会、实现中华民族伟大复兴具有重大而深远的影响。

通览《丛书》，可以更深刻地感到，作为我国航天发展史上规模最大、系统构成最复杂、可靠性安全性要求最高的国家级高科技工程，载人航天工程取得的伟大成就令人自豪，催人奋进。同时，从中可以得出许多重要启示：当今时代，世界综合国力的竞争，集中体现为科技特别是高科技的竞争，关键在于人才的竞争，科技、人才已成为民族振兴的基石和综合国力的核心；社会的进步、国家的发展、民族的强大必须充分发挥科学技术第一生产力的作用，坚持人才为本，瞄准世界高科技发展前沿，着力突破核心关键技术，抢占战略制高点，不断提高自主创新能力，唯有如此，才能把国家安全和发展的命脉牢牢掌握在自己手里；科技落后是最可怕的落后，我国目前仍面临发达国家在高科技领域占优势的巨大压力，必须增强机遇意识、忧患意识和使命意识，敏锐把握世界新科技革命的大势，以战略需求为导向，努力实现科技新跨越、新发展。

《丛书》作为航天高科技普及读物，与一般科普读物相比，有许多突出特点：一是鲜明的系统性和集成性。《丛书》以中国载人航天工程为主线，分别介绍工程总体以及航天员、空间应用、载人飞船、运载火箭、发射场、测控通信、着陆场等各系统，结构清晰、重点突出，各个分卷相互衔接、形成整体。二是广泛的知识性和普及性。《丛书》突出读者感兴趣的知识点，满足社会公众对载人航天科技知识的渴求，语言流畅、深入浅出，图文并茂、通俗易懂。三是高度的科学性和权威性。《丛书》编写人员既有工程总设计师、工程总体的专家，也有工程相关系统的总指挥、总设计师；既有长期工作在航天领域的老专家、老领导，也有奋战在科研一线的技术骨干和管理人员，他们大多亲历和参与了工程的研制建设，是各自领域的权威人士，编写内容概念正确、数据科学准确。

相信这套《丛书》的出版发行，对于宣传我国载人航天工程的伟大成就，大力弘扬载人航天精神，增强民族自信心和创新精神，必将起到重要的促进作用。同时，通过普及航天知识，必将吸引和鼓励更多的青少年热爱科学，积极投身航天事业，使我国高科技发展后继有人、持续跨越，为实现中华民族伟大复兴的宏伟目标，为开创中国特色社会主义事业新局面，作出新的更大贡献。

中央军委委员、总装备部部长
中国载人航天工程总指挥

常萬全

2010年4月16日

前　言

航天员是人类开拓天疆的先锋，是人们敬仰的飞天英雄。航天员的选拔训练，以及他们在太空的工作与生活，备受航天爱好者的关注。

《飞天英雄——追踪航天员飞天足迹》是《中国载人航天科普丛书》中的一卷，主要介绍了航天员的培养过程和工作内容，包括严酷的选拔训练，严峻的太空环境，严格的医监医保，繁重复杂的操作任务，充满风险的舱外活动，极具挑战的科学探索，丰富多彩的太空生活，功能各异的大型太空环境模拟和训练设备。此外，本书还讲述了人类的太空梦想和载人航天的发展前景。

本书是根据《中国载人航天科普丛书》的定位、读者对象和编写要求，组织中国航天员科研训练中心有关的科研人员，凭借多年研究与实践的经验积累，并参考苏联/俄罗斯、美国有关航天员资料编写而成的。本书内容系统全面，资料丰富翔实，理论与实践相结合，在注重科学性、系统性和专业性的同时，突出可读性和趣味性，反映了中国载人航天工程航天员系统的发展前沿和概貌，是一本奉献给广大航天爱好者的科普读物。

本书的编写工作是在中国载人航天工程办公室领导下进行的，得到了中国航天员科研训练中心的大力支持。中国空间技术研究院李颐黎研究员、范剑峰研究员，中国载人航天工程办公室季启明参谋、宋伟参谋审阅了全部书稿，并提出了宝贵的修改意见。在此一并表示衷心的感谢。

书中如有错误和不妥之处，敬请读者批评指正。

主　编

目 录

第一章 载人航天　以人为本

第二章 千挑万选　百炼成钢

第三章 太空生活 天上人间

第四章 太空工作 难度非凡

第五章 精心呵护 保驾护航

第一章

载人航天　以人为本

载人航天是当今世界最复杂、最庞大、最具风险性的航天工程，那么，人类为什么还要斥巨资发展载人航天事业呢？首先，人类永无止境地探索自然奥秘的本性，促使人类在继陆地、海洋、天空之后，向更新、更广阔的太空迈进；其次，在太空，人所具有的能力和作用，是任何设备都无法替代的；再次，地球面临的资源危机和环境危机，促使科学家关注和思考人类社会的未来发展，并把太空作为实现人类可持续发展的方向。

1．严酷而独特的太空环境

发展载人航天，对人类来说具有十分重要的现实意义。

首先，太空有着极其独特和宝贵的环境及资源，如微重力、强辐射、高洁净、高真空环境，丰富的太阳能以及众多星体上的海量矿物资源，这对于生活在人口爆炸、资源日益匮乏的地球人类来讲，有着巨大的吸引力。太空独特的环境资源在地球上是难以获得的，利用这些资源，可以在空间进行科学实验，改善生产工艺，提供在地面重力环境中难以生产或无法生产的产品，为人类创造新的财富。

其次，载人航天可以极大地扩展人类的认知领域，揭示新的自然规律，将载人航天科技成果用于改善人类的生活质量和发展高技术，全面促进科技进步和高技术产业的发展。世界航天事业发展的事实证明，空间技术应用已经成为促进经济和社会发展的重要推动力之一。

再次，载人航天是高技术密集的综合性尖端科学技术，它能够提高一个国家的威望和政治声誉，增强民族自豪感和凝聚力，推动国民经济的发展，提升国家的综合实力。载人航天对当今世界的政治、经济、科学技术等诸多方面具有重大的影响，已经成为衡量一个国家综合国力的重要标志，也是一个国家科学技术发展水平的集中反映和具体体现。

综上所述，发展载人航天成为人类社会发展的必然结果。

太空即外层空间，是地球稠密大气层之外的空间区域，又称为宇宙空间，简称空间或外空。在航天技术领域，通常将地球表面120千米以上直至遥远宇宙的区域称为空间或太空。由于人类目前的技术水平还无法到达更加遥远的宇宙空间，所以，航天活动主要在太阳系以内的空间进行。1981年，在罗马召开的国际宇航联合会第32届年会上，科学家把外层空间称为人类活动的“第四环境”，而把陆地、海洋和大气层（天空）分别称为人类的第一、第二和第三环境。自从苏联成功发射第一颗人造地球卫星以后，太空已经是继陆地、海洋和天空之后

图 1－1　神舟 5 号飞船发射

人类认识和实践活动的新领域。

1961 年，苏联东方号载人飞船发射成功，尤里·加加林成为世界上第一位进入太空的航天员；1969 年，美国阿波罗 11 号飞船在月球上成功着陆，航天员尼尔·阿姆斯特朗打开登月舱舱门，踏上月球，首次实现了人类登上月球的梦想。2003 年 10 月 15 日，神舟 5 号飞船载着中国第一位航天员杨利伟遨游太空（图 1－1）……

世界上很多国家，包括美国、俄罗斯、中国、日本、印度、加拿大和欧洲各国，都在以各种方式努力发展本国的载人航天技术，以便在载人航天领域拥有一席之地。据统计，截至2008年初，世界上已有近1000人次进入过太空，航天员在轨持续飞行时间最长纪录达到了437天。这些事件表明，世界已经进入了太空时代。

对于生于地球、长于地球的人类来说，太空环境是严酷的。人类要征服宇宙，必须首先面对太空飞行环境因素带来的挑战。

1）超重和噪声。在载人航天器发射的加速上升段，航天员要经受数倍于地球引力的超重过载；航天员返回地面过程中，载人航天器进入大气层后的气动减速，也会造成超重过载。加速度作用于人体的方向由头至骨盆的过载称为正向过载，由骨盆至头的过载则称为负向过载。正向过载时，人体血液受惯性力的作用，会由上身转移到下身，引起头部、上身缺血和视力障碍，严重时还可能发生晕厥。

火箭在上升过程中，发动机会产生高强度的噪声。载人航天器返回地面的过程中，高速穿过大气层时，也会产生巨大的气动噪声。载人航天器在轨道运行时，即便噪声比发射上升段和返回再入段小得多，也相当于繁忙交通路口的噪声强度，而且这种噪声在飞行过程中会持续不断。噪声强度过大，会影响航天员的心率、血压和耗氧量，可能诱发心血管功能紊乱并降低工作效率。

2）失重。失重是航天飞行中的一种特殊物理现象。进入太空后，人体处于一种失重状态。人类在长期的进化过程中，形成了与地球重力环境相适应的生理结构与功能特征，失重环境则会对航天员的身体健康和工作能力产生重要影响。中长期航天飞行，会导致航天员出现多种生理、病理现象，主要表现为心血管功能障碍、骨丢失、肌肉萎缩、免疫功能下降、内分泌机能紊乱、工作能力下降等。40多年的载人航天实践表明，失重对人体的生理功能有很大影响。

3）宇宙辐射、真空和高温低温。太空是一个高真空、超低温、强辐射的环境。这种环境对人来说是致命的，人一旦暴露其中，将面临失压、缺氧、低温和辐射损伤4大危险。

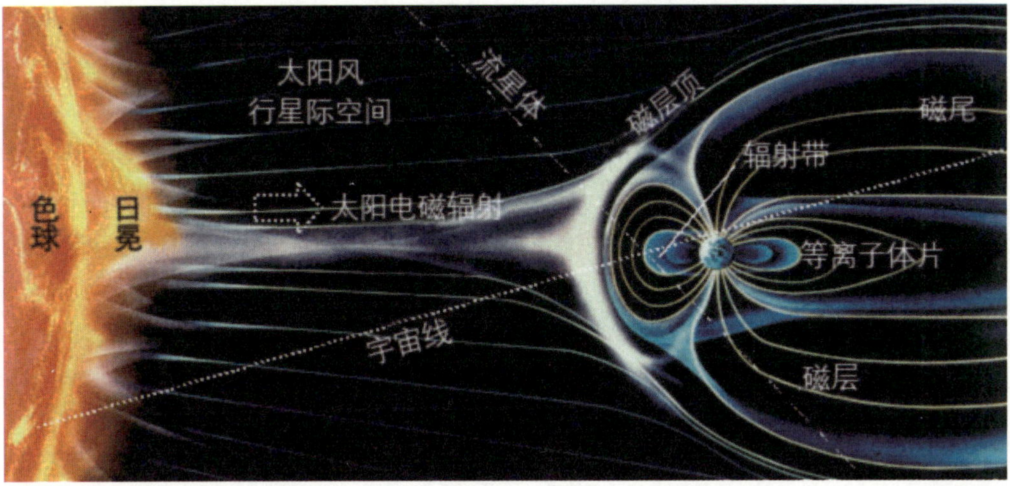

图1–2 日地空间辐射环境

太空中不仅有宇宙大爆炸时留下的辐射，各种天体也在向外辐射电磁波。许多天体还向外辐射高能粒子，形成宇宙射线，例如，银河系有银河宇宙线辐射，太阳有太阳电磁辐射、太阳高能粒子和太阳风。地球磁场俘获上述高能带电粒子，会在近地空间形成辐射性很强的辐射带，如地球周围就有内外两个辐射带。因此，太空还是一个强辐射环境（图1－2）。由于地球大气层的屏蔽效应，宇宙空间的辐射到达地面的剂量很小，对生活在地球上的人类基本没有危害。而在宇宙空间中，由于失去了地球大气层的保护作用，进行航天飞行的航天员如果没有有效的辐射防护，可能会受到宇宙辐射的致命伤害。观测和研究表明，美国、苏联／俄罗斯航天员在太空飞行中接受的辐射剂量，大多数没有达到使人体受到伤害的水平，但少数飞行中，航天员接受的辐射剂量比较大。另外，在长期的太空飞行中，特别是在未来长时间的星际航行中，宇宙辐射对航天员的危害到底有多大，还有待于进一步研究。

由于太空没有氧气，如果人直接暴露于太空，将会立即窒息死亡。没有了外部大气压，人也会因为内脏和器官胀裂而立刻丧命。

在近地空间，环境温度一般在－100℃以下，深空环境温度在－270℃以下。太空是高真空环境，没有热量的传导和对流。在太空飞行的载人航天器直接受太阳辐射，虽然航天器本身存在热量传导和对流，但其向阳面和背阴面的外表温度变化仍然十分剧烈，向阳面温度可高达100℃以上，而背阴面或在阳光照射不到的阴影中，温度则在−100℃以下。在航天器重返大气层阶段，高速飞行的航天器与大气剧烈摩擦，外表会产生几千摄氏度的高温，这样的高温对航天员来说是致命的。为了让航天员能够生活在一个温度相对适中的环境中，载人航天器必须有良好的隔热设计和舱内温度控制能力。

4）微流星和空间碎片。微流星也称为微流星体或微陨星，是宇宙空间中细小的岩石颗粒，质量通常小于1克。微流星来自于岩石或更大碎片的碎裂物，典型成分是金属，通常产生于太阳系形成之际。在太空中，特别是在近地空间，普遍存在着微流星。微流星相对于地球轨道上航天器的速度大约为每秒数十千米，对航天飞行有重大威胁。抵抗微流星的撞击，是设计航天器和航天服面临的重要难题。微流星虽然体积很小，但数量多时，会对航天器造成难以估量的伤害，高速撞击则会对航天器外壳产生砂蚀效果，长期暴露会危害到航天器各系统的性能。

空间碎片又称为空间垃圾，是指废弃的火箭或航天器的残骸和它们爆炸或碰撞产生的碎片。空间碎片与航天器的相对速度在0～16千米／秒之间，稍低于微流星的相对速度，但空间碎片始终和航天器一同在地球周围运动，因此和航天器发生碰

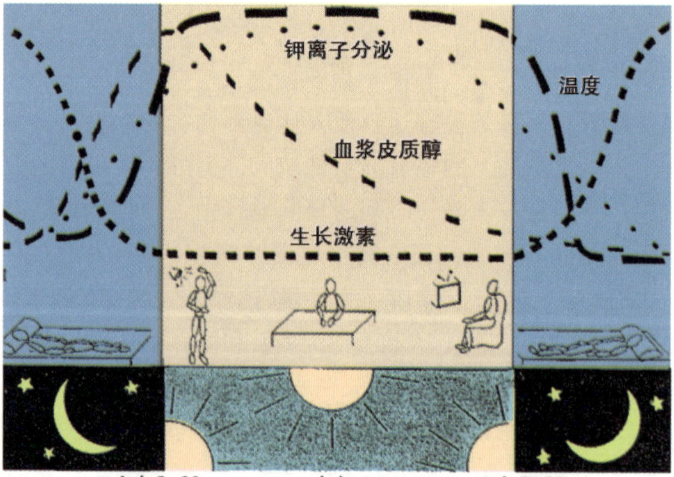

图1−3　地面环境下人体的昼夜节律周期

撞的机会很多。微流星和空间碎片与航天器相撞，可在航天器的表面留下撞击坑或穿孔，甚至造成航天器表面的机械损伤。体积相对较大的微流星和空间碎片，对人和航天器的破坏都是致命的。

5） 时间节律。载人航天器一般绕近地轨道飞行，绕地球飞行一周大约90分钟，这就是说24小时内有16个昼夜变化。长期生活在地球表面昼夜节律周期中的人，心理、生理功能逐渐形成与此相适应的人体内环境平衡（图1－3），当外界环境昼夜周期发生变化后，人在短期内不能适应，会出现一些生理功能紊乱现象，如睡眠障碍、容易疲劳等，同时工作效率会降低。

保障航天员在航天特殊环境下健康生存，完成预定的工作任务并安全返回地面，是载人航天飞行头等重要的任务。

2．奇妙的太空生活

在太空中，航天员生活在智能化的密封舱内，舱内可以自动调节温度、湿度、气压以及空气成分，而且可以使空气不断地流动。密封舱内设施齐全，有丰富的食品，足够的饮用水和生活用水，吃、喝、拉、撒、睡，样样需求都能得到满足。密封舱内还配备有文娱和体育设施，供航天员娱乐、休闲和锻炼。通过广播电视通信设备，航天员还可以与地面指挥控制中心及家人进行视频通话甚至联欢。载人航天器的设计师为航天员设计的生活环境，可谓是太空中的“桃花源”。

虽然载人航天器里面的生活设施样样齐全，但太空生活毕竟不同于地面，航天员要想顺利完成航天飞行任务，面临的实际困难是多方面的。比如，吃饭、行走、睡觉、淋浴、工作，这些在地面上都很普通的事，在太空中由于失重的影响变得很艰难，但也充满乐趣。大多时候，你会体验到失重带来的轻盈、漂浮等奇妙的感觉（图1－4）。

在太空飞行，航天员可以看到不同于在地面上见到的日出日落景象，能看到常人无法看到的美丽的地球全貌。在月球表面，登月航天员还能看到月球表面令人吃惊的景象：月面上普

图1-4 航天员聂海胜在太空中拍摄DV短片

遍覆盖着一层厚厚的碎屑物质，到处都布满了环形山，有些环形山向外辐射出许多明亮的条纹。在太空中看地球和其他天体空间，自然之美是那样的撼人心魄，令人叹为观止！

人类对于太空的认识和利用才刚刚开始，浩渺无际的太空，神秘深邃的宇宙，还有无穷的奥秘等待着人类去探索和发现。

3. 航天员的类型与职业分工

航天员是通过专门的训练以后，在太空中操纵载人航天器或在太空工作的各种人员的统称。由于太空环境复杂，工作任务艰巨，因此，作为一名航天员，需要具有崇高的献身精神，高深的学识水平，非凡的工作能力，优秀的环境耐力，良好的心理素质和健康的身体条件。

随着载人航天技术的发展，航天员在太空中承担了越来越多且日趋复杂的任务，航天员队伍的结构也随之发生了相应的变化，由原来的单一类型发展为多种类型，形成了不同的类型与职业分工。

航天员分职业和非职业两大类：职业航天员是指专门从事航天飞行工作的航天员；而非职业航天员是临时到太空工作或活动的航天员，主要是从事某项科学研究、试验或载荷操作的科学家或工程技术人员。航天员的分类和称呼，美俄两国略有不同。美国分为航天驾驶员、任务专家和载荷专家；俄罗斯则分为航天驾驶员、航天飞行工程师和载荷专家。执行载人航天飞行任务的乘组通常由若干名不同类型的航天员组成。每个飞行乘组都有一位“指令长”，是乘组内的指挥。

1）航天驾驶员（Pilot）。航天驾驶员是载人航天器上主要负责航天器操纵与控制的航天员。美国航天飞机的乘组设有1名专门的驾驶员，在航天飞机发射和返回着陆时坐在驾驶舱右座（指令长坐在左边的位置上），相当于飞机副驾驶的位置。在航天飞行中，驾驶员要配合指令长完成驾驶和操纵航天飞机的任务。事实上，驾驶员掌握航天飞机操纵杆的时间，最多不会超过几秒钟，因为操纵杆几乎都由指令长掌握。驾驶员要想真正拥有“驾驶”航天飞机的机会，还得等到自己晋升为指令长的那一天。一般来讲，大多数驾驶员在执行一两次航天飞行任务之后，都有机会得到晋升。驾驶员跟指令长一样，要接受专业技术训练并协同有关专家工作。与航天飞机不同，载人飞船的乘组人数只有2～3人，不另设专门的航天驾驶员，航天驾驶员由指令长兼任。

2）任务专家（Mission Specialist，MS）。任务专家是负责完成一项航天计划中的具体使命或任务的航天员。在航天飞行中，任务专家的工作主要是负责航天器的维护和载荷管理，走出载人航天器进行“舱外活动”。舱外活动主要包括操纵遥控机械手释放或回收卫星，组装大型空间平台，修复航天器和设备，对太空或地球进行观察研究和科学实验等活动。这类航天员只有在多人航天器上才配备，并随载人航天器大小、复杂程度和任务的多少，在各次飞行中配备不同数量的任务专家。

3）航天飞行工程师（Flight Engineer）。俄罗斯以前把与美国任务专家相似的航天员叫做随船工程师，现在则称为航天飞行工程师。航天飞行工程师实际上就是乘组中的工程专家，主要负责确保航天器的正常运行，对航天器各系统设备进行必要的维修、检查及执行出舱活动等。

4）载荷专家（Payload Specialist）。大部分载荷专家是非职业航天员，一般是科学家或有特殊专长的工程技术人员。载荷专家在长期飞行的空间站或航天飞机上从事某项科学研究和实验工作，只负责有效载荷的管理和操作。所谓有效载荷，是指为了完成某种科学实验或者为了实现某种应用目的研制的航天器舱载设备或装置。

除了载荷专家之外，载人航天器还有其他一些以舆论宣传、教育或观赏旅游为目的的特殊乘员，他们可能是教师、官员、公务员、商人或其他各种职业者，如美国挑战者号航天飞机第10次飞行乘员组中的克里斯塔·麦考利夫，就是一位社会学女教师。按照挑战者号第10次飞行计划，克里斯塔·麦考利夫准备在太空通过电视向美国和加拿大250多万中小学生讲授两节太空课，并在航天飞机上参加几项科学实验，后来因为挑战者号在发射升空时失事，这位女教师不幸遇难。

我国首批航天员均是从空军优秀的歼击机、强击机男性飞行员中选出的，他们全部都是驾驶员，但对他们的训练要求必须是“全能”的，要兼顾飞行工程师、载荷专家的相关职责。我们相信，随着航天技术的不断发展，我国航天员队伍结构也必将多元化，总有一天，许许多多的普通人也可以遨游太空，加入到非职业航天员的队伍中来。

4. 航天员在载人航天中的地位

航天员在载人航天中处于重要的主体地位。

第一，航天员是载人航天各系统应给予安全保障的首要目标。

第二，运载火箭和载人航天器的设计必须考虑人的承受能力，降低超重、振动、冲击、噪声和辐射等因素对航天员的不利影响，创造适合人生存和工作的航天器内部环境，满足相关的医学要求，保证人的健康与安全。同时，也必须考虑相关的工效学要求，充分考虑人－机工效的问题。载人航天器上各种人机界面的设计、人机功能分配和仪器设备的操作，必须尽可能符合人－机工效学原理，便于航天员在载人航天飞行中使用和操作。

第三，为了使航天员能更好地驾驶和操纵航天器，及时正确地处理可能出现的意外和紧急情况，保证飞行安全，并最终完成航天飞行任务，除了在工程设计上采取必要的措施之外，还必须对航天员进行选拔和训练，实施航天员医学监督与医学保障，保障航天员在训练和飞行中的身体健康。

5. 航天员的任务和作用

在载人航天初期，航天员仅仅是载人航天器中的一名乘员或单纯的飞船驾驶员，在飞行中的主要任务是监视飞船仪表，控制和管理飞船上的各种仪器和设备。从20世纪60年代中期开始，航天员的工作任务中增加了新的内容，即舱外活动和空间交会对接。70年代以后，随着载人空间站和航天飞机的出现，航天员又增加了科学实验任务。航天技术不断发展，空间实验内容也在不断增加，航天员既要完成对天对地观察、地球资源勘察、特殊材料空间制备等特定任务，还要开展空间生命科学、空间材料科学、天文学、气象学、航天科学技术等各种科学研究和实验。如今，航天员已由载人航天器中的乘客和驾驶员，发展成为月球探险家、空间科学家、航天器工程师、军事观察员和太空教师等，在空间科学技术的发展中发挥着越来越重要的作用。

航天员参与航天飞行的另一个重要作用，就是使航天器飞行得更安全，更可靠，使用寿命更长，完成任务的成功率更高。训练有素的航天员，可以在太空中发挥人的主观能动性、创造性、高度思维能力和应变能力，及时发现、处理和解决问题。

1）载人航天器硬件出现故障时，航天员能实施在轨检查和维修，使其恢复正常工作。

2）载人航天器自动控制系统失灵时，航天员能用人工控制的方法使其安全返回地面。

3）航天员能独立地接受载人航天器上各类仪表显示的信息，对其进行判断和决策，并作出快速反应。

4）在载人航天器与地面失去联系时，航天员能独立完成任务并安全返回。

5）当航天器上出现意外和紧急情况时，航天员能对形势进行快速判断和评价，并及时采取措施进行处理。

6）航天员的主动参与，可以简化航天器上某些仪器设备的自动化设计。

概括起来，航天员的作用主要体现在两个方面：一方面，航天员可以在太空完成很多在地面无法完成的任务，包括技术应用和科学实验研究；另一方面，航天员能对航天器实施有效的监督、控制、操作和管理，发挥人的主观能动性，提高航天飞行的安全性和可靠性，出色地完成飞行任务。

随着载人航天技术的发展和人类航天活动的不断深化，未来，航天员在载人航天中将承担越来越多且日趋复杂的任务，在空间科学实验和空间资源开发利用中将发挥越来越重要的作用。

航天员参与航天飞行有有利的一面，但还应看到事物的另一面。航天飞行中，航天特殊环境会对航天员生理和心理产生一定的负面影响，甚至引发健康问题。面对复杂的航天器系统，航天员也可能出现监督、判断、决策和操作上的失误，从而影响到航天飞行任务的实施。

1966年3月16日，美国双子星座8号飞船在轨道运行时，由于航天员操作失误，飞船姿态失去控制，不久发动机电路又出现短路。双子星座8号原计划在轨道上运行3天，由于上述故障，只飞行10.5小时就提前返回。

1969年3月3日，美国阿波罗9号飞船携带登月舱在地球轨道进行登月演练时，航天员J·麦克迪维特在穿航天服的过程中出现严重呕吐。呕吐是一种航天员多发的航天运动病。因为这次呕吐，迫使阿波罗9号修改演练活动计划，浪费掉了昂贵的几个小时。直到麦克迪维特身体恢复后，才完成登月舱的

知识链接

阿波罗13号奇迹返航

阿波罗13号是由美国发射的第三艘执行载人登月任务的飞船，但是飞船在抵达月球前，服务舱液氧贮箱发生爆炸，使得飞船上的氢氧燃料电池损坏，电能供应出现问题，载人飞船只得紧急返航。在飞船电能不足、供水供氧困难、环境温度下降的巨大困难下，3名航天员以顽强的意志和毅力，战胜恐惧、寒冷、黑暗、疲劳等困难，依靠人的主观能动性，与地面飞控中心密切配合，积极稳妥地实施地面制定的救生方案，最终奇迹般地成功返回地球。

模拟登月活动。

1997年6月25日，俄罗斯和平号空间站上的两名航天员——指令长瓦西里·齐布利耶夫和飞行工程师亚历山大·拉祖特金，对进步M－34号货运飞船与空间站的对接速度判断失误，致使飞船与空间站发生碰撞。这次碰撞使和平号空间站密封性遭到破坏，光谱舱受损，空气不断外泄，空间站上航天员2/3的工作时间被迫用于进行设备的保养和维修，科研时间只有1/3。这是和平号空间站在轨运行11年中发生的最严重的事故。

这些因航天员身体不适或操作、判断失误对载人航天任务带来的不利影响，一方面反证了航天员作用的重要性，另一方面也反映出人的能力的局限性。为了克服这一局限性，必须加强航天器设计和航天员技术训练、心理训练、医学保障等方面的工作，以保证航天员能更好地发挥作用，顺利完成各项航天飞行任务。

6. 以人为本，安全至上

载人航天是一项庞大的系统工程，其最大特点就是需有人驾乘航天器并对航天器进行操控，因而航天员的安全就成了工程实施中的首要问题，其中的每一环节都要考虑到人的因素，而且要努力提高飞行期间航天员的舒适程度，以保证航天员的健康和工作效率。也就是说，由于航天员成为整个工程系统的一部分，相关的工程设计和性质都要发生根本性的变化，要突出以人为本的设计理念。在这方面，40多年的载人航天活动已经有了血的教训。自1961年人类进入太空以来，共有22名航天员献出了宝贵的生命。

以人为本的理念，应贯穿于载人航天工程技术体系从设计、制造、试验到应用的全过程，落实到工程总体、系统、分系统、部件、组件到元器件的各个层面和各个环节。以人为本，体现在航天器人性化设计、人文关怀的系统观念上，体现在航天器高可靠性、高安全性的设计上，体现在各种应急救生措施的设置上，体现在给航天员配备的各种装备上，体现在各阶段、各现场的试验中，体现在航天员的训练中，体现在航天飞行前、中、后航天员医学监督与保障的实施中，体现在对飞行任务、计划和飞行程序的制定上，体现在最大限度地提高测控覆盖率的措施上，体现在用最短的时间接应航天员并进行有效医学处置的回收过程中。

在设计工作中，要尽可能为航天员创造舒适的生活和工作环境，确保航天员的安全，真正把航天员放在整个系统的核心地位。在载人航天工程中，航天员绝不是一个被动的被保护和被关照对象，而是处于主导地位的航天器管理者和操纵者，航天员的安全和生存保障只是最起码的必要条件，更重要的是如何充分发挥人独特的高级智能，发现、分析、解决各种意料之外的难题，只有这样，才能真正发挥出载人航天的特点和优势。因此，载人航天系统设计从一开始，就应当明确树立以航天员为中心的思想。

1）在回收和救生方面，从发射前航天员登舱开始至返回着陆的全过程，都要考虑到救生的问题。一旦出现危险情况，应尽快实施救生，最大限度地保障航天员的安全。

2）对载人航天器及各种装备的工程设计提出医学和工效学要求，并实施医学和工效学评价，在确保航天员安全和实现任务目标的前提下，航天器的设计要充分考虑人本身及人的身心特点，最大限度地进行人性化设计，确保航天器的内环境适合航天员居住和工作。同时，人机界面应设计合理，各种装备的操作使用要符合人的特性，符合相应的医学和工效学标准，如美国航空航天局NASA-STD3000标准和我国飞船设计医学和工效学标准。

3）在安全性和可靠性方面，除了高度重视产品的安全性、可靠性设计外，充分的试验是安全性、可靠性检验不可或缺的重要环节。无论是运载火箭和载人航天器，还是各类技术保障设备，都要进行大量各种类型的试验，如方案验证试验、产品性能试验、环境试验、系统综合测试、人－机（包括航天器、运载火箭、航天测控系统）的联合测试，以及载人航天工程全系统的多次无人飞行试验。对试验过程中发现的所有问题都要严格按程序、按制度及时处理，以确保飞行的成功和航天员的安全。

在管理工作中，应建立完善的研制体系和质量管理体系，建立一系列管理制度，提出各种有效的措施，总结成功的经验和做法，落实严格细致的技术安全检查，将风险降到最低，确保载人航天飞行的成功。

下面是体现以人为本设计理念的几个实例。

1）运载火箭。发射飞船的运载火箭，模样有些与众不同，细心的人可以发现，它的顶部多了一个好像避雷针模样的东西。这个“避雷针”叫逃逸塔，是为了保证发射阶段航天员的安全，专门在发射载人飞船的运载火箭上增加的逃逸系统。运载火箭还装有故障检测处理系统。在待发段和上升段，一旦火箭出现故障，故障检测处理系统能自动检测和诊断火箭故障。

图1-5 逃逸塔与神舟飞船的零高度逃逸救生飞行试验

如果故障危及航天员的安全，故障检测处理系统就会发出故障信息给逃逸系统，逃逸塔会迅速拉着飞船脱离故障火箭，以确保航天员的安全。图 1－5 为逃逸塔与神舟飞船的零高度逃逸救生飞行试验。

2）载人飞船。载人飞船一般由返回舱、轨道舱、推进舱等部分组成。返回舱是载人飞船的核心舱段，也是整个飞船的控制中心。轨道舱是航天员在轨道上的工作场所，里面装有各种实验仪器和设备。在飞船发射和轨道运行阶段，轨道舱与返回舱连接处需要多个螺栓来加固。但当飞船返航时，螺栓需要立即“松绑”，以便轨道舱与返回舱在太空顺利分离。分离后，轨道舱继续沿太空轨道运行，返回舱则与推进舱一起，进行调姿、制动。最后，返回舱与推进舱分离，携带航天员返回地面。“连要连得可靠，断要断得干脆！”这是对我国神舟飞船轨道舱和返回舱在太空分离时的要求。

神舟飞船返回舱在重返大气层并到达指定回收场区上空后，将打开降落伞，引导返回舱平稳降落在规定的回收地点。使用降落伞是一种软着陆办法，目的是保护航天员安全到达地面。返回舱主伞伞衣展开后，面积大约有 1 200 平方米，比一般返回式卫星的降落伞要大得多，以便降低返回舱的着陆速度。返回舱回收着陆系统经过了多次地面空投试验，以验证降落伞的工作可靠性。在离地面 1.2 米时，返回舱下部的着陆缓冲发动机就会启动，给返回舱一个向上的冲力，以降低着陆冲击。如果缓冲发动机出现问题，航天员座位下的缓冲系统和飞船金属大底也能起到一定的缓冲作用，避免航天员在着陆时受伤。

3）乘员个人装备。飞船有可能降落在高原、海洋、森林等不同环境中。为了保证航天员着陆之后的安全，争取更充裕的救援时间，航天员个人携带了许多救生装备，如匕首、帐篷、充气筏等，以应对荒郊野外的恶劣环境以及野兽、鲨鱼等的攻击。当飞船降落到海上时，会释放出染色剂，让周围的海水染色，便于救援人员在茫茫大海上及时发现目标。

太空中有许多不可测因素，比如说各类空间碎片和微流星。万一载人航天器舱体碰到这些碎片，就有可能出现裂痕和漏气，给航天员带来生命危险。此时，舱内航天服就成为航天员的救命“法宝”。飞船返回舱内的舱内航天服由若干层构成，最外面是限制层，用于保护服装内层结构；中间是气密层，用于防止服装加压后气体泄漏；最里面是散温层，该层有许多通风管道，目地是带走人体新陈代谢产生的热量。应急情况下，航天员及时穿上舱内航天服，在舱内环控生保系统的支持下，可以保证航天服内的氧气供应，维持服装内一定的压力和温度，以保证航天员的安全。

4）载人航天测控网。载人航天测控网是实现载人航天的重要技术保障系统，承担着载人航天器测量、跟踪和控制，对航天员进行医学监督等多种任务。载人航天测控网是由飞行测量控制中心与地面测控台站、远洋测量船和中继卫星组成的庞大网络系统。

鉴于载人飞行的特殊性，载人航天测控网比卫星测控网的要求更高，这主要表现在测控轨道覆盖率高，下行数据传输率高，安全控制可靠性高，测控与跟踪目标多且功能全，与航天员之间可以保持长时间通信等。

一般来说，载人航天测控网应具备以下几方面的功能：

1）对载人航天器提供高覆盖率、全天候的跟踪、测轨、测姿和控制。

2）提供实时的通信联络，包括电话、电报、电视和图像，并具有应急通信和呼救能力。

3）对航天器内的工作环境和状态，航天员身体与工作状态提供实时或延时监测，并具有指令干预能力。

4）提供多个飞行目标的监控，如交会、对接、变轨、分离以及出舱活动的测量、跟踪、通信和干预。

5）提供载人飞行时的对地、对空观测，科学实验和空间生产等各种数据、指令的传送和技术支援。

总之，以人为本的理念涉及载人航天的各个环节和方方面面。以人为本，安全至上，这是载人航天的基本要求，也是保证载人航天成功的基本条件。“航天员在我心中，航天员的安全在我手中！”这不仅仅是一句口号，更是每一个从事载人航天工作的人员时刻不忘、铭记在心的至深理念。

第二章

千挑万选　百炼成钢

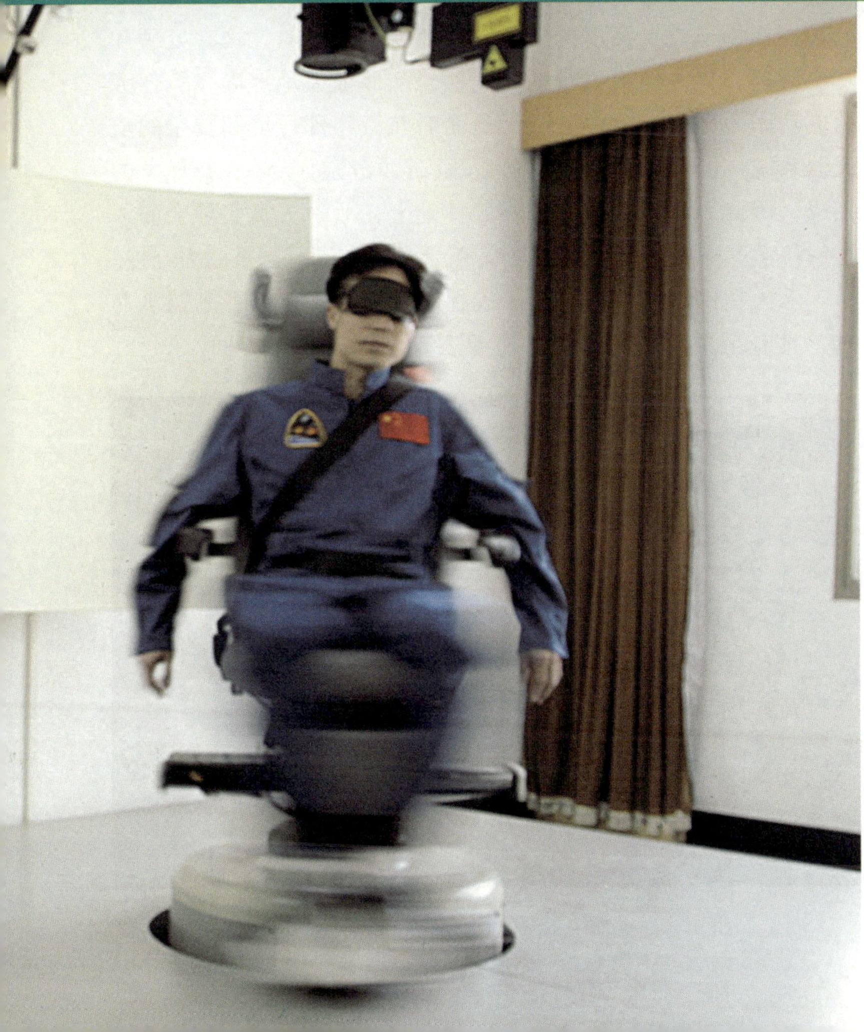

航天员是一个极具风险和挑战性的职业，具有工作环境特殊、职业技能复杂、飞行任务艰巨和危险性大等特点，对航天员的道德修养、身体素质、心理素质、知识储备和技能都有很高的要求，不是所有人都可以胜任的。航天员是在严格选拔的基础上，通过系统、全面、严格、科学的训练培养出来的。

1. 为什么要进行航天员选拔训练

航天员作为载人航天飞行最显著的标志，不是任何人都可以胜任的。载人航天活动是一项高风险和极具挑战性的职业活动，具有工作环境特殊、职业技能复杂、飞行任务艰巨和危险性大等特点，航天员的表现会直接影响载人航天任务的完成，因而对航天员的道德修养、身体素质、心理素质、知识储备和技能都有很高的要求。

载人航天实践表明，训练有素的航天员不仅能够对航天器及其舱载设备实施有效的监督、控制、操作、照料、维护和修理，进行各种科学实验，完成飞行任务，还可以发挥人的主观能动性、创造性、高度的思维和应变能力，及时发现、处理和解决问题，提高航天飞行的安全性，从而极大地提高飞行任务的成功率。但另一方面，航天员面对航天特殊环境和复杂的航天器系统，也可能会出现失误，从而导致危险，影响飞行任务的完成，因此，必须在精心选拔的基础上，对航天员实施全面系统、科学严格的训练。图2－1为航天员正在进行超重耐力选拔。

航天员的选拔训练，对于确保载人航天飞行任务的圆满完成，具有至关重要的作用，主要表现在以下几个方面。

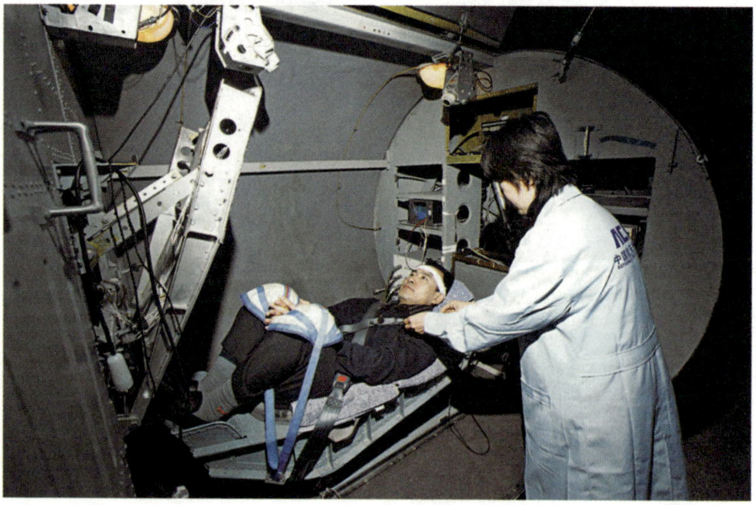

图2－1 航天员正在进行超重耐力选拔

1）为载人航天工程提供满足任务需要的、合格的航天员和执行飞行任务的乘组。

2）通过科学的选拔，挑选出在规定时间内最有可能成为合格航天员的候选人，并对他们实施科学严格的训练，以减少训练淘汰率，降低选拔训练的成本。

3）通过全面系统、科学严格的训练，使航天员具备良好的身体素质和心理素质，获得足够的知识，熟练掌握各种操作技能，使其能够胜任飞行，圆满完成飞行任务。

4）通过训练，使航天员能够对航天器系统实施有效的管理，使系统和设备功能的灵活性和可靠性得到较大提高，在确保航天器系统正常运行及发挥应有效率方面发挥重要作用。

5）通过训练，使航天员在飞行中能够识别、判断和排除故障；当载人航天器自动控制系统失灵时，航天员能够对载人航天器实施手动控制，从而提高飞行的安全性和可靠性。

6）通过科学严格的选拔训练，提高人的可靠性，将航天员人为失误的可能性降到最低，从而起到提高飞行安全性、可靠性和飞行成功率的作用。

2. 怎样进行航天员选拔

航天员选拔，是指从特定人群中选拔预备航天员开始，至最终挑选出能够胜任载人航天飞行的飞行乘组的整个过程。航天员选拔是不断对候选人进行各种检查、考核和评价的过程，是优中选优的过程。航天员选拔包括预备航天员选拔、训练期的选拔和飞行乘组的选拔，涉及临床医学、航天医学、心理学等学科领域。

1）预备航天员选拔。预备航天员选拔是指从其他职业的申请人中选拔出达到选拔标准，取得参加训练资格的预备航天员的过程。预备航天员选拔主要是对候选人的基本条件、身体健康状况、身体素质和心理素质进行检查和评定。

2）训练期航天员的选拔。训练期航天员的选拔是指预备航天员为取得和保留航天员资格必须经过的检查、考核与评定。训练期航天员的选拔贯穿训练的全过程。在训练期间，不仅要对预备航天员进行各种训练科目考核、训练阶段考核及训练结业考核与评定，进行心理观察和测评，同时还要定期进行医学检查与评定。医学检查的项目与预备航天员选拔时基本相同，但检查更加全面、深入和细致。训练期间，如果某个预备航天员身体出现问题，被医学鉴定为不合格，则可能面临淘汰。

3）飞行乘组的选拔。飞行乘组的选拔是指从合格的预备航天员中，为某次航天飞行任务选拔出最佳飞行乘组的过程。飞行乘组的选拔需要充分考虑飞行任务的特点和要求，因此不仅要对飞行乘员个体作出评价，更重要的是必须对乘组整体效能作出评价。飞行乘组的选拔贯穿于该次飞行任务训练的全过程，直至发射当天方可完全结束，包括选出合适的航天员，确定飞行乘组和备份乘组（或备份航天员），以及在临飞前对飞行乘组进行适当的体检并确定最终的飞行乘组。

无论是训练期的选拔，还是飞行乘组的选拔，均比预备航天员的选拔复杂，不仅要考察航天员的思想素质、身体健康状况、身体素质和心理素质，还必须考察航天员掌握的知识与技能情况，以及乘组整体效能等各方面的情况。

航天员在执行一次航天飞行任务之后，如果还要执行下一次航天飞行任务，也必须重新接受选拔，即参加飞行乘组的选拔。除了地面例行的选拔项目之外，航天员在以前历次航天飞行中的表现，如完成任务的情况、身体状况、情绪反应和人际关系等，也是影响他是否能够参加下次飞行的重要因素。

航天员选拔标准主要是根据航天飞行任务、飞行时间、载人航天器及其装备、航天飞行环境对人的影响和要求确定的，一般包括候选者的基本条件，身体健康状况与身体素质、心理素质，知识储备与操作技能等方面的内容。对候选者的检查与评价，具有全面、系统、多阶段、不间断和动态等特点。在选拔时，采用单项评定与综合评定相结合、定性与定量相结合的原则和方法，既有单项淘汰，也有综合评定。

预备航天员的选拔标准包括基本条件、医学选拔标准、心理选拔标准和综合评定标准。训练期航天员的选拔标准和飞行乘组的选拔标准包括医学、心理、政治思想、知识与技能考评标准和综合评定标准。

航天员选拔的标准、方法和程序是随着载人航天技术的发展，飞行技术状态的变化，飞行经验的积累，人类对航天环境认识的不断深入，航天员任务的变化，以及科学技术的进步而不断地调整、变化和改进，并逐步发展和完善的。经过40多年的发展，无论是美国还是俄罗斯，都已制定了一整套比较完善的选拔标准，对不同类型的航天员（如指令长、驾驶员、飞行工程师或任务专家、载荷专家），不同的载人航天器（如飞船、航天飞机、空间站）的航天员，和担负不同飞行任务的航天员，有不同的选拔标准和训练要求。在身体条件、航天环境的耐受性和适应性以及心理素质方面，对指令长和驾驶员的要求最严，标准最高，任务专家次之，载荷专家相对最低。

经过多年的研究与实践，我国已经制定了一整套科学有效的航天员选拔标准，包括预备航天员选拔标准、训练期航天员选拔标准和飞行乘组选拔标准。神舟5号、6号和7号飞船3次载人飞行的圆满成功，证明了这一选拔标准的科学性和有效性。随着载人航天事业的发展，我国将会进一步补充和完善航天员的选拔方法和标准，完善航天员选拔体系。

3. 预备航天员的选拔程序

预备航天员选拔一般包括基本条件选拔、医学选拔和心理选拔，目的是优选出那些有希望在规定期限内通过训练成为合格航天员的候选人，为航天员训练奠定良好的基础。

预备航天员的选拔，一般由负责载人航天计划的部门，组织临床医学专家和航天医学专家成立选拔委员会，制定选拔标准和方法，确定选拔实施程序，执行选拔各个阶段的任务，负责作出评定意见或建议。预备航天员选拔实施的时间，入选的人数和类型，主要根据载人航天计划的总体安排和要求，以及现有航天员队伍的情况确定。例如，从1959年至2005年，美国预备航天员选拔的时间间隔最长为8年零5个月，最短为10个月，一次选拔人数最多为35人，一次选拔人数最少为6人。

一般来讲，预备航天员选拔需1年左右的时间才能完成。选拔实施分以下几个阶段。

1）初选阶段。该阶段主要是按照选拔的基本条件，对申请人提供的各种个人资料、档案进行基本资格审查和初步临床体检，目的是筛除有明显疾病和功能障碍者。合格者可进入下一阶段的选拔。该阶段也可能安排面试，如美国航空航天局在审查完所有申请者的个人简历后，会从中挑选若干申请者到约翰逊航天中心接受面试。面试是非正式的，考官们通过1小时左右的交谈，对受试者是否适合做一名航天员进行评估。申请者性格是否合群，是考官们最关心的问题之一，考评组在面试时，会提一些最能显示受试者这方面特点的问题，比如有什么爱好，对什么最感兴趣，在以往的工作中喜欢哪些事项，以及为什么要当航天员等。

2）复选阶段。复选阶段要对初选合格者进行全面、深入、详细的临床医学检查、生理功能检查和心理测评，这是预备航天员选拔中最重要的阶段。各种检查的主要目的，是了解候选者有无临床上尚没有表现出来的潜在疾病；确定机体功能的储备能力、调节能力和航天环境耐受能力，以及心理状况。临床医学检查通常在指定的权威医疗单位进行，并严格按照医学选拔标准选拔，排除一切可能的疾病和功能障碍。临床医学检查全面深入，包括临床各科常规检查以及详细的实验室生化检查、影像检查等特殊物理检查。生理功能检查一般在航天医学机构进行，目的在于进一步挖掘潜在性疾病，发现功能异常者，并从功能上优选适合航天环境、有利于完成航天飞行任务的人。心理测评旨在揭示候选者性格，以及在应激状态下的行为和情绪反应。

3）评定录取阶段。评定录取阶段又称定选阶段，该阶段的主要任务是对候选者各项检查结果进行综合评价，最终确定参加训练的合格人选。

知识链接

应激状态

生物体都有适应环境的能力。当生物体所在环境发生变化，或受到刺激后，会马上作出反应，以适应这种环境变化和刺激。这时的生物体状态就叫应激状态。

4. 预备航天员的基本条件选拔

如果你想当航天员，首先必须提出申请，按要求填写各种表格，提供各种个人档案、学位证书等资料，然后，选拔机构按照预备航天员选拔的基本条件，对所有申请人从年龄、职业、资历、思想素质等方面进行初步筛选。这就是预备航天员基本条件选拔。

目前，美俄等国一般要求申请者具备以下基本条件。

1）年龄在25～45岁，男女均可，爱国家，有献身载人航天事业的愿望和精神，身体健康，心理素质优良。

2）受过高等教育是预备航天员选拔的必备条件。不管哪类航天员候选人，都要求最低有数学、自然科学或工程技术学士学位。

3）指令长和驾驶员候选人应具备1000小时或更多的航空飞行经验，任务专家和载荷专家则无航空飞行经验方面的要求。

4）对于载荷专家，除具有高学历外，还要求有相关的实际工作经验和较强的独立工作能力。随着国际空间合作的日益增加，参加国际空间站计划、搭乘美国航天飞机或到俄罗斯空间站工作的载荷专家候选人，如能说一口流利的英语或俄语，入选的可能性也会增加。

据统计，美国和其他国家预备航天员入选者，最大年龄为57岁，最小年龄为25岁，平均年龄为34.64岁，入选年龄在40岁以上的主要是任务专家。女航天员入选最大年龄为47岁，最小年龄为25岁，平均年龄为33岁。

我国选拔首批预备航天员时，对候选者的基本条件也有明确的规定，如要求年龄在25～35岁之间，身高160～172厘米，体重55～70千克，男性，大专以上学历，最近3年体检均为甲级，歼击机、强击机飞行员，累计飞行600小时以上，无烟瘾、酒瘾等不良嗜好，身体健康，意志坚定，有献身精神，有良好的相容性等。

5. 预备航天员的临床医学选拔

由于航天飞行对航天员的身体素质要求很高，因此需要对符合基本条件的候选者进行严格的医学选拔。航天员医学选拔包括临床医学选拔和生理功能选拔两大部分，目的在于优选出身体健康、身体素质好，以及对航天环境有较高耐力和适应性的人。医学选拔标准一般分为三级，指令长和驾驶员必须符合Ⅰ级，要求最高；任务专家或飞行工程师必须符合Ⅱ级，要求次之；载荷专家要达到Ⅲ级，要求最低。

临床医学选拔是航天员选拔中的基础和重要环节，主要是对候选人进行临床各科的身体检查和评定，目的在于淘汰那些在临床检查中不符合临床医学选拔标准的，有器质性或功能性疾病或障碍的候选人。这些问题或疾病，可能会妨碍他们作为航天员执行航天飞行任务。临床医学选拔一般采用病史调查、临床各科常规检查和特殊检查三种方法进行。

(1) 病史调查

了解候选人和亲属的病史，对全面掌握和预测候选人的健康情况是非常重要和必要的。病史调查主要通过询问病史和查看医疗、保健、体检等健康记录资料这两种途径来完成。一位经验丰富的医生，通过问诊和分析病史，就能对许多疾病作出有价值的诊断，或发现一些潜在疾病。有些得过的疾病虽然好了，或者没有得过某种疾病，但家族有这种遗传病或有人得过，那么在航天飞行时，由于各种环境因素、任务负荷的刺激和影响，有可能导致旧病复发，或诱发出某种疾病。通过病史调查，可以全面了解候选人及其亲属的病史，如是否有心血管疾病、慢性传染病、哮喘病、颅脑损伤、过敏、晕车晕船、眩晕、耳鸣、夜盲、高血压、糖尿病、贫血、癫痫、精神病等病史。

(2) 临床各科常规检查

临床各科常规检查采用临床上通用的常规检查方法，检查包括内科、外科、神经科、精神科、眼科、耳鼻咽喉科、口腔科等。如果选拔女航天员，还要进行妇科检查。

1）内科检查。内科检查采用临床上常规的检查方法，对候选者的心脏、肺脏、血管、胃肠道、肾脏以及血液和内分泌器官等进行检查，检查候选者是否有心血管系统、呼吸系统、消化系统、神经系统、血液、内分泌和代谢等方面的疾病和功能障碍。如有冠心病、高血压、心脏和血管畸形、肺结核、慢性支气管炎、支气管哮喘、慢性腹泻、习惯性便秘及胃肠功能紊乱、急／慢性肾脏疾病（史）、肝炎及其病史、肝炎病毒携带者、肝功能异常、甲状腺疾病、糖尿病及其病史、血液系统疾病、低血糖症、肥胖症、痛风、过敏性体质、类风湿性关节炎（史）等，均为不合格。

2）外科检查。包括对候选者的头颅、颈部、胸部、腹部、脊柱、四肢、皮肤、淋巴结、泌尿、肛门与生殖器等进行全面详细的检查，以排除外科系统的各种疾病，特别是脊柱的病变和慢性腰腿痛，同时也要观察候选者的身体发育情况，体型是否匀称，肌肉是否发达，精神是否饱满，反应是否灵敏和协调等。凡是有骨畸形或骨折（史）、颅内手术史、腹腔器官手术史、脊柱疾病或损伤、椎间盘脱出、骨质疏松、关节活动异常、牛皮癣、神经性皮炎、皮肤瘙痒症及其病史等，均为不合格。

3）神经科检查。包括对颅神经、运动神经、感觉神经、自主神经以及神经反射各方面的检查，以判断有无神经系统病变和病损部位。凡是有中枢神经系统疾病、自主神经系统疾病及其功能异常、眩晕、晕厥、癫痫、发作性睡病及病史、偏头痛及反复发作的头痛等神经系统疾病的，均为不合格。

4）精神科检查。精神科检查主要在外观、语言、行为、意识、思维、情感、运动、智能、定向力与自制力等方面观察有无异常，判断有无明显或潜在的精神疾病。凡是有精神分裂症及其他精神性障碍、躁狂症、抑郁症、人格障碍、意向控制障碍等精神与行为障碍或病史，均为不合格，有严重的酒精与药物嗜癖史也为不合格。

5）眼科检查。眼科检查除常规检查外，重点放在屈光、视野、眼压、明暗适应能力等方面。色盲、色弱、夜盲或暗适应能力差、白内障及晶状体疾病、青光眼、眼部肿瘤、角膜疾病、眼球突出、小眼畸形等，均属不合格。但戴眼镜的轻度近视的人，作为载荷专家和任务专家还是有希望的。

6）耳鼻咽喉科检查。航天飞行对耳鼻咽喉器官有较明显的影响，特别是耳气压功能、听觉功能和前庭功能，在航天环境中十分重要。鼻、鼻窦的通气及咽喉在影响或妨碍发音和吐字方面的疾病也需要重视。凡是有外耳畸形、慢性外耳疾病、耳气压功能不良、慢性鼻窦炎、过敏性鼻炎、慢性咽喉炎等疾病，以及未达到规定听力标准的，均为不合格。

7）口腔科检查。对航天员来说，口腔疾病检查也是很重要的，因为牙病会给航天员带来痛苦和危险。凡是有慢性牙周病、多发性龋齿、严重牙龈炎的，均为不合格。

8）妇科检查。对女性候选者必须进行妇科检查，并且在进行任何放射性检查之前，应做妇女妊娠测验。凡是生殖泌尿系统或附属解剖结构的任何致残障碍，妨碍任务执行的，均为不合格。有子宫和附件的任何急性和慢性疾病、复发性卵巢囊肿病史或子宫出血病史等，也为不合格。

（3）临床特殊检查

除了对候选者进行常规检查外，还必须采用一些特殊的物理和实验室检查方法，对其作进一步的深入检查，为临床医生提供更深层、更客观、更详细、更丰富的客观信息，帮助医生认识更深层次的疾病，确诊或排除疑难病，为今后对航天员的健康状况进行跟踪和评定提供基础资料。

临床特殊检查包括实验室检查和X射线检查、超声波检查、核磁共振成像检查、心电图、脑电图、肺功能、内窥镜检查及其他一些先进的无创伤物理检查。实验室检查主要包括临床化验、血液生化、血清学、免疫学、内分泌学和微生物学等方面的检查。实验室检查要采集血液、尿液和大便，进行常规和特殊的理化检查，对各种重要的身体内分泌激素、重要的酶和无机元素含量进行测定。此外还有排除特殊疾病的各种特殊检查，以及对疾病抵抗能力的免疫学指标检查等。

6. 预备航天员的生理功能选拔

通过临床医学选拔的候选人，还必须经过生理功能选拔，才能成为预备航天员。生理功能选拔包括一般生理功能选拔和航天环境耐力选拔两大部分。所谓生理功能选拔，是指在临床医学选拔的基础上，对候选人机体的储备能力、调节能力及对航天飞行环境耐受和适应能力进行检查和评定，目的是优选出机体储备能力强，调节功能好，对航天特殊环境耐力和适应性好的候选人，并进一步检查候选人有无潜在性疾病或功能障碍。对候选人生理功能的评价，是根据候选人主观、客观的反应和对各种生理指标的分析后给出的。大部分生理功能检查项目采用Ⅰ级、Ⅱ级、Ⅲ级，即“好、中、差”三级来评定，其中Ⅲ级为不合格或个别评定，但有的项目只进行“合格”或“不合格”两级评价，如高空减压病易感性检查。凡是不能按要求完成检查或提前中止的，均为不合格。在各单项检查评定的基础上，还要进行综合评定。

（1）一般生理功能选拔

一般生理功能检查，主要是对候选人的心血管功能、肺功

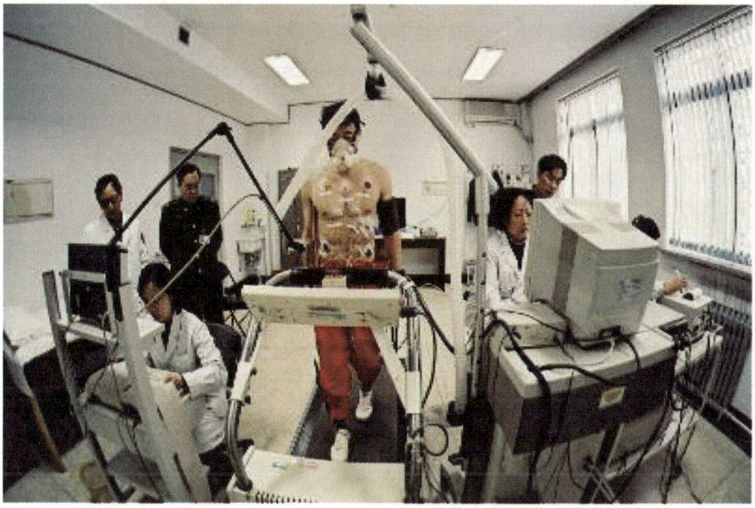

图2－2 运动心肺功能检查

能和脑功能进行检查与评定，既有静态的心血管、肺功能检查，也有运动状态下的心血管、肺功能检查（图2－2）。心血管功能检查除进行常规心电图检查、24小时动态心电和血压检查外，还要利用自行车功量计和跑台给受检者提供一定强度的运动负荷刺激，以便了解候选人的心肺功能、体能状况和有无潜在疾病或功能障碍。运动前，要测试肺通气功能、气道阻力等指标；运动中，要测量最大通气量、最大氧耗量、最大氧脉搏、代谢当量、运动心电图、血压、心率及运动超声心动图检查等各种指标，并观察被检者的主客观反应，如胸闷、呼吸困难、面色苍白等。凡是有潜在性心肺功能障碍等问题的候选者，均应被淘汰。

脑功能检查的目的，是选拔出脑功能基本素质佳，尤其是在应激状态下保持较好适应能力的人，并进一步挖掘某些潜在性的疾病，如癫痫等。在实施过程中，一般将心血管功能检查与肺功能检查结合进行，主要项目有静态心血管功能检查、静态肺功能检查、运动心肺功能检查、运动负荷超声心动图检查、脑功能EEG－ET检查。

（2）航天环境耐力与适应性选拔

航天环境耐力与适应性选拔是航天员选拔中最具特色的项目，目的是优选出对航天环境耐力和适应性好的候选人，淘汰那些对航天特殊环境因素非常敏感或耐力差的人。通过检查，可以进一步了解候选人的机体调节能力、储备能力及适应能力，进一步发现潜在的疾患。检查的主要项目包括超重耐力、前庭功能、低压缺氧耐力、耳气压功能、高空减压病易感性、头倒位耐力检查、下体负压耐力检查等。

1）超重耐力检查。航天员在飞船（或航天飞机）上升和返回的过程中，都要经受超重作用，特别是在经历失重作用后，人体的超重耐力将会下降。人的超重耐力存在很大的个体差异，因此有必要进行超重耐力检查（图2－3），目的是了解候选人对超重因素作用的耐受能力，淘汰超重耐力差的人。同时，超重耐力检查也可以进一步暴露候选者心血管功能及大脑

图2-3 超重耐力检查

供血状况等身体调节能力，所以超重耐力检查一直受到国内外航天医学专家的重视。超重耐力检查采用载人离心机来完成，离心机上装有各种生理、物理测试仪器，电视、通话和摄像系统，以便在检查中观察和记录被检者的主客观反应。候选者一般要接受头－盆(＋Gz)和胸－背(＋Gx)两个方向的超重耐力检查。头－盆向耐力检查的过载值是重力加速度的3倍和4倍，分别用+3Gz和+4Gz表示，过载峰值持续时间30秒；胸－背向耐力检查的过载值为+4Gx和+7Gx，峰值持续时间50秒。苏联选拔预备航天员时，对超重耐力要求较严，头－盆向超重最大为+5Gz，胸－背向超重最大为+8Gx。超重耐力检查根据候选者耐受的过载值和时间、主观感觉及生理反应进行评价，采用三级评定方式。凡是未能按规定要求完成检查或提前中止的，或者虽然完成了检查，但在检查中或检查后出现呕吐、中央灯消失、虚脱、晕厥等症状和体征的，均为不合格。

2）前庭功能检查。航天员进入失重环境的前几天，常常会受到航天运动病的困扰。航天运动病发病率较高，航天员一旦发病，其身体健康和工作效率会受到不同程度的影响。研究和实践表明，航天员发生航天运动病概率的高低，与其前庭器官对于运动刺激的耐受能力密切相关，因此，在选拔航天员时，必须进行严格的前庭功能检查（图2－4），将有运动病史、

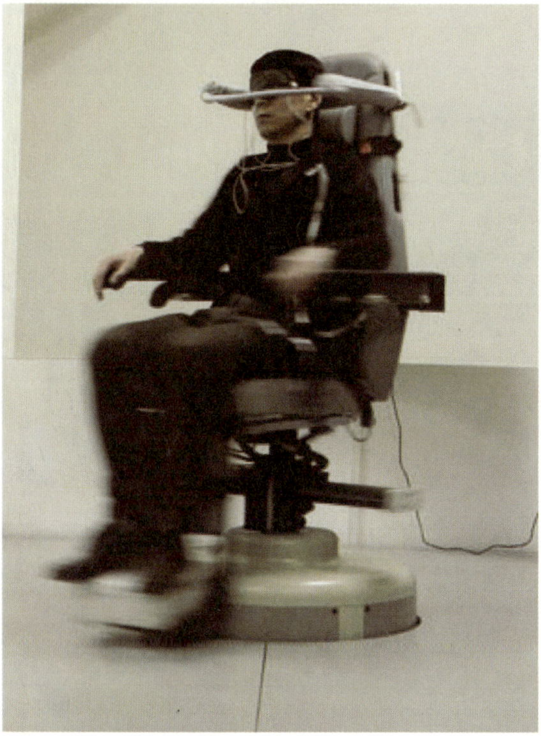

图2－4 前庭功能检查

前庭功能不正常或前庭耐力差的候选者淘汰。前庭功能检查项目主要包括利用平行秋千进行线性加速度敏感性检查，利用转椅进行科氏加速度敏感性检查，冷热刺激敏感性检查。在检查过程中，观察受检者的主客观反应，如是否出现头晕、恶心、呕吐、面色苍白、出汗等情况，并记录心电图、胃电图、血压及眼震图等指标，分析其自主神经反应。凡有严重不适反应被评为Ⅲ级的候选者为不合格。

3）低压缺氧耐力和耳气压功能检查。航天飞行中，航天员可能会遇到低压和缺氧的环境，因此必须进行低压缺氧耐力和耳气压功能检查，以排除缺氧敏感者及耳气压功能不良者，进一步发现隐匿型癫痫和潜在的心血管疾病（图2－5）。在实施检查时，一般将这两项检查结合进行，即利用低压舱对候选者同时进行缺氧耐力和耳气压功能检查。检查过程中，低压舱以20米／秒的速度上升，到5 000米模拟高度后，停留30分钟，然后开始以10米／秒的速度下降。下降速度有10米／秒、7米／秒和5米／秒3个档次。在下降过程中，如果候选者耳部疼痛，则依次减小下降速度，直至下降到地面。停留过程重点检查候选者的缺氧耐力，下降过程则重点考察候选者的耳气压功能，能承受最高下降速度者耳气压功能最优。下降后要检查候选者的耳鼓膜充血度。检查过程中，候选者可能会出现头痛、恶心、出汗、面色苍白、呼吸加快、心率或血压突然下降等情况，少数受检者还会出现晕厥等反应。凡有严重不适反应被评为Ⅲ级的候选者为不合格。

4）高空减压病易感性检查。高空减压病易感性检查也是预备航天员选拔必须进行的项目，目的是淘汰那些易于发生减压病的候选人。该项检查也是利用低压舱完成的，检查方法、

知识链接

科氏加速度

科氏加速度是由科里奥利(G.G. Coriolis)于1835年首先提出的。科氏加速度是动基的转动与动点相对运动相互耦合引起的加速度。科氏加速度的方向垂直于角速度矢量和相对速度矢量。

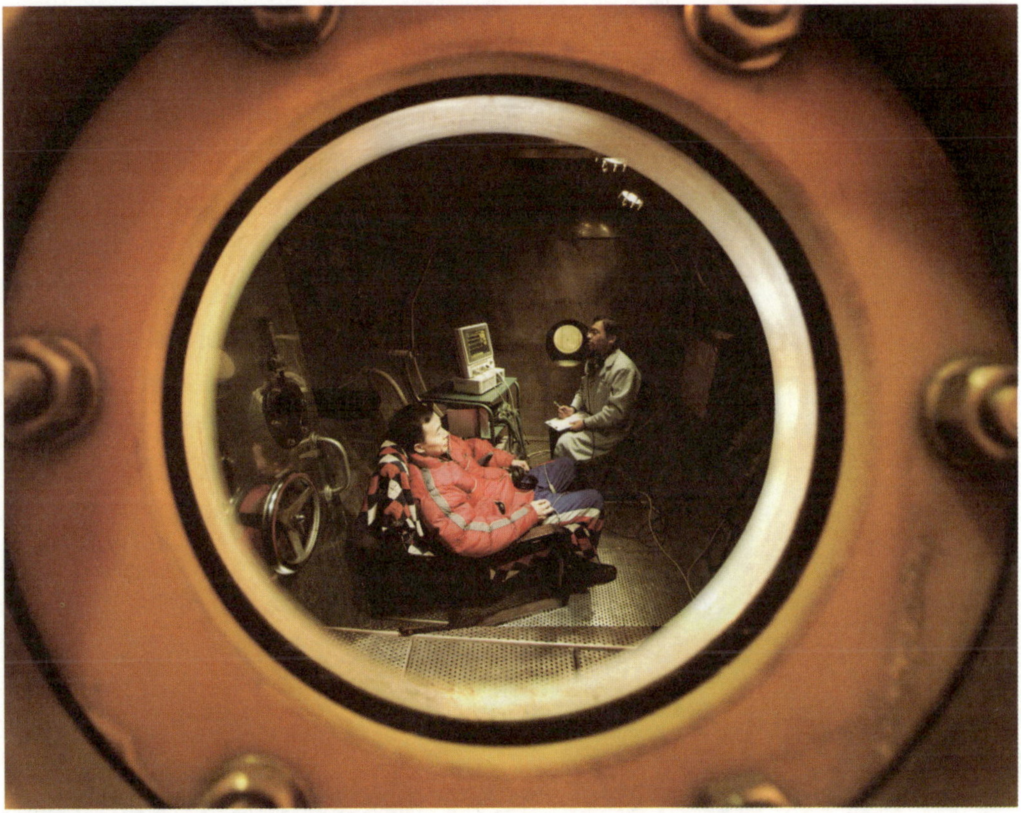

图2-5　低压缺氧耐力和耳气压功能检查

程序和要求与低压缺氧耐力检查和耳气压功能检查相似。特别值得注意的是，候选者检查前一天要吃高空饮食，不进行强体力活动，还必须了解候选者是否有减压病病史、耳气压功能、体脂含量、血胆固醇等信息。候选者首先在地面压力下吸氧排氮60分钟，然后低压舱以30米／秒速度上升到7 000米模拟高度，停留3分钟，继续以25米／秒速度上升到10 000米模拟高度，停留15分钟，之后以20米／秒的速度下降到5 000米模拟高度，改为10米／秒以下的速度下降至地面。检查过程中，让候选者吸纯氧，并密切监测其生理指标的变化，询问和观察有无减压病症状，如皮肤一过性刺痛、蚁走感或一过性关节刺痛等。检查中，候选者一旦出现任何减压病症状，或出现高空腹胀疼痛难忍等情况，均提前中止检查。凡出现任何减压病症状的候选者，均被淘汰。

5）头倒位耐力检查。执行一次完整的航天飞行任务，航天员要经历从地面重力环境到失重环境，又从失重环境重新回到地面重力环境的变化，而且在航天器上升和返回的过程中，还要受到超重的作用，这会造成航天员血液分布突然发生变化，如进入失重环境时血液头向转移。因此，在选拔预备航天员时，有必要对候选者进行头倒位耐力检查（图2－6）。利用转床（倾斜床）进行头倒位耐力检查，能够模拟血液头向分布的生理反应，并进一步考察候选者心血管系统的调节能力和储备能力，以及有无潜在的问题。进行头倒位耐力检查时，候选者首先平卧于转床上，静息10～15分钟，然后在3～5秒内将转床调到－30°并持续45分钟，之后将床转至水平位。根据监

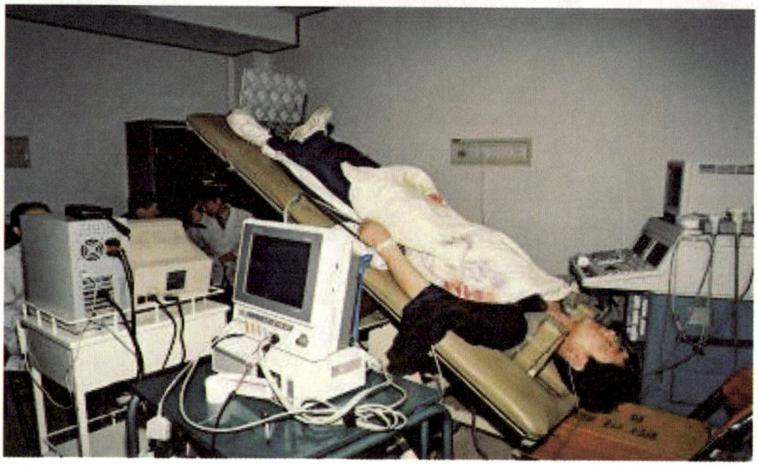

图2－6　头倒位耐力检查

测的心率、血压、心电图等生理指标和候选者的症状与体征，对候选者进行评价。出现脸色苍白、冒冷汗、头晕、全身无力等较严重不良反应，被评为Ⅲ级的候选者为不合格。

6）下体负压耐力检查。将人体髂嵴以下的躯体置于低于大气压力的负压装置内，使人体下半身处于负压环境，体液分布发生变化。此时，部分血液将在下肢潴留，全身循环血量减少，从而引起人体一系列生理机能发生改变，以适应应激环境。人体对下体负压应激的耐受性存在个体差异，并且这种差异与个体的心血管功能密切相关。进行下体负压检查（图2－7），可以进一步评价候选者心血管的储备能力和调节适应能力。

此外，在早期的预备航天员选拔中，还进行过振动耐力检查、噪声耐力检查、高温耐力检查、长时间隔绝适应能力检查等特殊检查。随着科学技术的不断进步和发展，以及人类对航天飞行环境认识的不断深入，这些项目已经被取消，不再是预备航天员选拔时必须检查的项目，仅在必要时视情况选用。另一方面，一些新的检查项目逐渐被认可，被纳入到预备航天员选拔的项目中，如血液重新分布适应性检查。总之，预备航天员医学选拔的项目如今更加精炼，方法更加科学，实施程序更加优化，实施过程也更加高效和规范。

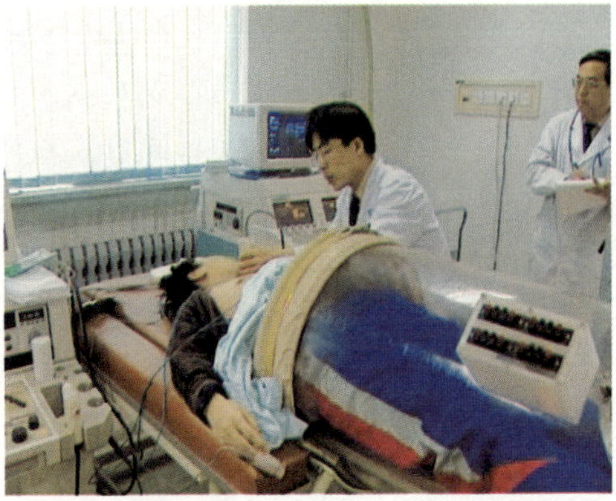

图2－7　下体负压检查

7．预备航天员的心理选拔

航天飞行是一项高风险的活动，航天员承受着巨大的心理负荷，因此，航天员不仅要具有良好的身体素质，还必须具备良好的心理素质。心理选拔的目的，是挑选出心理素质优良的人进入到航天员队伍，淘汰有潜在性心理病理异常和障碍、个性偏离和障碍的候选人，这对于保障航天飞行的安全和完成航天任务尤为重要。心理选拔主要通过调查、观察、会谈、测验和模拟实验方法，选出心理素质好的预备航天员。目前国际上通用的心理测验方法和评价标准，已经在航天员选拔中得到了广泛应用。

心理选拔内容和方法很多，得到的结果也不一样，因此，在检查中，除了有明确的心理病理性证据可以进行单项淘汰外，一般情况下都必需将调查法、观察法、会谈法、测验法得到的所有结果进行综合评定。

1）调查法。调查法是指广泛而详细地收集申请人的有关材料，目的是通过调查和综合分析，对申请人的生活经历、学历、飞行资历、事业状况、家庭状况、社会关系、兴趣爱好、特长和既往史等情况有初步的了解。调查法主要采用文件分析、社会调查、座谈等方式。文件主要指个人档案、学业成绩、证书，以及本人的作品、书信和日记等。另外，家属、亲友、同学、同事、领导的评价和看法，都可以成为调查材料。

2）观察法。观察法是一种有目的、有计划地对被试者的心理、行为进行观察并作出评价判断的方法。观察法可以作为一种独立的方法，但经常与其他方法结合进行，如在心理会谈与测验、航天环境耐力检查、集体活动等场合进行观察。观察内容包括动作、表情、言语、情绪、意志、认知特点、个性特征等。

3）会谈法。会谈法是指心理学家与候选人通过面对面的谈话，从交谈答案中获取信息的一种主动方法，是航天员选拔中不可缺少的方法之一。会谈时，心理学家按照事先已经组织好的提纲进行提问，或者与候选人进行看似“随意”的交谈，交谈的内容和所提的问题包括家庭情况、职业活动、爱好、社会交往、特殊事件、是否受过挫折等。这些问题是为了了解候选人的成就动机、情绪、冒险意识、竞争意识、人际关系、意志、反应能力、家庭背景、职业技能等。

4）测验法。这是心理学选拔方法中应用最广泛的一种。测验方法比较简便、经济，易于实施，既包括能力测验，也有个性测验。心理能力测验有一般能力测验，如知觉速度、目标知觉、符号转换、图形归类、找规律填数、机械理解等，还有判断决策能力测试，包括跟踪能力、判断决策能力和警觉能力。个性心理测验采用合适的成熟量表和图片投射测验等方法。通过这些测验，可以了解候选人的基本个性特征、心理品质与心理能力。

5）模拟实验法。这种方法是利用环境条件和设备，模拟航天飞行中的一些环境因素，对候选人进行测试，以了解其心理耐受性与适应性。该方法往往与航天环境耐力检查结合进行。

8. 训练期航天员的选拔

虽然取得训练资格的预备航天员经过了科学严格的选拔，但由于检查条件有限，有些疾病或问题往往不能及时被发现，而在训练时有所发展或被发现，或在训练期出现了新的问题，包括思想、身体、心理、训练成绩等方面的问题，这些问题均可能导致受训者被淘汰。因此，不是所有的预备航天员都一定能取得航天员的资格，训练期间仍然存在选拔的问题。

美国从选拔第 8 批航天员，也就是准备参加航天飞机飞行的航天员开始，把选拔后的训练期也作为选拔过程，在训练过程中进行定期的医学评定。美国入选的预备航天员完成一年半的训练，包括水上和陆上生存训练，航天飞机和空间站系统训练等，考评合格后，才能被正式吸收到航天员队伍中。俄罗斯也是如此，在未完成一般航天训练阶段之前，受训的航天员学员仍只是预备航天员，并不具备航天员资格。

（1）训练期选拔的项目和安排

在训练过程中，主要对受训者的思想、作风、身体、心理、知识与技能进行全面的考察，重点进行全面深入的医学检查和心理观察，包括日常观察、季度检查和年度检查，了解航天员在各种训练中的反应和心理相容性，深入检查候选者在飞行期间完成任务的能力和适应航天环境的能力。医学检查的项目与选拔预备航天员时基本相同，但无论是临床各科的常规检查，还是特殊理化检查，都进行得更加深入细致。在安排上，一般将选拔和训练有机地结合起来，有针对性地进行检查和考察。

在预备航天员选拔阶段，由于候选者人数多，检查的时间和项目有限，有些疾病有可能未及时发现。在训练期间，一方面有充分的时间对预备航天员进行更加全面、深入、细致的身体检查，并根据预备航天员选拔时的情况有针对性地进行检查，对他们的身体健康状况和生理功能的了解和评定更加全面、客观和准确。另一方面，各种训练及训练考核均给受训的预备航天员不同程度地施加一定的生理和心理负荷，有些在预备航天员选拔阶段无法发现的问题，在训练期间可以暴露，这样可以发现潜在的问题。例如通过跳伞、失重飞机飞行训练、隔绝训练等，可以了解候选者的身心反应，通过对候选者在航天环境适应性训练及模拟器训练中的观察，评定他们在这些条件下的耐受性和未来执行飞行任务的可能性。这不仅仅是对医学选拔和心理选拔的补充，更重要的是可以在各项训练、训练考核、生活和其他活动中，对预备航天员和航天员进行系统全面的心理观察，并根据长期的心理观察结果，对他们作出更客观、准确、科学、有效的心理评价，同时，也可对他们的潜在能力进行挖掘和评估。

此外，在训练期间，还要对预备航天员进行各种训练科目考核、训练阶段考核及训练结业考核与评定，对航天员的思想、作风等其他各方面进行综合考察，这些也是决定预备航天员能否获得航天员资格的因素。在训练期间，无论预备航天员还是正式航天员，如果身体出现问题，被医学鉴定为不合格，则可能被淘汰。为保留航天员的现役资格，每名航天员每年必须进行全面的医学检查，合格者才能保留资格。若发生问题，必须停飞一段时间，并采取相应的措施来解决，如不能解决，则可能被淘汰。

（2）训练期的选拔标准和方法

训练期航天员的选拔标准包括医学、心理、思想素质、知识与技能的考评标准和综合评定标准。医学检查与评定依据航天员年度医学鉴定标准实施，与预备航天员选拔标准略有不同。心理评价标准与预备航天员选拔标准基本相同。思想素质、知识与技能的考评标准和综合评定标准根据航天员资格的定义和要求来确定。在医学、心理、思想素质、知识与技能考评均合格的情况下，预备航天员才能获得航天员资格。

训练期航天员选拔是预备航天员选拔的延续，但选拔策略和方法均有所调整。除了采用预备航天员选拔中使用的各种选拔方法之外，在训练期间，更重要的是采用系统全面考察与系统综合分析相结合的方法，将选拔和训练有机地结合起来，充分利用各种现场、各种途径和手段，对预备航天员进行系统全面和有针对性的检查和考察，发现潜在问题，发现和挖掘出他们的潜在能力，并将观察记录的资料与预备航天员选拔时的情况进行比较分析，以便作出更加全面、客观、准确和预见性的评价，将训练成绩出色、航天环境耐力和适应性好、能力强、综合素质优的预备航天员推荐到航天员队伍中。同时，采取各种积极的保障措施，如训练期间医学监督与医学保障，心理健康维护和支持，相关培训和思想教育等，减少和避免出现问题，减少训练期的淘汰率。

（3）选拔的实施

训练期航天员的选拔是结合训练安排进行的，一般在训练一年之后开始进行，训练的每个阶段和每年度都要进行医学鉴定和考评，如果不合格，则可能被淘汰。选拔一般由负责航天员训练的单位具体组织实施（如俄罗斯的加加林航天员训练中心、美国的约翰逊航天中心、中国的航天员科研训练中心），由专门的专家委员会负责审核，由上级航天员选拔委员会负责决策。

9．飞行乘组的选拔

（1）飞行乘组的构成

参加载人航天飞行的乘组，一般由不同类型的航天员组成。一个乘组可能会由不同时期毕业的航天员组成，成员的选择与飞行任务的特点及要求有关，人数的多少除了任务需求外，主要与航天器的规模和类型有关。飞行乘组的每个成员分别承担着不同的任务，他们必须各司其职，协同配合，共同完成飞行任务。

飞船乘组一般由 2～3 人组成，分别是指令长兼驾驶员、飞行工程师，或指令长兼驾驶员、飞行工程师和载荷专家。航天飞机乘组一般由 5～7 名航天员组成，其中包括指令长 1 名、驾驶员 1 名，执行有关任务的任务专家和载荷专家 3～5 名。迄今为止，航天飞机乘组人数最多为 8 人，而航天飞机额定乘员人数为 10 人。

研究与实践证明，飞行任务完成的好坏不仅与航天员的个人素质、能力和技术水平相关，而且与乘组成员之间能否密切配合、团结一致、高效运转有较大的关系。因此，选出合适的航天员，建立合适的乘组结构，处理好乘组内部、乘组与地面飞控组及其他支持人员之间的关系，加强相互之间的信任、理解、沟通、协同和配合，对保证乘组高效工作和圆满完成飞行任务是非常重要的。

在为某次飞行任务选配乘组时，首先要考虑飞行任务对人的需求，选拔出适合该次飞行、满足任务要求的各类航天员，即指令长、驾驶员、飞行工程师或任务专家、载荷专家等若干名，按照他们的能力、技术水平、个性特征组成合适的乘组，并根据个人的特点进行任务分工，组成飞行乘组进行训练。其次，在满足任务需要的前提下，选择个人身心素质、能力和技术水平接近或相当的航天员构成乘组，并考虑乘组成员技术、能力、个性等方面的互补以及心理相容性问题，为圆满完成训练和飞行任务奠定良好的基础。

（2）飞行乘组选拔项目和安排

选出的飞行乘组必须由身体素质、心理素质、知识与技能等方面最能满足任务需要的航天员组成，因此必须从政治思想素质、身体情况、心理素质、知识与技能四个方面进行全面的考核、检查和评定。在全面考评的基础上，特别重视心理素质评价与知识技能评定的有机结合，尤其是知识与技能的科学考评，既可以充分反映航天员对知识与技能的掌握情况，又能反映出其心理稳定性、应变能力和协同配合能力。

飞行乘组的选拔，必须充分分析和考虑飞行任务的特点及要求，不仅要对飞行乘员个体作出评价，更重要的是必须对乘组整体效能作出评价。有的航天员在某个乘组内与其他航天员配合不好，但却可以在另一个乘组内与他人进行很好的、高效的协同配合，因此组成合适的乘组是飞行乘组选拔的一个关键环节。飞行乘组的选拔贯穿飞行任务训练的全过程，直至发射当天方可完全结束，包括选出合适的航天员组成乘组，确定飞行乘组和备份乘组，以及在临飞行前对飞行乘组进行适当的体检，最终确认参加飞行的乘组。

在发射前的训练和任务准备过程中，航天员的健康状况存在变数，因此，通常会为某次飞行任务选出若干名航天员，组成1～2个乘组进行训练和任务准备，其中一个为正式飞行乘组，另一个为备份乘组，或者是候补乘员。

通常是正式飞行乘组参加航天飞行，但不能保证他们在航天飞行前不发生意外。例如，俄罗斯航天员V·列别杰夫接受了6个月严格的飞行任务训练课程，但却在执行飞行任务前不久的蹦床运动时脚部严重受伤，不得不被替换下来。

实际上，几乎所有的航天员都担任过候补航天员，有的还担任过数次。有的航天员训练毕业后多年才能得到航天飞行的机会，例如，俄罗斯航天员V·波利亚科夫毕业16年，L·基济姆毕业15年，尤里·马雷舍夫毕业13年，V·利亚霍夫和A·别列左沃伊毕业12年，G·格列奇科毕业9年，才获得首次航天飞行的机会。

参加过航天飞行的航天员是否能够进行第二次和第三次飞行，受到各种因素的影响，其中包括航天飞行中的表现，如完成任务的情况、身体状况、情绪、人际关系等因素。原则上，参加过航天飞行的航天员，要和其他航天员一样参加新任务的飞行乘组选拔，有些航天员可能是几年后再次飞行，但也有飞行后仅几个月，就被选中参加另一次飞行任务的航天员，如俄罗斯航天员V·柳明。V·贾尼别科夫等待了8年，才于1978年进行第一次飞行，但此后却又参加了4次飞行任务。

（3）选拔飞行乘组的标准和方法

制定飞行乘组选拔标准和方法，是航天员选拔的关键环节。在制定选拔标准和方法时，应遵循选拔的指导思想、原则和策略，并重点考虑和解决多人乘组的整体效能评价问题，尽可能采用成熟技术，避免盲目追求形式上和技术上的先进性。应充分利用训练期间观察记录的信息资料和经验，采用多现场、多手段综合应用的方法，全面分析，最终作出客观的评价。

飞行乘组的选拔标准一般由单项评价标准、综合评价标准、射前飞行乘组确定标准、选拔动态调整预案组成，包括思想素质鉴定标准、医学检查与评定标准、心理素质评价标准、知识与技能评价标准、选拔综合评定标准、射前飞行乘组确定标准，以及各单项训练考核评分标准等。

总体来讲，飞行乘组的选拔一般采用由单项考评至综合评定，由个体评价至乘组整体评价的方法。通常，应首先分别对参选航天员进行思想素质考评、医学检查与评定、心理素质测评及知识与技能考评，按单项评定标准分别作出评价结论，然后在单项评价的基础上，按选拔的综合评价标准和方法作出综合评价，确定航天员人选。之后将航天员编成乘组，进行一段时间的训练后，再次考评确定执行飞行任务的乘组。在确定各项考评或检查评定方法时，应选择科学有效、切实可行的选拔方法，避免主观性和人为差错。应综合分析各相关项目的检查结果，建立综合评价的数学模型，以便作出全面客观的评价。

选拔飞行乘组的标准和方法，是随着载人航天事业的发展而不断调整、改进和完善的。航天技术的发展，对航天员选拔方法提出了新的要求，例如，如何评定某位航天员重复进行航天飞行的次数，如何确定一名航天员重复进行航天飞行的最佳时间间隔。总之，应不断改进航天员的选拔方法，尤其是对参加长期航天飞行的航天员的选拔。

（4）飞行乘组选拔的实施

一般来讲，在执行飞行任务前6 个月至1 年，应选定飞行乘组。对于执行复杂飞行任务的飞行乘组，选定的时间还应当更早，通常提前1 ～2 年，以确保乘组有充分的训练时间，采取各种方法和措施使成员彼此了解，相互熟悉，相互理解，相互信任，相互适应，加深感情，配合默契。在执行任务前，如乘组存在影响飞行的问题，还要进行必要的调整。

10. 如何安排航天员训练

航天员训练项目和内容的设置，主要取决于航天飞行环境、航天器、航天飞行任务三个方面的要求。航天员训练的项目和内容很多，涉及面广而且复杂，既全面又有重点和针对性。

按照训练目的和内容划分，航天员训练一般分为体质训练、航天环境适应性训练、心理训练、基础理论培训、航天专业技术训练、飞行程序与任务模拟训练、救生与生存训练和大型联合演练8大类，每一类训练又由若干不同的训练项目和科目组成。除了大型联合演练之外，其他所有的训练项目，都是一名预备航天员成为真正合格的航天员所必须接受的。对乘坐相同类型和型号航天器的航天员来讲，这些训练内容基本相同。

载人航天飞行的重要标志是有人参与飞行，航天员的特殊作用表现在对航天器及其舱载设备的控制、操作、照料、维护和维修以及在太空中进行科学实验。因此，要想成为一名真正的、合格的航天员，仅有健壮的身体、良好的身体素质和心理素质是远远不够的，还必须掌握与载人航天相关的专业知识和各种专业技能。

航天员训练的主要目标是：

1）提高航天员的身心素质及对航天特殊环境的耐力和适应能力，并维持在较高的水平。

2）使航天员熟练掌握载人航天的相关知识和技能，包括航天器系统的组成、结构和原理，载人航天飞行理论，航天器姿态控制，飞行工况监视，应急状态和故障的识别、判断及处理，舱载设备、装备与物品的操作、使用、管理与维护，手控交会对接，出舱活动，有效载荷操作，空间实验等相关理论和操作等。

3）使航天员熟知飞行计划与方案、飞行预案及飞行的全过程；熟练掌握飞行程序，包括正常飞行程序、应急飞行程序及故障处理程序。

4）使航天员熟练掌握救生与生存的知识和技能。

5）使飞行乘组的航天员不仅具有娴熟的操作技能，而且能够默契地协同配合；不仅能胜任自己的岗位，必要时也能够代替他人完成任务。

简而言之，航天员训练的目标，就是通过全面、系统、科学、严格的训练，使航天员在思想、身体、心理、知识储备和技能方面具备执行航天飞行任务的能力。

一般来讲，对不同类型的航天员，不同航天器的航天员和担负不同任务的航天员，有不同的训练要求，这主要表现在训练学时、考核标准和训练科目、内容的深浅程度方面有所不同。除了共同的训练项目外，每一名航天员的训练安排应侧重其负责承担任务方面的训练。例如，飞行工程师进行舱外活动的训练要比指令长学时多，载荷专家的航空飞行训练不要求能单飞，一般由教练员驾驶教练机带飞，但航天飞机的指令长和驾驶员必须进行大量的航空飞行训练，以便掌握航天飞机的驾驶技术。

从预备航天员接受训练开始，到能够执行飞行任务，一般需要4年左右的时间，载荷专家的训练一般需要2.5年的时间。职业航天员的训练通常分成四个阶段，各阶段所要达到的目标不同，训练的重点和要求不同，训练的组织形式也不尽相同。训练安排遵循由一般至特殊，由单项至综合，由简单至复杂，由易至难的循序渐进原则。

1）基础训练阶段。时间大约为一年左右，训练的重点是基础理论培训。该阶段的训练目标是使航天员掌握载人航天飞行所需的基础知识，为后续专业技术训练奠定良好的基础。基础理论课程内容涉及空间环境、航天飞行基本原理、航天器结构特点与运行方式、航天医学、医学基础知识等方面。一般来讲，基础理论课程主要在基础训练阶段完成，但在后面两个阶段，也可能会根据需要安排部分基础课的学习，如英语、俄语、计算机基础和星空识别等。

2）航天专业技术训练阶段。时间大约为一年半，训练重点是航天专业技术训练，目的是使航天员掌握航天飞行所需的各项操作技能和专业知识。训练的内容以航天器技术和各种操作技能训练为主，包括飞船或航天飞机的驾驶和控制、飞船或航天飞机各种设备的操作、空间各种实验操作、常规交会对接技术训练、失重飞机飞行训练、救生与生存训练，以及医学保障等方面的训练。专业技术训练有正常状态下的操作，也有故障和应急状态下的对策训练。

3）航天飞行任务模拟训练阶段。时间大约一年左右，重点是飞行程序与任务模拟训练、交会对接技术训练、出舱活动技术训练，以及本次飞行任务技术训练。训练项目通常包括正常飞行程序训练、应急飞行程序训练、逃逸救生程序训练、故障识别与处理训练、全程序任务模拟训练、有效载荷技术训练、出舱活动技术训练、特殊交会对接技术训练、航天器及其装船设备与物品操作技能复训、救生训练等。该阶段是飞行乘组飞行前最重要的训练阶段，通过该阶段的训练，可以使飞行乘组航天员了解飞行计划、任务分工及要求，熟练掌握从进舱开始至返回着陆全过程的正常飞行程序、应急飞行程序和逃逸救生程序，熟练掌握有效载荷的操作、交会对接技术以及舱外活动技能，使飞行乘组成员彼此了解、相互熟悉、配合默契。

4）强化训练与任务准备阶段。时间大约半年，重点是参加大型联合演练，为飞行任务作准备，并对飞行乘组有针对性地进行操作和飞行程序与任务模拟强化训练，使航天员进一步熟练和保持操作技能。

第一个训练阶段结束时，需要对受训预备航天员的训练成绩、身体和心理等方面进行全面的综合评价，以确定其是否能参加下一个阶段的训练，这是确定预备航天员能否进入航天员队伍的关键阶段。第二个阶段训练结束时，考核合格的航天员方可继续进入下一个阶段的训练。如果被选入飞行乘组或候补航天员，则开始以乘组的形式进行第三个阶段的训练。通过前三个阶段的训练，飞行乘组航天员基本上掌握了本次飞行所需的各种操作技能和专业知识，具备了执行飞行任务的能力。

航天员的体质训练、心理训练及航天环境适应性训练贯穿训练的全过程。在整个训练期间，有些训练项目或内容即使已经达到了训练要求，每隔一段时间，还要安排适当的复习训练，如通信设备的使用、个人救生物品和装备的使用操作等。实践表明，任何时候，如果课程间隔时间超过 6 个月，就需要一段时间的复习训练，以便使航天员恢复到以前的熟练程度。

航天员的训练周期较长，训练项目和内容很多，训练强度较大，难度也较大，有的训练项目还具有一定的危险性，如航空飞行训练。进入太空的第一位航天员加加林，就是在后来进行航空飞行训练时牺牲的。航天员的训练过程，不是每一个受训者都能完成所有训练任务的，训练期间，有些人会因身体等各方面的原因被淘汰。因此，能否通过严格的训练，对每一位受训的航天员来讲，都是一场严峻的考验和挑战。

航天飞行归来后，航天员还要继续训练，为参加下次飞行作好准备。航天飞行归来后的训练项目和内容，主要是根据飞行任务的需要来安排，当然还有其他维持性的、复习性的训练，如体质训练、航天环境适应性训练、心理训练、航天器驾驶技术训练等。不管航天员做什么，都可以看成是另一种形式的训练。总之，航天员从入选开始训练的那一天起，一直都要接受严格的训练，从不停止。

11．航天环境适应性训练

在载人航天初期，对于航天环境耐力和适应性选拔训练，美苏两国都给予了极大的关注。随着载人航天经验的增多和航天器性能的改善，美国在后来的载人航天计划中，针对航天环境的训练有所减少。俄罗斯虽然一如既往，但也从单纯提高人对各种航天环境因素的耐力，发展到综合提升航天员的身体素质和心理素质，为在太空生活和工作作好准备。时至今日，尽管有些项目被取消了，如航天飞机航天员不再进行转椅训练，有的训练负荷和强度减少了，如俄罗斯航天员的超重耐力训练由原来的＋12Gx 减少到＋8Gx，但这些项目仍然是航天员特别是驾驶员选拔和训练的重要组成部分。

航天环境适应性训练的主要目的，在于提高航天员对航天飞行环境的耐力与适应能力，以及返回地面后的再适应能力。航天环境适应性训练与体质训练的有机结合及共同作用，可以使航天员的身体素质达到胜任飞行的目标。目前航天环境适应性训练项目主要有超重耐力适应性训练、前庭耐力训练、失重适应性训练等。安排这些训练时，特别注重因人而异和实际训练效果，一般都是根据个体情况，确定训练的方法、强度和次数。若未达到训练要求，则适当加大训练强度和训练次数；若已达到训练要求，则只做维持性训练。

（1）超重耐力适应性训练

通过超重耐力适应性训练，可以使航天员掌握正确的呼吸对抗动作，增强和维持航天员抗超重的能力和稳定性。超重耐力适应性训练主要是进行胸－背向耐力维持训练和抗胸－背向过载呼吸动作训练，一般每年进行2次左右，贯穿于航天员训练的全过程。在飞行前半年左右，还要按真实的飞船正常上升和返回的超重曲线进行训练，使航天员实际体验载人航天器上升和返回过程中超重作用的过程、特点和反应。

超重训练的主要设备是载人离心机。航天员训练时，训练教员在控制室内观察和记录航天员的表情、通话、各种生理指标和反应动作情况，当出现问题时，可以及时中止训练。训练结束后，教员将根据受训航天员的主客观反应，对其超重耐力和反应特征作出科学的评价。

（2）前庭功能训练

航天运动病是航天员进入太空最初几天可能遇到的麻烦问题，其发病率较高，会使航天员产生严重不适症状，影响其身体健康和工作效率。多数学者认为，航天运动病与前庭系统有关，而且实践证明，前庭功能训练可以增强航天员前庭功能的稳定性，提高前庭器官对运动刺激的耐受能力，避免或减少航天运动病的发生，或减轻航天运动病的症状，这是预防航天运动病的重要措施之一（图2－8）。

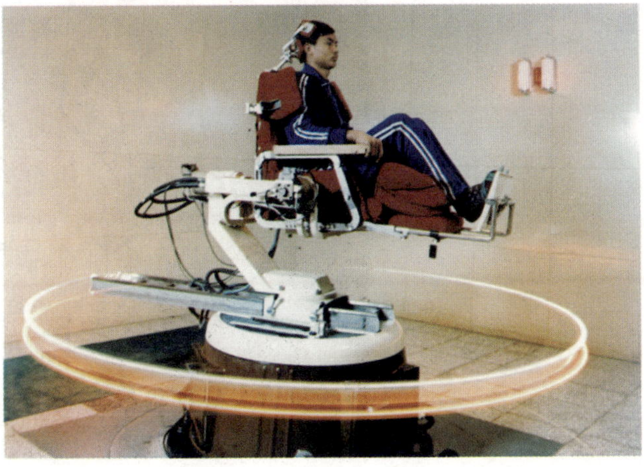

图2－8　航天员正在进行前庭功能训练

前庭功能训练分为主动训练和被动训练。主动训练与体质训练相结合，主要进行一些多方向自体旋转的运动，如弹跳网、滚轮、旋梯等，这些项目可以锻炼航天员前庭器官感受器和运动系统的功能。被动训练主要在秋千和转椅上进行，使受训者经常反复地接受线性加速度和科氏加速度的刺激，提高人体对运动刺激的耐受性，达到避免或减轻眩晕和错觉的目的。前庭功能训练通常采用主动和被动训练相结合的方式进行，在训练期间，每年进行 2～3 次该训练。飞行前，根据航天员的个体情况和任务特点，可对训练的方法、负荷和安排进行适当的调整。此外，针对航天运动病的物理防护措施，如呼吸调节、穴位按摩等，还要安排相应的训练，使航天员掌握预防航天运动病的方法和技巧，预防航天运动病的发生，或缓解航天运动病的症状。我国和俄罗斯都非常重视前庭功能训练，美国则取消了前庭功能训练，改为给航天员注射药物（如非那根），以防止航天运动病的发生。

（3）失重适应性训练

失重除了会使人产生不适反应外，还会给人的操作带来意想不到的困难。人在失重状态下的运动和操作，与地面有很大的差异。因此，在地面上，要想方设法创造失重环境（如失重飞机飞行，图 2－9），或模拟失重环境（如中性浮力水槽），或模拟失重状态下人的某些生理反应（如利用转床模拟血液的重新分布，或头低位卧床），使航天员了解和熟悉失重环境，体验失重的漂浮感和人体的某些生理反应。熟悉和掌握失重环境

图2－9 航天员正在进行失重飞机飞行训练

下的运动和各种操作技巧，对顺利完成航天飞行任务是十分必要的，也是进行失重适应性训练的主要目的。

1）失重飞机飞行训练。用高性能失重飞机做连续的开普勒抛物线飞行，可以反复产生失重环境，用于航天员训练。如俄罗斯的伊尔－76失重飞机，1个起落可飞15～20个抛物线，每个抛物线可产生约30秒的失重时间；美国的KC－135失重飞机，1个起落可飞20～30个抛物线，每个抛物线可产生25秒左右的失重时间。失重飞机是由高性能的喷气式飞机改装而成的，机舱内比较宽敞，两边装有把杆，铺设有厚厚的软垫，并备有降落伞以防万一。失重训练内容分为两类，一是失重条件下机体的一般感受和反应体验、漂浮训练、定向能力训练等，目的是提高航天员对失重应激的生理、心理稳定性，并学会在失重条件下保持姿态平衡和运动的方法，使之从生理、心理和身体运动方面适应失重环境。二是操作技能训练，包括穿脱航天服、进食和饮水、转移物体、阅读书写、摄影录像、操作仪器设备及使用工具等训练，目的是提高航天员在失重条件下生活和工作的技能，使其在操作方面适应失重环境。由于失重飞机做抛物线飞行时是超重和失重交替进行的，因此受训者要特别注意，避免受伤。失重飞机训练是一项负荷较大、艰苦而且有一定风险的训练，对航天员的身体和意志也是一种考验。

2）血液重新分布适应性训练。除了失重飞行之外，利用转床进行体位改变的训练，可以模拟失重时血液往头部转移引起的生理反应，使航天员体验和适应失重条件下血液重新分布和由此产生的各种效应。训练时，航天员取仰卧位固定于转床上，转床每隔几分钟改变一次角度，这样反复进行，可以不断地给心血管感受器施加刺激，锻炼心血管的调节机能，直至达到对这种血液快速重新分布具有一定的适应能力为止。利用转床进行体位改变训练，一般安排在航天员执行航天飞行任务年进行，这对于减轻航天员在航天飞行初期，特别是前24小时的不良反应，保持良好的工作能力十分有益。

除航天环境适应性训练以外，航天员每周还要进行多次体质训练。航天飞行对人的身体素质要求很高，体质训练是提高航天员身体素质并使其胜任飞行的一种重要的、有效的、基础性的训练手段。体质训练不仅能提高和巩固航天员的身体素质，增强机体的抗病能力，而且有助于增强航天员对航天环境的耐受能力和适应性，培养航天员良好的心理品质，使航天员在漫长的训练期内能够保持良好的体能和旺盛的精力，较好地完成其他各项训练。体质训练贯穿于航天员训练的全过程，一般每周训练 2 ～3 次，每次训练约 2 小时。

航天员体质训练项目很多，分为一般体质训练和特殊体质训练两大类。一般体质训练是为了提高航天员的速度和耐力，改善他们的形体、力量，以及身体的柔韧性、灵活性、协调性和整体调控能力，项目主要有田径、游泳、爬山、形体训练、体操、健身操、各种球类运动、弹跳网运动等。特殊体质训练主要是辅助提高航天员对航天环境的耐力，其中前庭耐力训练有旋梯、滚轮、蹦床、浪木、旋转秋千、三维翻滚机、趣味田径活动等，超重耐力训练有专门加强胸部、腹部和四肢肌肉力量的训练项目。此外还包括提高缺氧耐力的训练，如游泳和登山等。

航天员体质训练有两个突出的特点，一是针对性很强，对不同的人有不同的训练计划；二是特别注意保障航天员的安全，避免运动损伤，以降低训练期间的淘汰率。正因为如此，航天员在训练前要进行体检，并在训练过程中采取一些有效的防范措施。

12. 航天员的心理训练

载人航天飞行需要航天员具备良好的心理素质，因此必须在精心选拔的基础上，对航天员实施各种心理训练，培养航天员良好的职业个性和心理品质，为保证顺利完成航天飞行任务奠定良好的心理基础。

提高航天员心理素质方面的训练，需要全面系统的各种训练来协同完成。在科学、严格选拔的基础上，通过体质训练和航天环境适应性训练，可以使航天员具有健康的身体和良好的身体素质，对航天环境具有良好的耐力和适应能力。掌握科学的生理、心理调控方法，提高适应能力，可以为良好的心理素质奠定坚实的生理基础。通过知识与技能训练，能够使航天员掌握必要的专业知识和操作技能，熟知和熟练掌握飞行计划、飞行程序、飞行任务，对飞行过程、飞行事件及其感受有充分的了解和体验，使航天员做到心中有数，“胸有成竹”。尤其是航空飞行训练、跳伞训练、救生与生存训练，对培养航天员勇敢、无畏、沉着、冷静、坚强、果断等优良心理品质，提高他们分析、判断、决策反应能力和心理稳定性是非常有效的。所有这些训练，都能帮助航天员建立自信和信心。此外，通过开设专门的心理学训练课程，可以使航天员掌握必要的心理学知识、科学的心理调控方法和科学的记忆方法，这对巩固和提高专业技术等训练效果是非常有益的。可见，心理训练与航天员其他职业训练有着密切关系，起着相辅相成的作用。

专门开设的航天员心理训练项目主要有航天心理学基础与心理健康教育，狭小环境中的隔绝训练、放松训练、表象训练、心理相容性训练等。

1）通过航天心理学基础与心理健康教育，可以使受训者了解航天活动对人的影响和对人心理品质的要求，明确自我努力方向，掌握维护心理健康和心理调节的方法，学会自我管理情绪。

2）隔绝训练，是航天员心理训练中最重要和最具特色的内容之一，目的是了解航天员的个体心理特点和行为方式，培养航天员在狭小环境中的工作能力、耐受和适应能力，发现潜在的问题，挖掘受训者的潜能。隔绝训练既是心理训练的项目，又是训练期心理选拔的重要内容。隔绝训练通常使受训者单人住在一间狭小的隔离室里，按事先设计好的作息时间表进行心理、生理测试。受训者在隔绝期间不仅要进行仪器操作，还要进行写作和体育锻炼，用餐食品由隔离室传递窗口按时供应。这种训练通常采用连续 3 ～7 天不间断工作方式进行。

3）放松训练可以使航天员掌握各种放松方法和情绪自我调节方法，帮助航天员缓解紧张情绪。常用的方法有瑜伽放松功、松弛反应法、渐进性肌肉放松、自生性训练、自我催眠和自我暗示、他人催眠和生物反馈训练等。

图2-10 航天员正在进行协同配合和心理相容性训练

4）表象训练一般结合放松训练、专业技术训练、飞行程序训练进行。通常使航天员在放松的状态下，想象某些操作的方法、程序和动作要领，想象应急情况出现时所要采取的措施，想象航天器内部的布局等，在其头脑中建立清晰正确的表象，以帮助提高训练效果。

5）心理相容性训练主要是针对乘组的心理相容性和协作能力进行的。通过训练，可以使航天员掌握正确的人际交往技能，学会与他人沟通的方法和技巧，学会如何解决乘组内的矛盾、冲突，缓和人际关系，掌握给他人提供心理支持的方法和技巧，养成乘组协作的习惯，了解言行对乘组效率的影响，促进协作效率的方法，以提高乘组的整体效能（图2－10）。

13．航天员的基础理论培训

基础理论培训是预备航天员入选后必须接受的第一项基础性训练，是航天员第一训练阶段的重点训练项目，训练持续时间一般为半年至一年，总学时一般在300～600小时，甚至上千学时不等。基础理论培训的目的，是使预备航天员建立载人航天飞行的基本概念，掌握相关的基础知识，为后续的专业技术训练奠定基础。预备航天员入选后，根据他们的文化基础水平、专业背景及载人飞行的任务需要，有针对性地安排基础课程。每一个航天计划的基础理论培训，在课程设置、学习内容和学时安排上都不完全相同。

基础理论培训的课程内容主要涉及以下几个方面。

1）与飞行环境有关的课程，主要有宇宙物理学、大气物理学、天文学等，目的是使航天员系统地了解载人航天飞行的空间环境。

2）与航天技术相关的课程，包括与运载火箭和航天器基本原理与操纵有关的空气动力学，飞行力学，宇宙航行学基础，航天飞行控制理论，空间制导、导航和控制技术，火箭发动机，航天测控与通信技术，载人航天器设计原理及其舱载系统，航天工业基础，发射总体等，目的是使航天员建立载人航天技术体系的基本概念，初步了解航天器及运载火箭的设计、结构、组成和运行原理，掌握相关的基础知识，为后续的专业技术训练奠定基础。

3）涉及人本身的有关课程。主要课程有解剖学基础、生理学基础、航天医学基础、临床医学基础知识、心理学基础等，目的是使航天员了解航天飞行对人的影响及采取的防护对抗措施，飞行中可能发生的疾病、损伤和不适反应，学会基本的诊断、处置和救护方法，为航天环境适应性训练、飞行医监医保技术训练及其他一些涉及医学的训练打下基础。

4）与飞行任务有关的课程，如地质学、流体物理、材料科学、生命科学、空间科学、信息学、地球生态监控基础等。这类课程最不确定，一般都是根据飞行任务来确定的。

5）其他基础课。这些课程一般都是一些通用的基础课程，如高等数学、理论力学、自动控制基础、英语或俄语、计算机基础、电工电子学基础、机械学、地理与气象基础等。这类课程的设置主要考虑受训者的基础水平和其他因素，例如，如果是一位参加美国航天飞机飞行的载荷专家，或是到国际空间站执行任务的任务专家，可能就要学习英语；如果到俄罗斯和平号空间站上去工作，可能就要学习俄语。地理与气象基础是使航天员了解有关航天器返回着陆地域的地理与气候特征而开设的，是必修课程，课程的内容因着陆地域的不同而异。

14. 航天专业技术训练

航天专业技术训练，是航天员训练不可或缺的重要组成部分，也是航天员的必修课程。通过航天专业技术训练，可以使航天员熟练掌握载人飞行必需的各种操作技能及相关的专业理论知识，包括航天器姿态的操纵、控制，应急状态和故障的识别、判断与处理，舱载各种物品和装备的使用与操作，舱载设备的操作、维护与维修，空间实验操作、手控交会对接及出舱活动等。

航天专业技术训练项目和内容安排，主要取决于航天器系统和航天飞行任务的需求，不同的航天计划，航天专业技术训练的项目和内容不同；同一个飞行乘组中，不同岗位的航天员，训练的内容和要求也不尽相同。

航天专业技术训练一般分为两大类，一是与航天器相关的技术训练，目的是使航天员熟练掌握航天器的驾驶、标准配置的舱载设备与装备的操作、手控交会对接、出舱活动等基本技术，训练科目与内容是相对固定的，是职业航天员的必修课程。二是与飞行任务相关的技术训练，主要是针对每一次飞行所要完成的特定任务进行训练。不同的飞行计划，要完成的任务不同，飞行乘组内不同岗位航天员的任务也不相同，因此任务训练的内容也相应不同。航天专业技术训练包括理论学习和实际操作，既有正常的操作训练，也有应急和故障处置训练；既有航天器舱内操作训练，也有舱外的操作训练。在完成了基础理论课程的学习之后，航天员开始进行航天专业技术训练，训练课程的安排遵循掌握知识和形成技能的规律和循序渐进的原则，坚持理论学习与操作训练相结合的原则，既重视操作训练，也充分重视理论学习。首先安排所有飞行均需掌握的航天器通用系统课程，然后再进行全面深入的学习和强化训练，使航天员深入理解和熟练掌握专业理论与操作技能，以期达到精通的水平。之后，还要定期安排复习和复训，防止航天员遗忘并保持操作技能。

（1）航天器技术训练

航天器技术训练，是每一位航天员都必须接受的训练。一般会根据航天器的类型，有选择地安排飞船或航天飞机的技术训练。如果要参加空间站飞行，还必须增加空间站方面的技术训练。对相同型号和相同类型的载人航天器来讲，该训练相同。但对不同类型的航天员要求不同，如航天飞机的指令长和驾驶员要进行大量的航天飞机驾驶技术训练，而载荷专家只需进行通用系统的课程学习和操作训练。与指令长、驾驶员和任务专家相比，载荷专家训练学时很少。

航天器技术训练按照先理论后实践的原则，对每一个系统、每一项操作先授课，然后利用实物、单项训练器和模拟器进行操作训练，以便航天员熟练掌握各种操作技能。理论授课内容包括航天器系统的组成、结构、布局、工作原理、运行工况和特性、故障情况与安全措施，航天器标准配置的舱载设备的功能、作用、结构、工作原理、工作模式、操作方法和程序，航天器的运动控制理论等相关专业理论。操作训练包括航天器的制导、导航与控制系统，数据处理系统，测控与通信系统，环境控制与生命保障系统，电源系统，仪表照明系统，应急救生系统，推进系统，乘员系统等的操作训练，使航天员熟练掌握航天器的驾驶技术、仪表板的监视、飞行控制系统检查、航天服的穿脱与气密性检查、舱载计算机的使用和数据管理、舱内温湿度调节、废物处理、个人生活用品的使用、摄像、药箱使用、舱载医监设备的使用、生理指标监测等技能。

（2）交会对接技术训练

交会对接是指航天器之间的接近、对接和停靠，如航天飞机与国际空间站的对接。当航天器经变轨进入目标区后，需要航天员不断地控制航天器的姿态，不断地测定和调整与对接目标的距离及接近速度，以达到与对接目标的接近、对接和停靠。交会对接是一项非常重要而又复杂的技术操作，关系到空间活动（救援、合作等）的成败。手控交会对接主要靠航天员操纵完成，因此对航天员的要求很高。交会对接技术训练是职业航天员，尤其是指令长和驾驶员的必修课程。航天员在执行任务前，必须进行大量的手控交会对接训练，以便熟练掌握手控交会对接技术。

除了学习必要的理论之外，航天员还要在专项训练器上进行操作训练，进行航天器之间定向定位与交会对接的模拟练习，以便掌握手控定向操作、手控靠近、停靠和分离技术。训练器装有制导和控制系统以及推进系统的各种控制器和显示装置，还提供视觉显示的星象背景和光学系统。

（3）出舱活动技术训练

在航天器飞行过程中，常常需要航天员到舱外去执行各种任务，如释放和回收卫星，对航天器进行维修与维护，搭建大型空间站，实施太空救援等。因此，和交会对接技术训练一样，出舱活动技术训练也是职业航天员的必修课程（图2－11）。通过训练，可以使航天员熟知舱外航天服和气闸舱的结构、布局、性能及工作原理，熟练掌握舱外航天服和气闸舱等相关设备的操作技能，包括正常操作和故障的识别、判断与处理；熟

图2–11 利用出舱程序训练模拟器进行出舱程序训练

练掌握正常出舱程序和应急故障处置程序，包括舱外航天服在轨组装、检查与训练段，出舱准备与过闸段，舱外活动段（舱外行走和作业），返回过闸段以及出舱返回后整理阶段的所有操作和程序。

出舱活动技术训练包括出舱活动基础理论和技能、专业理论和操作技能、出舱程序以及出舱任务四个类别的训练，每一类由若干不同的训练科目组成，既有理论学习，又有实际操作训练，既有单项操作训练，也有程序训练。航天员每次出舱的任务可能不同，有的是释放和回收卫星，有的是维修设备，因此出舱任务训练的内容也是不确定的，要根据航天员舱外作业的具体任务来确定，但是其他训练科目和内容则相对确定。除理论学习外，航天员主要在出舱程序训练模拟器、中性浮力水槽和低压舱三个设备上，进行舱外航天服和气闸舱出舱活动相关设备的操作训练及出舱程序训练，包括正常操作和程序训练，以及故障的识别、判断和处理训练。没有一个训练设备能覆盖所有的出舱任务训练内容，每一个训练设备都有各自不同的重点训练科目和内容，但是，通过科学合理的统筹安排，最终能够达到出舱活动训练的目标。

出舱程序训练模拟器是一个实物、模拟件与计算机仿真相结合的系统，可以模拟舱外航天服和气闸舱相关设备在使用过程中的大部分状态，如舱外航天服压力制度、服装和设备的物理界面、显示参数、操作特性、操作信息等，可以给航天员提供一个逼真的身体触觉、视觉和听觉环境，能进行正常状态的仿真和典型故障仿真，包括舱外航天服、气闸舱相关设备和舱门检漏仪器故障。为了在地面常压下实施训练，对训练用的舱外航天服进行了专门的改造，但其外观、操作界面、显示界面、报警方式和操作工效，与实际飞行的舱外航天服一致。利用出舱程序训练模拟器，航天员除进行舱外航天服和气闸舱设备操作训练外，主要进行正常出舱程序（舱外活动段除外）训练和故障处置程序训练。

中性浮力水槽（也称失重水槽）是航天员进行出舱活动训练必不可少的、非常重要的设备。它可以给航天员提供模拟失

> 知识链接
>
> **中性浮力**
>
> 当完全浸入在液体中的物体浮力等于物体的重量时，该浮力称为中性浮力。在中性浮力下，物体可以靠浮力与重力平衡而停留在液体中的任何位置。
>
> 航天员在中性浮力水槽训练时，是靠在出舱航天服上配重来达到中性浮力的。

图2-12 在模拟失重水槽进行出舱活动训练

重的训练环境，这对于出舱活动训练，特别是舱外行走、出舱装配和维修等舱外作业训练，是最为有效的训练手段（图2-12）。中性浮力水槽规模庞大，可将1∶1的空间站或飞船模型放置其中。在水槽训练时，潜水员可以通过调整航天员水槽训练服上的配重铅块数量或位置（在水槽训练服的头盔、胸部、背部、袖部和腿部）来进行配平，以便调整航天员的姿态，模拟失重环境的操作效应。通过中性浮力水槽训练，可以使航天员体验和熟练掌握模拟失重状态下身体的运动与姿态控制，以及出舱活动操作的特点、方法、技巧和技能，包括开关舱门、出舱和进舱、舱外行走、舱外作业，如释放和回收卫星、安装新的设备、修理和更换部件等。

航天员在水槽训练的主要项目有开关舱门、舱外行走、舱外作业等单项操作技能训练，正常出舱程序训练以及舱外救援训练。在水槽训练前，航天员必须经过舱外航天服、出舱程序、潜水等相关的理论培训和操作训练，掌握了舱外航天服和气闸舱相关设备的操作、舱门开关、潜水等操作方法以及出舱程序。在实施水槽训练时，首先安排进行单项操作技能训练，然后再进行出舱程序训练。同一个训练科目，必须先安排航天员着潜水服进行训练，之后再安排着水槽训练服（水槽训练专用舱外航天服）的训练。航天员在水槽中的训练，无论是着潜水服，还是着水槽训练服，都必须在专业潜水员的协助和保护下进行。

舱外航天服试验舱既是舱外航天服研制试验的重要设备，也是航天员出舱活动训练的重要设备。舱外航天服试验舱能模拟宇宙空间环境的真空，也能模拟飞船气闸舱的泄复压曲线，配置有能在真空环境下工作的舱内照明和通话系统，在热真空环境下工作的舱内摄像监视系统，还配有低压训练服（改造后可用于低压训练的舱外航天服）、气闸舱相关设备、服装悬吊装置、训练支持设备等，可容纳2 名航天员穿着低压训练服进行训练。此外，试验舱还专门配置了紧急复压系统，当出现紧急情况时，能快速将舱压升高至安全值，以确保航天员的安全。

航天员在舱内除进行舱外航天服和气闸舱设备的操作训练外，主要进行常压和低压条件下的正常出舱程序训练和故障训练，其中常压训练是为低压训练作准备。从安全角度考虑，首先进行常压训练，之后再安排相同科目内容的低压训练。低压训练一般设置53 千帕和10 帕两种工况。53 千帕低压训练既可安排正常出舱程序训练，也可安排故障处置训练。10 帕低压训练一般是进行正常出舱程序训练，期间穿插安排打开水升华器等操作。通过低压训练，一方面可以考察和训练航天员对近似真空环境的适应能力和工作能力，突破心理障碍，在心理上作好执行出舱活动任务的准备，另一方面也可使航天员感受真实低压情况下的运动负荷和服装温度调控情况（图2－13）。

（4）飞行任务技术训练

每一次飞行计划，航天员都要完成某些特定的任务。不同的飞行计划任务不尽相同，同一次飞行中，不同的航天员任务也不完全相同，因此，每一名航天员任务训练的科目和内容也相应不同，一般要根据每一名航天员在飞行中承担的具体任务来安排训练。在飞行中，航天员特定的任务通常有有效载荷操作，进行科学实验，释放或回收卫星，维修设备（如维修哈勃

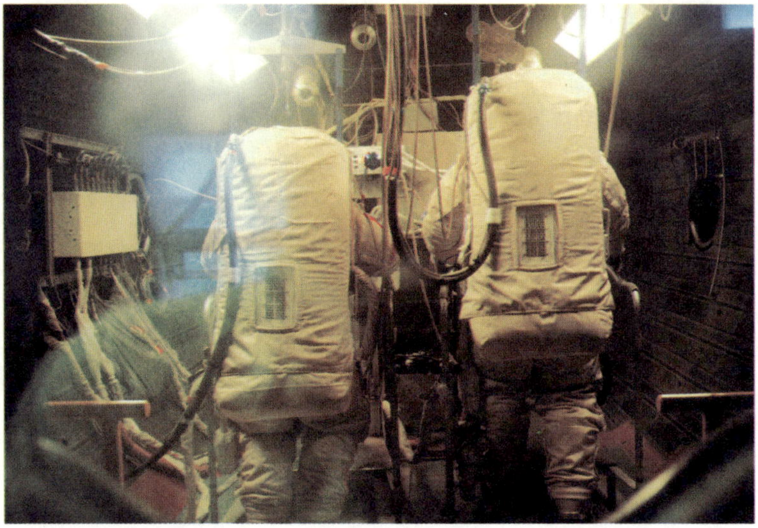
图2-13 低压环境下的出舱程序训练

太空望远镜）或安装新设备等。

飞行任务技术训练内容包括以下几个方面。

1）理论学习。使航天员了解和掌握与承担任务（有效载荷）相关的科学理论知识与技术。

2）有效载荷操作训练。使航天员了解和熟练掌握每个载荷硬件的特点及其操作与维修方法，了解和熟练掌握载荷操作和实验的人机界面特点与程序，熟练掌握载荷操作相关设备的操作方法与程序。

3）实验操作训练。使航天员熟练掌握所承担实验的方法与程序。

4）载荷项目的综合测试。使航天员了解和体验飞行中与地面支持人员的协同配合程序，增强航天员与地面支持人员之间的协同配合。

15. 飞行程序与任务模拟训练

航天员仅仅掌握各种操作技能是不够的，还必须了解和掌握飞行程序，即知道什么时候该做什么，而且要养成习惯，做到非常熟练。飞行程序包括从发射前航天员进舱一直到返回着陆全过程的飞行安排和事件。通常将飞行时段划分为待发段、

图2–14 固定基全任务飞行训练模拟器

上升段、轨道运行段和返回段。飞行程序与任务模拟训练主要包括正常飞行程序训练、应急飞行程序训练、故障识别与处理训练、逃逸救生程序训练、全程序任务模拟训练等。训练的目的在于使航天员熟练掌握载人航天飞行各阶段的飞行程序，包括正常飞行和应急飞行程序，熟悉和体验飞行环境、过程、操作和轨道生活制度，培养航天员在飞行过程中正确识别、判断和处理故障的能力，包括对应急情况的判断和处理能力。此外，飞行程序训练是以乘组的形式进行的，它对培养、提高飞行乘组以及乘员之间的相互配合和协同能力也是非常有益的。

模拟器是飞行程序训练的主要设备，它的内部结构和布局与真实的航天器相同，能够模拟航天器飞行时的视景、振动、噪声效果，运动基模拟器还可以模拟运动效果，因此，在模拟器上进行训练，可以使航天员熟悉和体验飞行环境和过程（图2–14）。

航天飞行中的应急状态一般有压力应急、温度应急、火灾应急和航天员医学应急，当这些应急情况出现时，意味着航天员必须提前结束任务返回。对这些应急状态应采取何种对策和措施是早有预案的，并制定了相应的飞行程序，一般称之为应急飞行程序。通过应急飞行程序训练，航天员能熟练掌握应急状态的识别、判断和处理技能，以及应急返回的飞行程序。

利用模拟器进行故障训练，是为了培养航天员在飞行过程中识别、判断和处理故障的能力。在训练中，教员可以设置任何故障，然后观察航天员的反应和操作情况。如在发射前1分钟设置发动机故障，发射前2分钟出现电路故障等，不一而足。总之，所有能设想出的故障，都要航天员进行大量的训练，直至他们对事故的反应成为本能，像呼吸一样自然。

16．救生与生存训练

从发射前进舱开始，直到返回着陆后被地面人员接应为止，航天员都面临着潜在的危险，通过救生与生存训练，可以使航天员掌握发射前、飞行中、返回后的救生与生存技能。救生与生存训练主要包括发射前紧急撤离训练、飞行中的救生训练、着陆后的出舱训练、生存训练和营救训练。

(1) 待发段的救生训练

从航天员进舱开始，一直到火箭点火升空这一时段，称为

图2-15 滑道紧急撤离训练

待发段，航天员一般在发射前2～3小时进舱。火箭和航天器在待发段有可能出现各种故障，其中有些故障会威胁到航天员的生命安全，因此工程设计上采取了相应的救生措施，以保证航天员的生命安全。待发段的救生，各国采用的方法不尽相同，但目的都是为了在出现紧急情况时，能迅速将航天员撤离转移到安全地带，一般有紧急撤离防爆电梯、紧急撤离滑道、紧急撤离索道以及飞船的逃逸救生等措施。如发射前火箭燃料发生泄漏，虽不一定会引起爆炸，但因燃料有剧毒，会威胁航天员的生命，此时，通过升降机或电梯下降到火箭基座是不明智的，因为火箭基座正是危险最大的区域，因此必须使航天员迅速离开。美国采用了紧急撤离索道系统，他们给航天员准备了撤离筐（共有7个），架在长约360米的钢缆上。撤离筐与航天飞机舱门等高，下部装有滑轮，仅需30秒，航天员即可撤离到远离发射塔的安全地带，然后或是进入地下掩体等候危险过去，或是驾驶军用载人装甲车迅速撤走。

待发段救生训练的项目和内容，是根据采用的救生措施确定的，但无论采用何种方法，紧急撤离训练必须使航天员熟悉待发段可能出现的各种危险情况，相应的撤离措施，以及紧急撤离的设施和装备，使航天员熟练掌握紧急撤离所要完成的各项操作、撤离程序和相关技能。图2－15为中国航天员在进行滑道紧急撤离训练。

飞船设有逃逸救生系统，可以在待发段实施逃逸。但是，在待发段实施逃逸救生，意味着此次航天计划夭折，付出的代价太大，所以轻易不会启用，而且一般也不会让航天员进行手动控制实施逃逸。

飞船实施逃逸时，航天员基本上是被动经历这一过程，所以这方面的训练主要是进行理论授课和观看录像，使航天员了解飞船逃逸系统的设计、工作原理，逃逸飞行的过程和特点，以及待发段出现何种故障才能实施逃逸。

（2）上升段的救生训练

航天器在上升过程中，也会出现各种危险情况，需要对航天员实施逃逸救生。

在上升段实施飞船逃逸救生，主要采用自动控制方式，由船上和箭上的程控指令或地面指挥控制中心发出遥控指令，当程控和遥控都失灵时，才由航天员实施手控逃逸，手控逃逸仅仅是提高系统安全性、可靠性的备份措施。上升段飞船的逃逸救生训练跟待发段基本相同，但增加了在模拟器里进行相应的手控操作及程序训练。

（3）轨道运行段和返回段的救生训练

航天器入轨后，如果有紧急情况发生，航天员将按照飞行前制定好的方案，在地面飞行控制中心的指挥下提前返回。如果航天员在空间站出现问题，或者空间站有问题需要航天员撤离，必须有飞船或者航天飞机将他们营救撤出。这些训练是结合应急飞行程序训练完成的，需要在模拟器中进行大量的模拟训练。

（4）着陆后的救生训练

当航天员应急返回或在返回过程中航天器姿态自动控制失灵时，航天器可能会降落在其他地方，这将给地面的救援工作带来一定困难。航天器着陆后，当航天员生命受到威胁时，航天员必须立即出舱以保护自己，这属于一种自救行为。那么，在什么情况下航天员必须出舱，出舱前要做哪些准备工作，如何出舱，出舱时乘员之间如何配合协作，都是航天员必须了解和掌握的重要内容，与此相关的训练叫做“着陆后的出舱训练”。通过该训练，可以使航天员了解和掌握着陆后可能出现的各种危险情况及应对措施，出舱前准备工作的内容、操作方法和程序（如在返回舱内脱下舱内航天服，穿上抗浸防寒服），以及正常着陆和异常着陆情况下的出舱方法、程序和技巧，尤其是水上出舱的方法和程序（图2–16）。

着陆后的营救训练，是着陆后救生训练的另一个重要内容。不论是在陆地还是在水上，当情况紧急时，航天员出舱后，也要对他们进行营救。常用的办法是利用直升机对航天员进行救援，将航天员悬吊到直升机上，因此，航天员要进行直升机悬吊的营救训练，以便掌握悬吊装备的使用方法，以及配合营救的方法和动作要领（图2-17）。此外，航天员还要学习有关的国际救援常识。

图2-16　水上出舱训练（上）

图2-17　陆上直升机吊救训练（下）

（5）着陆后的生存训练

航天员应急返回时，可能会在非预定的区域着陆，这些区域可能是无人居住的不毛之地，或是不容易进入的地区，或降落在海洋中。当着陆点远离寻找和营救基地，而且又无法建立通信联系，或着陆点（溅落点）周围的气候条件很差，航天员无法被及时救援时，航天员就要依靠自己及携带的个人救生物品维持生存。影响航天员生存能力的因素很多，有主观因素，也有客观因素。实践证明，航天员长时间的生存，首先取决于他的生存技能，此外还有良好的机体储备以及克制和控制恐惧的能力。为了提高航天员的野外生存能力，必须对航天员进行着陆后的生存训练，使航天员了解和熟悉航天器返回着陆后可能遇到的沙漠、海洋、森林等恶劣环境的特征，并掌握相应的生存技能。通过生存训练，也可以锻炼他们的意志，培养他们良好的心理品质。因为生存训练是以乘组的形式进行的，所以对加强乘组成员之间的团结协作精神、协同配合能力，提高乘组完成任务的能力，也是非常有益的。另外，野外生存训练对于评价和研究乘组内航天员的个人心理素质和性格特点以及人际关系，也是很有价值的。

生存训练一般分为三个部分，一是学习相关的生存知识，包括了解和熟悉飞船可能降落区域的地理气候特征，如沙漠、海洋、寒区、热带雨林等，明白哪些因素对机体有不利影响及相应的防护方法，学会识别可食用的动植物和有毒的动植物，

图2-18　沙漠生存训练（上）

图2-19　海上生存训练（下）

以及取火、备餐、辨认方向、建造住所的方法等。这些生存知识能提高航天员的自信心，也是他们掌握生存技能的基础。

二是个人救生装备的使用训练。为了使营救人员能迅速发现航天员，提高航天员的生存能力，每次飞行都给每位航天员配备个人救生物品和装备。在训练过程中，航天员必须了解这些器材、物品和装备的性能、原理、使用方法及其功能，重点是掌握操作技能。

三是野外生存训练。一般在给航天员讲授了生存知识，航天员基本掌握了个人救生物品和装备使用技能之后，要安排航天员在不同的地理气候环境下进行野外生存训练，根据航天器可能着陆的区域及返回的季节，选择相应的训练项目和内容。

航天员的野外生存训练一般有海上、沙漠、寒区、森林的生存训练（图2-18～图2-20）。海上生存训练的目的，是使航天员了解和熟悉海洋环境特征，了解并掌握海上舱内工作特点及注意事项，掌握正确的出舱及落水方法、程序和动作要领，掌握海上生存的技能。海上生存训练一般与海上出舱训练结合进行，航天员主要是练习出舱的方法和程序，以及进行联络求救（发信号弹、释放光烟信号管等）、食用救生食品和饮水等生存技能。在沙漠、森林和寒区等陆地的生存保障训练活动，主要有利用返回舱、降落伞及其他器材营造防风沙掩体或热防护掩体，使用通信联络设备进行求救活动，确定方位，利用手边器材营造临时住所，生篝火，实施自救和互救并预防疾病，通过狩猎、钓鱼和收集可食用的野生植物来补充食品和饮水储

图2–20　森林生存训练

备。行军转移，防备野兽、害虫和毒蛇的袭击，这也是实施野外生存训练的主要内容。训练时通常将乘组、返回舱和个人救生包放在某一环境中，让航天员在这种环境中坚持24～48小时，让他们运用所学的知识和技能进行求救和生存活动。为了保证训练时的安全，教员会以一定的方式与受训者保持联系。野外生存训练也可以和负责营救的部门结合进行演练。

17. 大型联合演练

大型联合演练，是指在临近发射前的一段时期，由执行任务的飞行乘组（包括后备乘组或后备航天员）与飞行期间地面支持人员一起配合，完成模拟发射、在轨飞行、返回着陆后的营救等过程的实战演练。大型联合演练就像是一场正式演出前的彩排。

联合演练的目的在于使飞行乘组在真实的飞船或航天飞机中，和地面支持人员一起按实际程序进行模拟飞行、测试，真实地体验航天飞行计划实施的过程，进一步明确本次计划的组

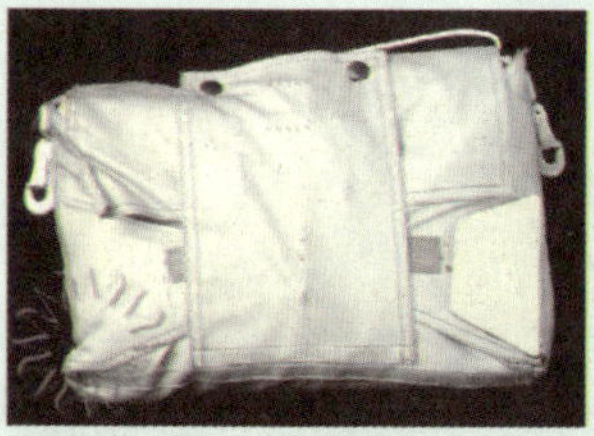

救生筏

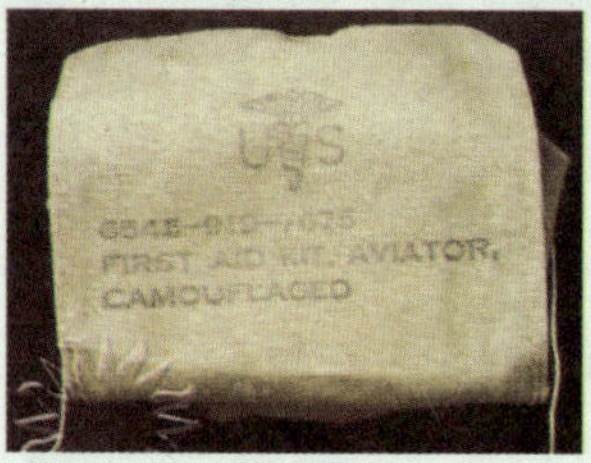

救生包

肥皂

知识链接

航天员个人救生物品和装备

为了提高航天员的生存能力，每次飞行都会给飞行乘组配备个人救生物品和装备。航天员的个人救生装备通常包括救生联络物品、医疗卫生用品及生存用品。

（1）救生联络物品

主要包括卫星电话、卫星定位仪、救生电台、光烟信号管、救生信号枪、闪光标位器、太阳反光镜、海水染色剂、救生口哨等。

救生联络物品主要用于航天员返回着陆或着水后，航天员与营救人员相互间的通话、定位、导航、发送信号（如发烟或发光药柱，闪光或反射光，海水染色及哨声等），以便于搜索营救和转移。

（2）医疗卫生用品

主要包括个人急救药品和急救器械。

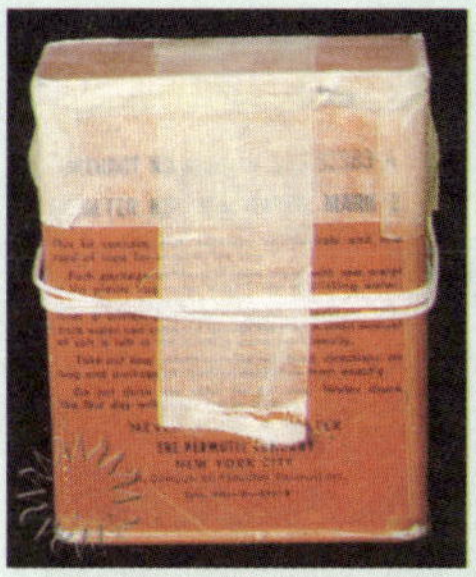
海水脱盐包

火柴

电池

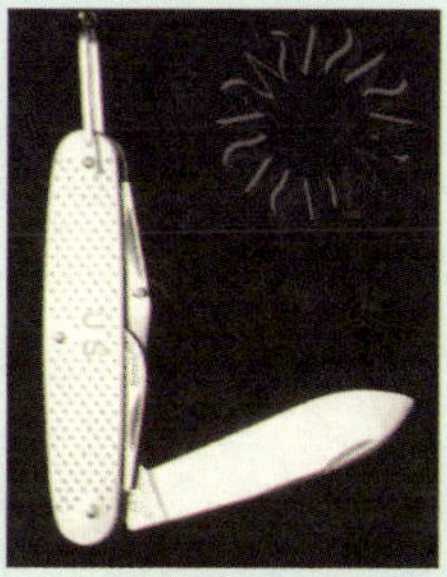
折叠刀

根据航天员返回后可能出现的伤病情，航天员个人救生装备中配置了镇痛、消炎、驱蚊虫（蛇）药、外伤药等个人急救药品，并配置了敷料、绷带、止血带、骨折固定板等少量急救器械。必要时，航天员可利用配备的医疗卫生用品及其他个人救生装备，及时开展自救和互救，这是关系到航天员生存的关键。

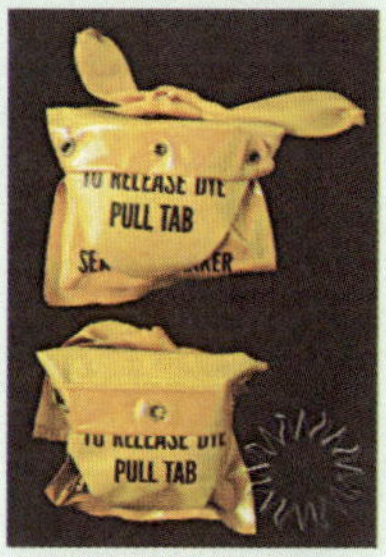

海水染色剂

（3）生存用品

主要包括救生食品、救生饮水、食盐、蓄水袋、引火物、抗风火柴、救生渔具、驱鲨剂、自卫手枪、生存刀、指北针、防风尘太阳镜、救生物品包包衣、保温袋、返回用鞋、抗浸防寒漂浮装备、抗浸防寒服包包衣、救生船等。

生存用品可为航天员提供返回着陆或着水后等待救援期间的生存支持，其中救生船是个人救生的重要装备。当返回舱溅落在水面时，救生船可以作为航天员的漂浮器材和休息场所，同时也可在陆地野营中使用。将救生船船底朝上，可作垫子使用，并在缺少燃料时可用来生火，救生船还可作为露营棚帐顶使用。另外，配备的生存用品可为航天员在一定时间内的生存提供基本保证，并提供点火、自卫、定向、钓鱼、防止鲨鱼袭击、防水防晒保暖等功能。

闪光灯

驱鲨剂

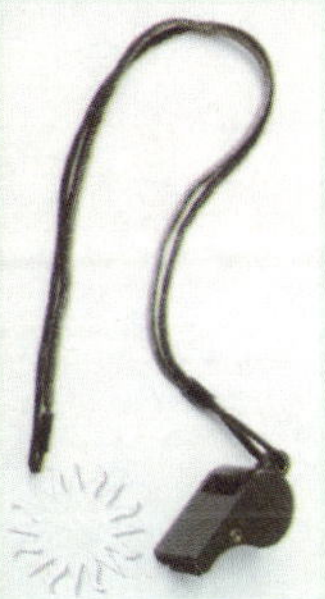
口哨

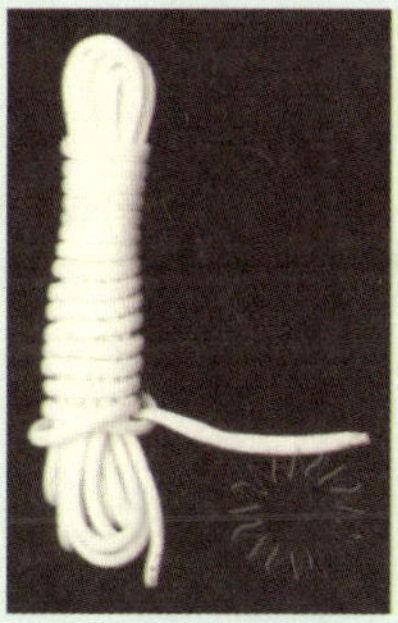
伞绳

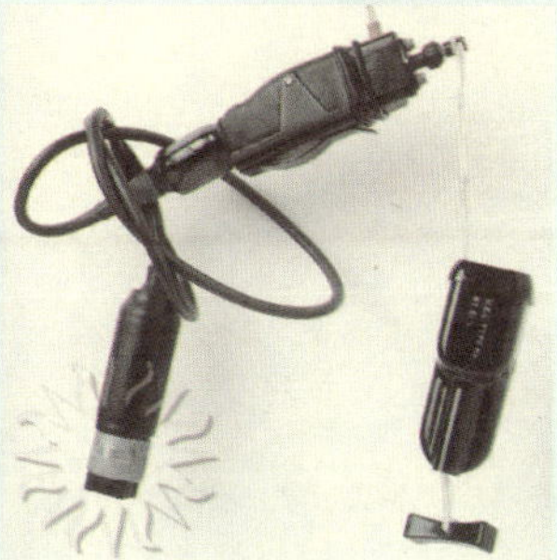
无线电导航台

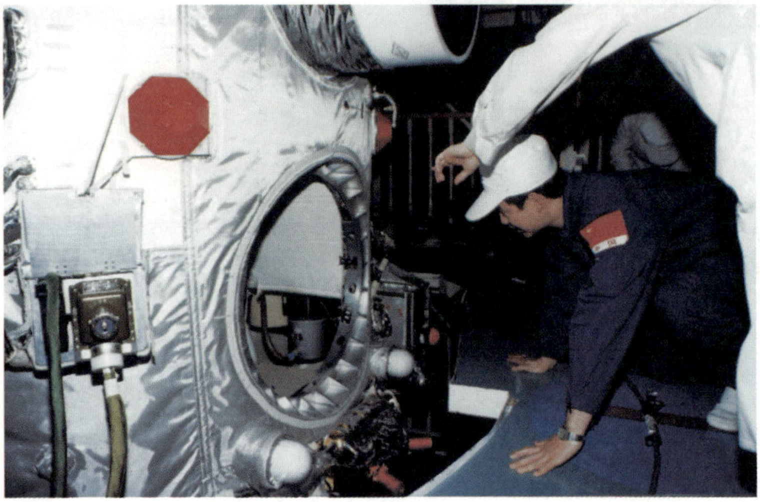

图2-21　人船联合检查前进舱实习

织实施、运行方式与程序，加强乘组与地面支持人员之间的配合与协调，增强航天员完成任务的信心，也有助于各系统及时发现和解决问题，因此，大型联合演练受到高度重视。航天员执行航天任务前，一般都要进行这种演练（图2－21）。

联合演练一般分为两大类，一是飞行乘组与载人航天器、运载火箭、发射场、飞行指挥控制中心的合练。以飞船任务为例，主要有人－船联合检查、人－船－地联合检查（航天员与飞行指挥控制中心的合练），以及在发射场进行的人－船－箭－地联合检查。另一类是飞行乘组与着陆场系统回收营救人员之间的合练，包括陆上和海上的回收与营救演练。这种合练一般在实地或模拟场区按实际程序进行，使航天员体验返回后出舱直至被营救的全过程。

第三章

太空生活　天上人间

太空环境与地面环境有很大的不同，存在着大气压力低、缺氧、温度变化异常、失重和空间高能辐射等问题。为了保证航天员的安全，载人航天器要为航天员提供什么样的生存条件？在狭小的载人舱内，航天员如何进食，如何睡觉，如何处理个人卫生，如何保持身体健康？

1. 航天员面对的太空环境

在地面生活的人，每时每刻都置身在丰富多彩的地表环境之中。大自然的鬼斧神工，造就了山川河流等地貌形状；地球上的不同区域，生长着适应本地区环境的动物和植物；地球公转产生了春夏秋冬四季更迭，地球自转形成了白天与黑夜。太空环境则与地面上的环境有很大的不同。

地球被一层很厚的大气层包围着，据科学家估算，大气质量约为6 000 万亿吨，差不多是地球总质量的百万分之一，其中包括78% 的氮，21% 的氧，0.93% 的氩，0.03% 的二氧化碳，0.0018% 的氖，此外还有一些水汽和尘埃等。在地球引力作用下，大量气体聚集在地球周围，形成厚度大约在1 000 千米以上的大气层。大气层并没有明显的界限，离地面越远，大气密度越低，气压也越低。探空火箭在3 000 千米高空进行的探测表明，那里仍然有稀薄的大气。距地球表面超过700 千米的空间，那里空气分子之间的碰撞极少，接近“碰撞极限”，此高度之外的区域被定义为“真空”。

大气压力是由大气重量产生的压强，即大气压强，简称气压。地球大气层的大气压力随着高度的升高而迅速下降，在5.5 千米高度处，其压力为地面大气压力的1/2；16 千米高度处，大气压力则降至不到地面的1/10。300 千米以上的空间，已基本具有与外层空间相似的特性，其特点是空气十分稀疏，大气压力在10^{-8} 千帕左右，大气环境接近于真空状态。这里是载人航天活动的主要区域。

地球大气层温度变化很不规律。在地球表面，气温最低为－87℃，最高为60℃，平均约21℃。随着高度的增加，在约100 千米的高度内，气温呈 W 形变化，两次低谷发生在18 千米和85 千米处，分别达到－70℃和－113℃。超过85 千米以后，气温不断上升，可高达1 000℃以上。300 千米以上的空间，由于强烈的太阳辐射和巨大的热沉，使空间内任何物体都面临着极端温度的同时侵袭。在向阳面，热辐射产生的高温达146℃，在背阴面，温度则会降至 -170℃，向阳面和背阴面温差达到几百摄氏度。

载人航天器一般在200～500千米的高度绕地球作近地轨道飞行。要使航天器沿地球轨道飞行，其飞行速度不能低于7.91千米／秒的第一宇宙速度，入轨后，航天器绕地球飞行，重力完全充当了向心力的作用，也就是说航天器处在微重力环境之中。

在微重力环境中，人身体上所有与重力有关的感受器官都会发生变化，四肢感觉不到重量，人体感觉不到头部活动。这种异常的感觉，会使航天员造成定向错觉，当用手推拉航天器舱壁时，感觉不到自己的前后运动，因而会认为航天器在前后运动，自己是静止不动的。在微重力环境下，航天员会出现头晕、目眩、恶心、困倦等症状，全身体液向上半身和头部转移，出现颈部静脉鼓胀的现象，脸变得虚胖，鼻腔和鼻窦充血，鼻子不通气。体液的转移会使航天员出现血浆容积减少，血液浓缩，从而导致贫血。微重力环境对于人体的肌肉、骨骼也有一定的不良影响。

高层空间存在大气压力低、缺氧、温度变化异常等问题，此外，还存在看不见但又无处不在的空间高能辐射，显然，人类在这样的环境中是无法生存的。为了保证航天员的安全，载人航天器和舱外航天服要为航天员提供接近地面的大气环境，包括充足的氧气、合适的压力和适宜的温湿度。此外，还要考虑低压、宇宙辐射和微重力等太空环境对航天员机体造成的影响。

2. 失压给人体带来的危害

随着高度的增加，大气压力呈近似指数函数式的下降，高度每增加5千米，气压大约降低原值的1／2。随着高度不断增加和大气压力逐渐降低，水的沸点也会不断下降，因此，在高原上烧开水，沸点要比海平面低。当高度达到19.2千米左右时，水的沸点将与人体的体温相同，均为37℃，此时人体内的体液就会“沸腾”。

具体来说，低气压和真空会给人体带来三大危害，这就是气压性损伤、体液沸腾和太空减压病。

（1）气压性损伤

中耳、鼻窦、胃肠道和肺脏，是人体内含气体的空腔器官。当外部环境快速减压时，这些空腔内的气体会急剧膨胀，当气体来不及排出体外时，容易造成器官鼓胀，出现肚子胀痛和耳朵疼，甚至导致空腔器官损伤。

与载人航天器座舱压力波动相关的胃肠胀气表现为腹痛、腹胀，严重者可影响呼吸循环功能，这是因为人进食的吞咽动作和食物的分解作用，会使人体胃肠道内存在一定量的气体，当外界压力降低时，气体体积随外界压力变化呈反比增加。如果胃肠道机能较差，通气及排便功能低下，或进食易于产生气体的食物，膨胀的气体不能及时排出，就会刺激胃肠管壁，甚至诱发痉挛，产生胃肠胀痛。

在载人航天中，主要通过如下措施来防护这些问题：一是制定合理的压力制度，将航天器内压力变化速率控制在合理的范围内，使体内膨胀的气体及时排出体外；二是改善航天员消化系统功能，使食物得到充分消化，减少气体产生。

坐过飞机的读者可能会有这样的经历，飞机下降时，耳朵听到的声音会发生变化，甚至会出现耳朵疼痛，尤其是有感冒症状时乘机，这种情况会更加明显，这主要与人的中耳结构有关（图3−1）。中耳通过细长的咽鼓管与鼻咽部相通，其总长约35毫米，最窄处峡部内径约1～2毫米。咽鼓管平时闭合，仅在张口、吞咽、咀嚼、打呵欠或用力擤鼻涕时才开放。人的咽鼓管非意识性开放频率约为1次/分，完成一次有意识开放通气动作约需几秒到十几秒。当外界压力降低，中耳腔正压达到1.33～2.67千帕时，咽鼓管可被冲开，

图3−1 人耳结构示意图

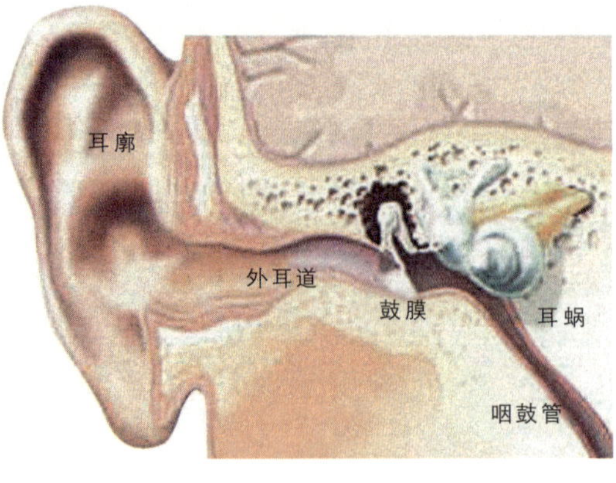

平衡内外压力。当外界压力增高时，中耳腔为负压，咽鼓管峡部反被压紧，内外不通，这时必须借助有意识或无意识的吞咽动作打开咽鼓管，以平衡内外压力。当外界压力变化速率过快，未采取或来不及采取平衡咽鼓管内外压差时，中耳内外压差增加到一定限值，即发生鼓膜充血，产生耳痛、耳聋等症状，甚至出现鼓膜穿孔。

载人航天中的防护措施是制定合理的座舱压力制度，限制压力变化速率；检测中耳功能，淘汰功能较差者；对航天员进行咽鼓管开放动作训练，使其掌握动作要领和时机。

（2）体液沸腾

水的沸点随高度升高及大气压力降低而降低，在19.2千米高度处，大气压力为6.27千帕，这时水的沸点降到与人的体温37℃相同的温度。暴露在该高度或以上时，人的体液就会沸腾。体液沸腾首先开始于暴露部位的眼球结膜、口腔黏膜与鼻黏膜，接着是疏松皮下组织中的体液，继而延及全身，形成“气鼓人”。在此高度上停留时间短于2分钟，只要气压回升，体液沸腾现象便会迅速消失，不会危及航天员的生命。停留时间超过2分钟，肺脏内的饱和水汽会迅速沸腾，水汽压升高，压迫肺组织，使之丧失气体交换能力，进而血管里充满气泡，使大脑、心脏等关键器官因组织细胞得不到血液供应而危及生命。当人暴露在19.2千米以上的空间时，首先危及生命的是暴发性缺氧。暴发性缺氧10多秒钟，人就会丧失意识，即体液沸腾还未来得及发展时，人已经陷入昏迷状态了。预防体液沸腾的办法，是为航天员提供环境压力高于19.2千米高度处的大气压力。

（3）太空减压病

太空减压病是机体所处环境气压下降过快或下降幅度过大，溶于体内的惰性气体超过饱和极限，气体逸出，形成气泡导致的病症。

太空减压病症状有以下5种类型。

1）皮肤型：气泡发生在皮肤，产生瘙痒、冷热感和蚂蚁爬感等。

2）关节型：又称屈肢痛，气泡发生在关节及其周围组织，引起关节疼痛。

3）呼吸型：气泡发生在肺小动脉或肺毛细血管，引起胸骨下不适，咳嗽及呼吸困难等。

4）中枢神经型：气泡发生在中枢神经系统，该型少见，但属于严重型。

5）混合型：该型是上述 4 种类型部分存在，较为多见。

从症状严重程度划分，可分为Ⅰ型和Ⅱ型。Ⅰ型表现为皮肤、关节等症状；Ⅱ型表现为呼吸、循环、中枢神经系统等症状。

在地球表面时，人体受到大气层的压力为一个大气压。人体处在这样的压力下，不仅生活正常，与外界气体交换也正常。此时，各种气体均以饱和状态溶解在组织和体液中，其中约有4% 溶解于血液里，其余96% 溶解在脂肪等组织中，氮气不和体内物质发生反应。当体外环境压力下降时，组织、体液中溶解的氮气呈过饱和状态，同时由于体内外存在压力差，过饱和气体会经循环系统、呼吸系统排出体外，此过程称为脱饱和。如果体外环境压力下降速率较低，脱饱和过程自然完成，不会在体内形成气泡，此时不会引发任何不良症状。

在出舱过程中，气闸舱泄压时，体外环境减压速率较快，机体组织绝对压力下降的速率比组织中溶解气体张力的下降速率大，使脱饱和过程来不及完成，过饱和气体在体内形成气泡的倾向随之增加。在各种组织中形成的气泡，可能会压迫、刺激局部组织；血管内的气泡，则可能成为气体栓子堵塞血管，或与血液成分发生相互反应。根据形成气泡的多少，压迫或堵塞部位的不同，以及与血液成分发生反应的性质，引起继发性反应的特点各异，会导致各种不同的症状。

如果外界气压下降过大过快，人体组织内的气体因外界压力降低大量往外逸出。氧气是人体需要的，逸到哪里都可以。但氮气逸出人体组织，就会使人体产生皮肤发痒、关节与肌肉疼痛、咳嗽和胸闷等症状。如果载人航天器密闭舱采用的是接近地面大气压力的压力制度，航天员进入载人航天器时，就不必采取任何预防措施。如果采用的是低于半个大气压力的压力制度时，航天员进入载人航天器之前，就需采取措施，把体内多余的氮气排出，用氧气代替它，这是因为在通常的大气环境中，人体中氧气只占21%左右，而氮气约占79%。

同样，航天员在进行出舱活动时，如果舱内采用一个大气压的压力制度，那么舱外航天服内的压力比舱内压力低，航天员在穿低压航天服之前，必须把体内多余的氮气排出。目前，国际上一般采用阶段减压、吸氧排氮或者是二者兼用的方法来解决出舱活动时引发的太空减压病。第一种方法由于耗时很长，一般不单独采用；第二种方法所需时间较短；第三种方法效果更好，为当代大多数出舱活动所采用。

载人航天器的舱内气压维持在一个什么样的水平才合适，是经过长时间的探索才逐渐深刻认识到的。美国早期在水星号、双子星座、阿波罗飞船中，采用1/3大气压和100%氧气的压力制度，这种压力环境防止了减压病的发生，但存在高氧效应及火灾隐患。美国曾经为此付出过惨重的代价：阿波罗飞船在进行地面试验时，曾发生舱内火灾事故，由于舱内是100%的纯氧环境，导致火势迅速蔓延，在舱内进行试验的3名航天员丧生。我国早期在论证载人飞船的过程中，曾考虑采用1/2大气压力、42%氧气的压力制度，并且进行了模拟压力应急人体实验及1/2大气压力环境下8昼夜飞船环境模拟舱实验，结果显示该压力制度具有较好的减压病防护作用和较轻的低压应激反应，同时，发生舱内火灾事故的可能性也比较小。

经过多年的载人航天实践，舱内大气环境的主要参数如总压、气体成分、氧分压等，目前各国已经基本趋于一致，即采取接近地面的常压、常氧气体环境。至于出舱活动中减压病的防治，则主要通过吸入高浓度氧气，将体内的氮气置换并排出体外等措施，以预防和控制减压病的发生。

知识链接

吸氧排氮

现阶段，美国、俄罗斯和欧空局预防太空减压病的方法，主要有吸氧排氮或阶段减压，或者是二者兼用。

吸氧排氮又称预呼吸，即在出舱活动之前，航天员预先呼吸纯氧。呼吸纯氧时，由于肺泡中的氮分压降低，溶解在静脉血液中的氮气就可以不断通过肺毛细血管弥散到肺泡中被呼出；随着血液中的氮气分压降低，溶解在身体各组织、体液中的氮气会向血液中弥散，最终被呼出体外。实验证明，吸氧排氮的速率在刚开始的0.5～1小时最快，以后逐渐减慢，这是因为血液及血管丰富的组织中的氮较易排出，初期排出的主要是这部分氮；脂肪及其他供血较差或氮溶解较多的组织，则需较长排氮时间。据推算，排净体内的氮气需要48～72小时以上。预防太空减压病并不需要完全排出体内氮气，只要使体内氮气残余量在减压后不至于形成导致减压病的大量气泡，即可满足要求。

阶段减压又称低压排氮。低压排氮的机理是人体长时间停留在高压力环境，体内氮气已饱和，氮分压与体外保持平衡。当人体进入低压环境时，会造成体内外压差，体内氮气流向体外，直到体内外氮分压达到平衡为止。低压下排氮速率比吸氧排氮小，主要原因是吸氧排氮时，肺泡里的氮气含量接近于零，与肺泡壁血管里氮气形成的压力梯度大，血管里氮气会迅速流到肺泡里，直到达到肺泡内外平衡。低压排氮则不同，虽然环境大气稀薄，氮气含量少，但大气中的氮气含量保持79%的比例不变，导致在肺泡里进行氮气交换的压力梯度比吸氧排氮时小，因此排氮速率也较小。

3. 让航天员自由呼吸

呼吸供氧是航天员最基本的生存条件，一旦舱内没有氧气，15秒内就会危及航天员的生命。因此，在载人航天器舱内营造一个人工大气环境，维持舱内气体压力与氧气、二氧化碳浓度，对保证航天员的生命安全来说，其重要性不言而喻。

人类经过长期进化，已经适应地球上的大气环境。地面上干燥清洁的空气，主要由氮气、氧气、二氧化碳组成，此外还有少量的惰性气体。大气中的氧气成分是物质代谢必需的要素，也是人体生命活动最基础的环节。在海平面时，人体肺泡正常的氧分压为13.3～13.7 千帕，二氧化碳分压为5.3千帕，饱和水蒸气分压是6.3千帕。随着高度的增加和大气压力的降低，大气中的氧分压也随之下降。在高空环境中，人容易发生缺氧危险，危及身体健康和生命。

载人航天飞行中，需要考虑如下两种类型的缺氧。

1）暴发性缺氧。暴发性缺氧发生在载人航天器内气体压力急速降到11.6千帕以下时，这时人体肺泡内充满二氧化碳和水蒸气，无法从外界获得任何氧气，10余秒钟时便会丧失意识。由于此时人体脑组织里储存的氧气已丧失殆尽，如不立即吸氧急救，人体便会死亡。

2）急性缺氧。急性缺氧发生在载人航天器内气体压力快速降到20千帕以下时，此时脑组织里储存的氧气已经降到意识丧失阈值以下。从气压降到20千帕开始，经数分钟到10余分钟后，人体意识便会丧失。载人航天器被太空碎片击破或自身故障导致漏气时，气压就会下降到该值，并可能会继续下降，导致航天员出现急性缺氧和昏迷。

保证航天员肺泡内氧分压接近于地面时的氧分压，提供人体必需的氧气，是确定载人航天器舱内压力和氧分压的一个最重要的原则。

那么，载人航天器内是不是氧气浓度高了就好呢？也不尽然。当人体吸入的氧气超过界限值后，会引起人体的高氧反应，也就是氧中毒。比如，当人体进入一个大气压的纯氧环境中超过24小时时，就会发生氧中毒型肺炎，严重者最后会因呼吸衰竭而死亡。人体之所以会发生氧中毒，是因为进入体内的氧会产生氧自由基，氧自由基极为活跃，会攻击和杀死各种细胞。正常情况下，体内氧化和抗氧化运动处于动态平衡，这是人体自我保护的一种本领，过量吸入氧气，就会导致细胞和器官的代谢和功能障碍，甚至诱发基因突变和癌症。不过，氧中毒的情况在载人航天历史上并不多见。

在空间飞行过程中，由于失重环境的影响，载人航天器舱内气体的空气对流消失，二氧化碳气体不会因为比重大而自然下沉。因此，当航天员睡眠时，呼出的二氧化碳就会在其周围不断蓄积，浓度越来越高，时间久了，航天员会在不知不觉中丧失生命。为了防止呼吸区二氧化碳蓄积，保证航天员的安全，必须在舱内进行强迫对流，驱除呼吸区的二氧化碳。同时，还要对舱内空气进行净化，以便维持舱内二氧化碳的正常浓度。

4．载人航天器内的大气污染

载人航天器是在空间飞行的人造密闭工作室和生活保障室，就像我们在地面工作和生活的房间一样，载人航天器也要进行装修，也会有大气污染。载人航天器舱内的大气污染，主要是舱内非金属材料挥发出的气体，其次是人体代谢排出物。在地面上，房间有害气体污染可以通过开窗通风的办法解决，在太空中，舱内有害气体则主要通过内循环净化的方法清除。

1）人体排出物。人体通过肺脏、皮肤和胃肠道排出大量挥发性气体。在人体排出的400余种挥发性气体中，皮肤排出271种，所占数量最多，粪便排出196种，尿液排出183种，呼气排出149种。人体排出的挥发性气体中，仅有极少量具有毒理学意义，如一氧化碳、乙醇、甲硫醇、3－甲基吲哚、丙醇、二苯酚、挥发性脂肪酸、氨、氢、有机胺和硫化氢等。航天员最感到烦恼的是那些具有恶臭气味的挥发物，如狐臭、氨、硫化氢等。人体嗅觉比较敏感，能嗅到在1立方厘米中含有10^{-12}～10^{-11}分子浓度的异味。当然，人的嗅觉也容易疲劳，在同一气味环境中，呆的时间久了，也就感觉不到了。

2）非金属材料。载人航天器除了使用金属材料外，舱内还大量使用隔热、密封、绝缘和装饰的橡胶、塑料、黏合剂等非金属材料。如舱内的轻结构件、仪表面板、管道、开关、食品包装、容器、座椅、操纵杆、服装和救生设备等，都是由各种塑料、涂料、橡胶、织物、纤维、润滑剂、黏合剂等材料制成的，许多材料在常温下会散发各种挥发性污染物。据统计，美国天空实验室舱内挥发性有机成分达81种，水星号飞船舱内大气污染物达46种，阿波罗飞船中非金属材料挥发的污染气体达300多种。对密闭空间来说，这些污染物是重要的化学污染源，如果不及时控制和清除，污染物累积起来，将会达到有毒的浓度，给工作和生活在其中的航天员带来潜在危害。另外，这种危害还会随着时间的延长而加重，严重影响航天员的健康和工作效率。

美国航空航天局曾进行过一次30天载人环境系统模拟试验，当试验进行到48小时后，受试者就嗅到了刺激性的气体；第三天，受试者出现恶心、呕吐、头疼等反应；坚持到第四天，试验不得不因此终止。经检测分析，专家认为是作为清洁剂的溶剂三氯乙烯，与作为净化剂的碱性材料氢氧化锂发生化学反应，产生高毒性的二氯乙炔和一氯乙炔，引发受试者的中毒反应。

美国航天飞机第35次飞行任务中，乘员舱曾出现异常气味，事后分析是由于数据显示器的电器元件过热，产生热解产物苯造成的；航天飞机第40次飞行任务中，航天员出现鼻黏膜发炎、头疼和恶心症状，据分析造成这种情况的原因是由于冰箱风扇马达过热，引起周围泡沫绝缘材料热解，产生甲醛和氨所致。有些化学污染物还能加速仪器仪表的腐蚀，影响仪器仪表的光学性能和电绝缘性能。

总结人类航天历史上的相关事故教训，现在在制造载人航天器时，都会对密闭环境中使用的非金属材料脱出物进行分析，选用低气味、低脱气、低毒性和热稳定性能良好的材料，避免使用高污染材料，以保证航天员的身体健康。

5. 载人航天器内的温度和湿度

人体内各种化学反应需要酶作催化剂，而酶的活性只有在适宜的温度下才能很好地发挥，过高或过低的温度，均会降低酶的活性，使生命活动受到影响，甚至危及生命。因此，相对恒定的人体温度，是机体正常进行各种活动的基础。载人航天器在飞行过程中，空间环境的热辐射与地面环境差异非常大，为了保证航天员有一个舒适的工作和生活空间，需要对舱内的热舒适性进行控制。

载人航天器内的热舒适性，通常从温湿度控制、人的着装和活动强度等几个方面来考虑。由于航天器要在太空进行长时间的飞行，舱内空间相对较小，因此，维持航天器内的热舒适性，难度要比地面大得多。

世界各国载人航天器大多采用主动热控制和被动热控制相

结合的方式来控制载人航天器内部的热环境。为了保持舱内温度相对稳定，航天器内人和设备产生的热量，需要借助主动散热方式向太空散热。通常情况下，载人航天器内部的温度控制在17～26℃范围内，相对湿度控制在30%～70%范围内，航天员穿衣相当于地面上穿夹克衫的保暖量。

人的热舒适性与人的活动状态或代谢产热量有关。不难理解，随着人的活动强度增大，舒适温度会有所降低。温度较高、湿度较大时，人会产生闷热感；温度较低、湿度较大时，人会产生湿冷感。航天器内通常采用冷凝除湿的方法降低空气的湿度，增加热舒适性。人的着装与舱内温湿度直接相关，温湿增加，则着装量相应减少；温度降低，风速增加，则着装量相应增多。

“刮风”对舱内航天员的身体舒适性也有很大的影响。如前所述，为了消除舱内二氧化碳蓄积，航天器内适当吹风是必不可少的。但是，风太小会影响空气流动效果，风大了又可能使航天员有吹袭的不舒适感，甚至导致受凉感冒。一般情况下，舱内只能吹0.05～0.5米/秒的微风，相当于地面的0～1级风。

高温、低温是载人航天器难以避免的热环境，特别是返回段，返回舱进入大气层后，与大气剧烈摩擦，在舱外会产生上千摄氏度的高温（图3－2）。为了保证舱内正常的温度，美国航天飞机通过在表面覆盖防热瓦的方式，阻止外表面高温向舱内传导。载人飞船则通过返回舱外表面的高温烧蚀材料，将热能吸收和散失。飞船返回舱在重返大气层的过程中，虽然舱外烈焰熊熊，但舱内温度仍保持在设定的正常范围之内，航天员不会感觉到燥热难耐。当然，一旦载人航天器的热防护措施出现问题，航天员就会处在高温环境下，人体热平衡被破坏。若返回舱在寒区着陆，低温环境将使航天员产生应激性冷紧张反应。与高温环境造成的热紧张相似，冷紧张时人也会主观感觉不舒适，工作能力下降。此外，极端的高低温环境，还会危及航天员的健康甚至生命安全。

图3－2 返回舱再入大气层示意图

6. 防止空间辐射损伤

在地面上，我们出远门时，常常会关注天气的变化，以免遭到日晒雨淋。同样，当航天员去太空前，也要关注空间环境预报，以便选择合适的发射窗口，在有利的空间环境中飞行，对不利的空间环境现象采取相应的防护措施。

自1957年10月4日第一颗人造地球卫星进入太空以来，空间环境对航天器的影响问题就备受科学界的关注，随着人类空间活动的日益增加，空间环境对航天员、航天器影响的重要性也日益突出。目前，全世界已经有500多名航天员进入太空，苏联航天员波利亚科夫创造了太空飞行437天的纪录。但是大量的科学实验证明，威胁航天员生存和身体健康的空间环境因素众多，稍有不慎，就有可能对航天员造成致命的伤害。

对航天员生存和身体健康产生不利影响的空间环境因素，主要有残留的高层大气和地磁场、地球重力场、高能带电粒子、空间等离子体（低能粒子）、太阳电磁辐射、微流星、空间碎片等。其中最受关注的，是空间电磁辐射和电离辐射。

（1）电磁辐射

电磁辐射是指能量以电磁波形式由辐射源发射到空间的现象。辐射无处不在，一直与我们“形影相随”。自然界中的一切物体，只要温度在绝对温度零度以上，都以电磁波的形式一刻不停地向外辐射能量。根据辐射源的不同，电磁辐射可以分为天然辐射和人工辐射两种，天然的电磁辐射来自于地球的热辐射、太阳热辐射、宇宙射线、雷电等。人工电磁辐射来自于广播、电视、雷达、通信基站以及日常电磁应用设备，如电脑显示器、电视机、微波炉、电磁炉等。

低剂量的电磁辐射，对人体健康的影响并不明显，但是当剂量超过一定限度时，就会逐渐出现负面效应。各国科学家经过长期研究证明，长期接受高剂量的电磁辐射，会造成人体免疫力下降、新陈代谢紊乱、记忆力减退、心率失常、生殖能力下降等症，甚至引发癌症和死亡。空间电磁辐射强度要比地面高得多，因此，对航天员进行电磁辐射防护，是航天医学和工程专家必须要考虑的因素。

太阳是自然界中最大的天然辐射源。太阳表面温度近6 000K，由它发射出来的太阳辐射是连续的光能，并具有广阔的辐射线谱，包括X射线、紫外线、可见光和红外线等。地球周围的大气层对太阳辐射起着过滤作用，由于大气中臭氧、水蒸气、二氧化碳和尘埃的屏蔽作用，能够抵达地面的太阳辐射能量，比大气层外约减少30%。太阳爆发期间产生的X射线和射电电磁辐射，是平时的数十倍甚至数百倍，它们以光速穿过星际空间，大约8.3分钟到达地球，这是发生太阳粒子事件最早可探测到的信号。

太阳耀斑（图3－3）是一种最剧烈的太阳活动。从天文望远镜观测，耀斑只是太阳色球层和日冕层之间出现的耀眼斑块，但这种斑块会骤然出现，悄然消逝。太阳耀斑产生的强大

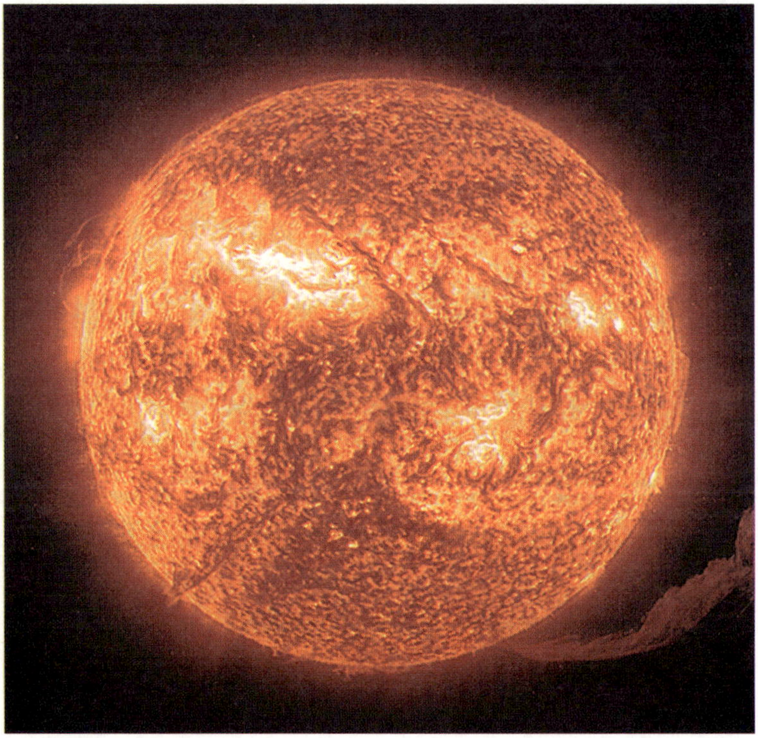

图3－3 太阳耀斑

辐射抵达地球时，剧烈的磁暴会对地球产生严重影响，使地球磁场受到扰动。在这种情况下，地面指南针会剧烈晃动，难以据此定向，鸟类无法根据地球磁场迁徙；地面短波无线电转播中断，无线电传真失灵；靠磁罗盘导航的飞机和轮船，也会出现方向失控。同时，每次太阳黑子和耀斑爆发时，会随之产生剧烈的太阳风，强大的电磁辐射携带高速带电粒子，如同密集的隐形炮弹，威胁载人航天器中的航天员以及民航飞机中旅客的生命安全，同时导致输电网络和变电设备因电磁干扰而超载或中断。

载人航天器的运行轨道恰好位于电离层的高度，在该高度上，强烈的紫外线被大气分子吸收，产生离子和自由电子。当电离层受到扰动时，会干扰无线电通信，同样也会干扰飞船和地面指挥中心的联系。

地球大气层能吸收57%的紫外线，因此到达地面的紫外线，强度已经大大降低。人类已适应低剂量的紫外线，但不能适应太空紫外线。紫外线对人体的危害是多方面的，对航天员来说，危害主要发生在眼睛。紫外线刺激眼睛，可引起眼睛发炎，严重时会烧伤眼底视网膜。航天员太空出舱时，要佩戴头盔，头盔上的面罩组合件，既可防护太阳辐射的危害，也能有效保证航天员的视觉功能。

载人航天器的金属座舱能对舱外的电磁辐射进行有效防护，因此舱内航天员受到的电磁辐射，主要来自于舱载仪器设备。通过控制舱载设备电磁辐射的泄漏，可以避免对航天员产生不利影响。

（2）电离辐射

电离辐射是引起物质电离的辐射。电离辐射种类很多，高速带电粒子有α粒子、β粒子、质子，不带电粒子有中子以及X射线、γ射线。电离辐射有三个基本来源，即地磁捕获的质子与电子，随机发生的强烈太阳辐射（太阳粒子事件，即SPEs），以及银河宇宙射线（GCR）。

银河宇宙射线是高速运动的粒子流，称之为初级宇宙线。

银河宇宙射线含有79%的质子，20%的α粒子，1%的重金属原子核等。在地面，因地球大气层的屏蔽作用，银河宇宙射线能量大大降低，形成只有初级宇宙线能量1/50的次级宇宙线。太阳粒子辐射是太阳发射的高能粒子，主要是质子和电子，其次是α粒子，原子序数大于2的粒子较少。地磁捕获的质子和电子，相对而言能量较低，但却是航天员舱外活动时额外辐射的主要来源，这些质子和电子可以穿透舱外航天服及舱外机动装置提供的薄层屏蔽，因此，在航天员出舱活动时，需要对这种电离辐射采取防范措施。

20世纪初，挪威空间物理学家斯托默从理论上证明，在地球周围存在一个带电粒子捕获区。1958年，美国物理学家詹姆斯·范艾伦用美国卫星上的盖革计数器，第一次直接探测到地球周围存在高能带电粒子，从而证实了地球周围辐射带的存在，这个辐射带被命名为“范艾伦辐射带”。20世纪60年代初，

图3-4 地球磁层示意图

范艾伦辐射带又被正式命名为磁层。从磁层的形状来看，磁层中的粒子好像是被地球磁场所束缚，并绕地球两极间的磁力线作螺旋形分布（图3－4）。

由于目前的载人航天器大多都在远低于范艾伦辐射带的近地轨道运行，电离辐射很大程度上被地球磁场屏蔽，即使剧烈的太阳粒子事件，在载人航天器飞行轨道上产生的效应也是微乎其微的。航天飞行的大量检测，也证明空间辐射对短期近地轨道飞行的航天员没有明显的危害（太阳活跃期除外）。但对于辐射问题，制定航天员出舱活动计划时仍然不能掉以轻心，因为范艾伦辐射带在南大西洋有一个异常点（突变点），即西经0°～60° 和南纬20°～50°，在16～320千米高度上，地球磁场捕获的质子能量强度很高，超过30兆电子伏。对于一个在近地轨道飞行的载人航天器来说，特别是轨道倾角较高时，出舱活动计划必须把飞经南大西洋异常区域这个因素考虑进去，尽可能避开这个区域，以免出舱的航天员受到电离辐射的伤害。

太阳粒子事件是载人航天遇到的最主要空间辐射环境之一，大剂量的高能粒子会造成航天员的辐射损伤。太阳粒子事件的发生是随机的，但它的高峰发生年大约具有10～12年的周期。对于在低地球轨道飞行的载人航天器，地球磁场提供了有效的辐射屏蔽作用，但在执行登月和深空飞行任务时，由于脱离了地球磁场的防护，强烈的太阳粒子事件，可能使航天员受到的辐射剂量达到致死剂量水平。增加辐射屏蔽的厚度，可以降低舱内辐射剂量水平，但仍可使航天员发生急性辐射反应，如出现皮肤红斑、血象变化、白内障，甚至出现恶心或呕吐症状。另外，太阳粒子事件的高能带电粒子，可能会造成航天器某些功能模块或元器件的辐射损伤，使硬件部分失灵或指令系统发生软错误，引发航天器故障。可见，电离辐射是制约人类空间飞行的主要因素之一。目前，世界主要航天国家都在研究对空间辐射的有效防护问题。

太阳粒子事件虽然产生了上述种种效应，影响人类的航天活动和地球环境，但对地面人体的影响并不显著，这主要得益于地球稠密的大气层吸收了太阳爆发时产生的大部分紫外线和

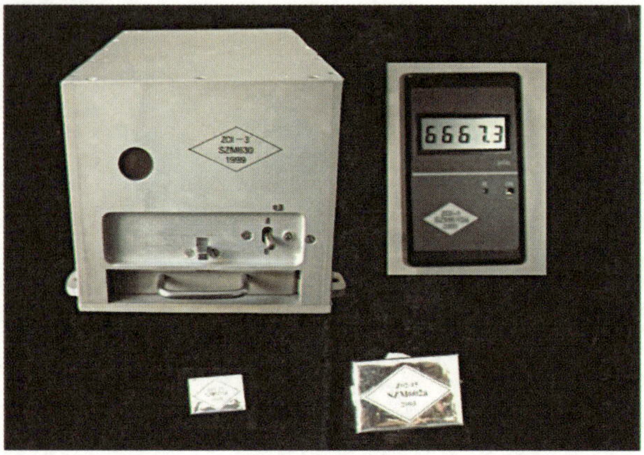

X 射线，地球磁场屏蔽掉了高能带电粒子，使我们免受高能粒子的辐射损伤。即使某些特大事件的高能质子可能穿过地磁屏蔽进入大气层，但这些质子会与大气发生相互作用，不会对地面人体造成辐射危害。

为了掌握空间飞行过程中舱内和航天员受到的辐射情况，改善航天员的空间飞行条件，我国研制了舱内辐射剂量计包、航天员个人辐射剂量计包、航天员个人辐射剂量仪、舱内辐射环境监测仪（图 3－5），这些产品可以对飞船舱内和航天员个人受到的辐射剂量进行在轨测量。

图3－5 空间辐射测量设备

7. 飞天霓裳
—— 舱内航天服

1872 年，法国科幻作家儒勒 · 凡尔纳在他的科幻小说《从地球到月球》一书中提到，航天旅行者需要压力服作保护。20 世纪 60 年代，凡尔纳的这一猜想得到了证实。舱内航天服是保障航天员太空飞行安全最重要的个人救生防护装备，这一装备为航天员提供了生命保障。

人类在认识舱内航天服重要性的过程中，曾经付出了惨痛的代价。苏联联盟 11 号飞船在返回地球再入大气层前，返回舱与轨道舱分离时，飞船压力阀被震开，导致舱内压力迅速下降，3 位航天员因未穿航天服而全部遇难。这一惨痛的教训使人们认识到，在航天飞行的特殊阶段，如发射、再入返回和轨道飞行段应急时，航天服对保护舱内航天员的生命来说是多么必要和重要。

太空是近似真空的环境，因此载人航天器必须是加压密闭舱，而且必须有热控制系统及环境控制和生命保障系统，以便给航天员创造一个适合生存的环境。但是在航天飞行过程中，如果航天器被外来物体击穿，或者航天器发生某些故障，会造成舱内压力快速下降，这时航天员的生命就会受到威胁。航天服具有充气加压和应急供氧的重要功能，在舱内压力快速下降时，舱内航天服可以起到保护航天员生命安全的关键作用。

航天服分为舱内航天服和舱外航天服两大类。舱内航天服是在载人航天器舱内使用的航天服，这种航天服是在航空中的高空飞行密闭服（简称压力服）的基础上发展起来的。压力服充气加压时呈拟人状态，人穿着压力服，全身可以处于同一、均匀的大气压力环境中。

舱内航天服的结构和功能比较简单，通常是为每一位航天员“量身定做”的。图 3－6 为中国生产的舱内航天服。舱外航天服结构复杂，具有更加全面的防护性能和功能。

图3–6 中国生产的舱内航天服

在早期的载人航天计划中，美苏两国的航天服既可用于舱内，又可用于舱外，如苏联上升 2 号和联盟号航天员的航天服，美国航天飞机计划之前使用的航天服。早期的航天服都是软式的，即在压力服外加上一层软的外罩，除头盔可拆卸外，外罩的其他部分是一个整体。在舱内使用时，航天服与舱内环控生保系统连接使用，用于舱外活动时，与一个自持式生命保障背包组合成舱外航天服。

1977 年，苏联航天员尤里 · 罗曼年科和奥尔吉 · 格列奇科，首次穿海鹰型半硬式航天服从礼炮号空间站出舱活动，从此以后，舱外航天服与舱内航天服才有了区分。在载人航天活动中，一般用半硬式航天服作为舱外活动航天服，而用比较轻的、软的航天服作为舱内航天服。

舱内航天服工作时与舱内通风供氧装置连接，其主要作用是为人体增压、供氧、通风、散热，带走二氧化碳和水汽等，在人体周围创造一个适宜人生存和工作的微小气候环境，用于防护低压缺氧环境（包括有害气体环境）对人体的危害。如有需要，也可增加对高温、低温环境的防护作用。如果应急救生时间较长，根据需要也可配置尿收集装置，使航天服具有收集和储存航天员尿液的功能。

舱内航天服一般由航天头盔、压力服、通风和供氧软管、可穿脱的手套、靴子及一些附件组成。航天头盔一般带有密闭的启闭机构和半球面形透明面窗。压力服是航天服的主体，一般为连体式，具有很好的气密性，能够在充气加压时保持拟人形态，并保证人体关节的活动。压力服主要由气密层和限制层组成，用特殊材料和加工工艺手工制成。航天手套有腕部断接器，既可以把航天手套戴在压力服的袖口上，保证航天服的气密性，也可以将手套脱掉。舱内航天服的靴子形式多样，有与压力服一体化的靴子，也有带断接器的、可穿脱的密封靴子，还有可穿在压力服限制层的套靴。通风供氧软管与舱内通风供氧装置相连，在正常情况下，能够给航天员提供全身通风，使航天员处于相对舒适的环境中。当座舱出现压力应急时，给航天服通风的风机会自动关闭，使航天服处于密封供氧状态，应急供氧装置通过供氧软管将氧气送入航天服内，一部分氧气进入头盔内供航天员呼吸及头部散热，然后由压力调节器排出。在座舱压力应急情况下，压力调节器能自动控制服装内的压力，同时具有安全阀的作用。在座舱常压情况下，调节器阀门为开启状态，可保证进入服装内的通风气体排出，当航天员返回地面处于昏迷状态时，可保证短时间内不窒息。

此外，压力服上还装有一些附件，主要有压力表、反光镜等。压力表安装在压力服左袖口上方，可显示压力服内腔压力。反光镜装在右袖口上方，呈长方形，航天员可借助它观看和检查头盔面窗关闭情况及压力调节器状态。

舱内航天服的穿脱相对来说不算复杂。在轨道飞行中，出现压力应急时，航天员应在几分钟之内迅速穿好航天服，这一要求通过地面训练完全可以达到。

载人航天器入轨后，航天员就可以脱掉航天服，换上工作服。在轨飞行时，航天员不用穿鞋，只需穿袜子即可。航天员的工作服一般根据飞行时间的长短来准备，一般是专门定做的。工作服没有固定的款式，最常见的是连身工作服，颜色可由航天员选定。除工作服外，还有长袖和短袖运动上衣、运动短裤、短袜和半长筒袜等服装，这些服装一般都是纯棉制品。

空间站上的航天员一般都是进行长期飞行的，所以工作服的种类和数量也比较多，有长袖连身工作服、无袖连身工作服、防寒连身工作服、马夹式连身工作服等，各类工作服每人一套。防寒工作服内层为纯棉，外层为化纤面料。内衣均为纯棉针织品，具有良好的吸汗和透气性能。运动内衣每 4 天可以换一套，工作和睡觉时穿的内衣每 7 天换一套。

航天飞机上的航天员，在入轨后一般会换上衬衣和短裤，每人共有 3 套衬衣和短裤。他们的裤腿上有带钩的尼龙条带，以便放置餐盘和活动手袋。活动手袋很大，钢笔、铅笔、记事簿、餐具、录音机等全装在里面。航天员穿过的脏衣服装在帆布袋里，和气闸舱中装压力服的网袋放在一起。

8. 丰富多彩的航天食品

航天员在飞行期间吃什么？怎么吃？和地面有什么差异？这是大家非常关心的话题。为了保障航天员的生命安全、身心健康和工作效能，必须为航天员提供足够的食品。航天员在太空不同条件下食用的食品，一般称之为航天食品。

到目前为止，无论是按小时、按天计划的短期飞行，还是按月和按年计划的长期飞行，都需要从地面携带和补给食品。在苏联／俄罗斯礼炮 6 ～7 号、和平号及目前正在运行的国际空间站的长期飞行中，均需由地面发射货运飞船或航天飞机定期补给食品，我国短期飞行的神舟飞船，航天食品也是发射时携带的。

航天食品的构成和功能取决于航天飞行期的长短、飞船的限制条件和任务的复杂程度，一般要求与特殊的空间环境和飞船工程设计相适应，能最大限度地满足航天员的生理和心理需求，为顺利完成飞行任务提供良好的营养与食物保障。

在长期载人航天计划中，随着飞行期的延长和航天员人数的增加，携带和定期补给航天食品的类型与品种逐渐增加，与饮食相关的支持硬件也日益完备。当二者的复杂程度达到一定水平时，就形成了一个相对独立的完整系统，这就是航天食品系统。航天食品系统通常包括食品、包装以及相应的储存、制备、伺服、清洁、废弃物收集处理和漂浮物清除等一整套设备、装置和用品。在未来建立月球基地、火星基地及深空探测的载人航天活动中，航天食品系统的组成会更加复杂，功能会更加完善，不仅包括现有要素，还将引入受控生态生保技术，向依靠空间生物再生和空间食品加工的航天食品系统转变。

根据食品加工和保藏方法的不同，航天食品可分为多种类型，主要有复水食品和复水饮料、热稳定食品、中水分食品、自然型食品、辐照食品、冷冻冷藏食品、新鲜食品、功能性食品和调味品等（图 3－7）。在未来的长期载人飞行中，航天食品系统将逐步由现有从地面携带的食品系统向生物再生食品系统过渡，所以未来的航天食品还应包括生物再生食品。

1）复水食品。复水食品指加水复原后食用的食品。干制品的复水并不是干燥过程的简单还原。任何一种动植物性食物干制时，它们的某些特性经常由于物料内不可逆变化的结果而遭

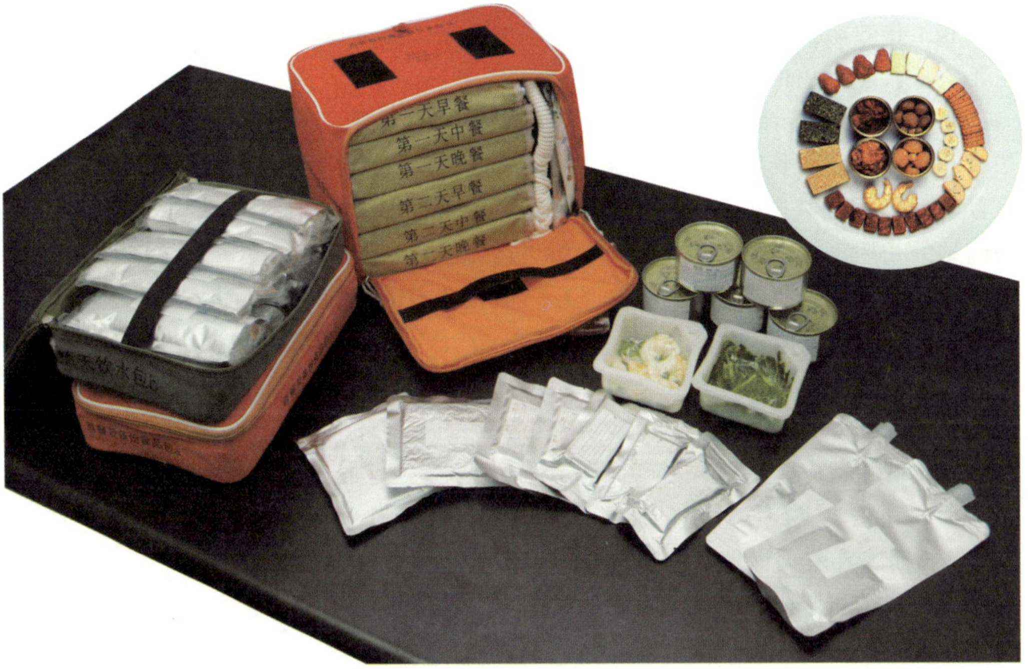

图3－7 丰富多彩的航天食品

受破坏，因此，在选用和控制干制食品工艺时，应尽可能减少这类不可逆变化，以免影响干制品的复原性。

由于冷冻干燥食品质量轻、耐贮藏、复水快，基本上能恢复原有物料的一些物理性质，最大限度地保留食品原有的色、香、味及营养价值，所以航天复水食品绝大部分是采用冷冻干燥法制成的。

在美国的航天食品中，复水食品一直占有重要地位，美国从水星号飞船就一直使用冷冻干燥复水食品。苏联自建设礼炮号空间站以后，也使用了复水食品。食品冻干后体积和形状基本不变，组织呈海绵状，且无干缩现象，复水时组织与水的接触面积大，食品能迅速恢复原有的形状。在冻干面条加工过程中，面条需经蒸煮热处理，以使淀粉熟化，然后立即置于低温下速冻，保持淀粉的熟化结构，这样干燥后就不存在回生问题。美国航天食品中提供了复水冻干通心粉。

冻干食品含水量仅为2%～5%，所以不适于微生物生长和繁殖，但其加工工序也存在微生物污染的隐患。在冻干食品加工过程中，也需对食品进行杀菌处理，其中加热杀菌工序在前，预冻、升华、干燥和包装等工序在后，后几道工序均无须杀菌处理。对复原后直接食用的冻干食品来说，必须严格防止后几道工序中产生微生物污染。此外，若冻干食品脂肪含量高，由于多孔结构使脂肪与空气的接触面积增大，食品容易氧化酸败，脂肪酸败可引起化学性食物中毒。为防止冻干食品氧化酸败，除减少食品脂肪含量和脱氧真空包装外，还要采用其他的抗氧化措施。

2）复水饮料。复水饮料是加水复原后饮用的固体饮料，通常采用喷雾干燥和冷冻干燥方法制成，在航天食品中也是最常用的一种食品类型。

3）热稳定食品。热稳定食品是指密封在容器内经高温杀菌处理制成的食品。这种食品经过加热处理，可以将绝大部分微生物消灭掉，同时防止外界微生物再次入侵，在室温下能长期储存。热稳定食品可直接食用或加热后食用，在航天食品中占有很大的分量，但经过高温高压杀菌处理，其风味损失较大。

热稳定食品的包装多种多样，苏联曾采用马口铁罐，美国使用过整盖拉开式铝罐和蒸煮袋，苏联和美国都使用过铝罐。罐装的热稳定食品加热后，打开即可用勺或叉直接从罐内取食。蒸煮袋食品加热后，用安全剪刀剪开，可用餐具直接从袋中取食。图3－8为航天员在太空中进餐。

4）中水分食品。中水分食品是指部分脱水的即食食品。经过部分脱水，食品中的可溶性固形物浓度可以高到足以束缚住残余水分，同时又能抑制细菌、霉菌和酵母的生长，不至于短期内腐败变质。常见的中水分食品有果酱、蜜饯、果脯和肉脯等。

中水分食品的水分含量比新鲜果蔬肉类食品低，但比干制食品高，其水分含量通常在15%～30%之间。它的残余水分内溶有溶质，其浓度可使水分活度降到不足以支持微生物生长的水平。大多数食品中，细菌在水分活度达到0.95时就不会生长，但水分活度在0.70时，霉菌还会缓慢生长，因此中水分食品应采取防霉措施。

中水分食品在室温下耐藏性好，不需冷藏；食用前不需处理，食用方便；包装简便，操作简单；质地柔软，接受性较好。因此，中水分食品是航天食品中常见的食品类型。

5）自然型食品。自然型食品是指加工后仍然保持其自然形状（如坚果）的一类即食食品。自然型食品包装在柔韧的塑料袋内，食用时不需再作制备，采用脱氧真空包装，用安全剪刀开口后即可取食。

6）辐照食品。辐照食品是指用^{60}Co、^{137}Cs产生的γ射线或电子加速器产生的低于10兆电子伏电子束照射加工后保藏的食品。辐照技术用于抑制根茎类植物及种子发芽、果蔬保鲜及某些食品的杀虫、杀菌，具有很好的效果。用放射线杀菌的即食食品，在常温下保存具有很好的稳定性。

辐照食品的安全性是大家关心的问题。大量实验研究表明，低剂量射线辐照食品后，不会诱发放射能，不会产生致癌、致畸和致突变的物质和其他有害物质，因此辐照食品对人体是安全的。美国自阿波罗计划起，就一直供应辐照食品，辐照剂量为5 × 10^5拉德。长期追踪研究表明，航天辐照食品对航天员的身体健康无任何不良影响。

辐照食品与其他类型食品相比有其优越的一面，同化学保藏食品相比，辐照食品无化学物质残留；同热处理食品比较，它能最大限度地减少食品营养成分的损失；同冷冻冷藏食品相比，它能节约能源。此外，辐照食品食用方便，在一定期限内不易腐败变质，不发生食品品质和风味的变化，因此可以增加航天食品供应的多样性，延长食品的保藏期。

7）功能性食品。功能性食品是指能增强机体对太空不良环境因素耐受能力的食品。对短期航天飞行来说，功能性食品应以增强机体的应激适应能力为主；对长期航天飞行来说，功能性食品应以增强机体对失重和空间电离辐射的耐受能力为主。过去，美国和苏联／俄罗斯虽已采取了一系列饮食控制措施，但对于食品功效方面的研究较少。近年来，地面功能性食品与功效成分的研究已取得许多成果。

8）生物再生食品。未来的航天食品，必然会由现在的从地面携带或定期运送向空间生物再生过渡，因此，在未来的航天食品类型中，还应包括空间生物再生食品。目前，空间生物再生食品还处于设想、设计和试验研究阶段。制作生物再生食品原料的动植物和微生物如何在空间饲养和培植，失重条件下如何进行食物加工和保藏，尚需进行

图3-8　航天员在太空中进餐

大量的研究。随着载人航天技术的迅速发展，可以确信，在不久的将来，航天员一定会吃上生物再生食品。

9. 大显神通的功能性食品

功能性食品是指已被证实具有令人满意的一种或多种对人体有益的功能的食品。功能性食品除了具有适当的营养作用，还要在某种程度上具有改善人体健康状况及降低患病风险的作用。

功能性食品中真正起生理作用的成分，称为生理活性成分。富含这些成分的物质则称为功能性食品基料或生理活性物质，即功能因子。目前，已经确定的活性物质主要包括 9 大类，具体品种有上百种。

1）活性多糖：包括膳食纤维、抗肿瘤多糖和降血糖多糖等。

2）内能性甜味料（剂）：包括功能性单糖、功能性低聚糖、多元糖醇和强力甜味剂。

3）功能性油脂：包括多不饱和脂肪酸、油脂替代品、磷脂和胆碱等。

4）自由基清除剂：包括非酶类清除剂和酶类清除剂等。

5）维生素：包括维生素 A 、维生素 E 和维生素 C 。

6）微量活性元素：包括硒、锗、铬、铁、铜和锌等。

7）肽与蛋白质：包括谷胱甘肽、降血压肽、促进钙吸收肽、易消化吸收肽和免疫球蛋白等。

8）乳酸菌：主要有双歧杆菌等。

9）其他活性物质：如二十八烷醇、黄酮类化合物、多酚类化合物和皂苷等。

航天用功能性食品是指能增强航天员对太空不良环境因素耐受能力的食品。航天用功能性食品主要可分为以下几类。

1）抗辐射食品。辐射环境不可避免地对航天员的身体健康构成潜在威胁， 除采用必要的防护措施外，加强营养保健也是一个非常重要的内容。虽然辐射对机体的直接损伤并不是营养不足和缺乏，但辐射可以继发营养不良和代谢失调。许多动物实验和人体观察证实，任何一种营养素的缺乏或不足，都会加重辐射损伤，当营养状况得到迅速改善，即可促进恢复。因此研制航天食品时，首先要注意膳食平衡，保证并适当增加营养供给量。

维生素A、维生素D、维生素E在辐射防治中具有抗氧化、保护生物膜的作用；维生素B_1、维生素B_2、维生素B_6等对提高辐射动物的存活率，改善代谢紊乱和功能障碍，减轻辐射损伤症状等有积极的效果；一些矿物质元素如钾、钠、钙、镁、磷等既是组成骨骼的成分，又是许多酶的活性中心和激活剂或抑制剂，碘和钴分别是制造甲状腺素和维生素B_{12}的原料，铜、锌、锰、硒在辐射防护中是不可缺少的微量元素。此外，茶多酚、香菇多糖、海藻多糖、螺旋藻多糖、藻蓝蛋白、补充胱氨酸、半胱氨酸、组氨酸、精氨酸和牛磺酸也具有预防辐射损伤的作用。

2）抗疲劳食品。特殊的航天环境容易引起身体疲劳和精神疲劳。国内外对预防和消除航天员疲劳进行了广泛的研究，其中主要手段是补充能量，纠正机体内环境，特别是平衡体液系统。目前已发现的抗疲劳物质有三磷酸腺苷（ATP）、辅酶Q、细胞色素C和胰岛素组成的复合营养素，这类物质能促进三磷酸腺苷的合成和释放能量。

精神疲劳主要是血糖降低所致，肌肉疲劳则主要是肌糖元耗竭造成的，因此，增加碳水化合物尤其是等渗葡萄糖，对恢复精神疲劳和体力疲劳都有好处。

牡蛎提取物、麦芽油中的二十八烷醇、天门冬氨酸盐类，都具有抗疲劳和提高耐力的作用；碱性食物或饮料能中和体内的乳酸，有利于体力恢复；一些中草药如人参、刺五加、田七、五味子、黄芪、麦冬等含有抗疲劳成分。最新研究结果表明，长期剧烈运动和疲劳，会产生自由基和脂质过氧化产物，超氧化物歧化酶（SOD）、辅酶Q、维生素E、维生素C及还原型谷胱甘肽GSH，都是抗疲劳的有效成分。

3）延缓肌肉萎缩。由于失重时重力负荷消失，使与重力有关的肌肉特别是小腿比目鱼肌的负荷大大减轻，引起肌肉组织结构产生一系列适应失重环境的变化，其典型特征是肌肉萎缩。肌肉萎缩主要表现在体重减轻，肌肉体积和重量变小，并且在肌肉组织形态上也产生一系列变化。短期航天飞行后，这些变化是可以恢复的，对航天员的健康影响不大。在长期航天飞行中，如果不采取有效的防护措施，就会引起一系列病理改变。

通过加强体育锻炼等措施，可在一定程度上减轻肌肉萎缩的程度，但研究表明，适当的膳食营养也可延缓肌肉萎缩。苏联营养学家发现，航天员返回地面后，血液中多种氨基酸水平均低于地面正常人的下限。进一步研究表明，血液中氨基酸减少与膳食供应中一些氨基酸供应不足和失重时航天员对一些氨基酸的需求增加有关。食物是肌肉蛋白质合成原料的来源，失重飞行时航天员食欲会降低，导致食物摄入量不足和肌肉萎缩。美国、苏联／俄罗斯通过改善航天食品的花样品种，增加航天员摄入热量标准，补充氨基酸制剂，对延缓肌肉萎缩具有一定的效果。日本学者通过动物实验发现，中药杜仲也具有抑制肌肉萎缩的功效。

4）抑制骨钙丢失。在失重环境中，人和动物的骨矿物质代谢会出现实质性的变化，表现为钙的负平衡持续发展，骨矿盐含量下降，导致骨质疏松。航天员飞行后，在一些承重骨中，都不同程度地出现骨密度下降和骨矿盐含量再分布的现象。

失重引起的骨小梁减少及钙、磷排出增加，在返回地面后需长时间才能恢复正常，也有可能造成不可逆损伤，直接影响航天员的身体健康。航天医学专家认为，失重对骨质代谢的影响是对航天员身体最严重的危害之一。

营养不当是引起骨丢失的一个原因，因此，通过控制饮食，保证航天员的合理营养，是防止失重引起骨丢失的防护措施之一。营养控制主要表现在避免高蛋白、高磷高钠摄入，补充维生素D、维生素K，调整膳食中的钙磷比例等。部分植物及其提取物如刺五加、多糖、异黄酮等对防止骨丢失有一定作用，有关专家正在进行这方面的深入研究。

5）微生态制剂。随着微生态学的发展，人们逐步认识到肠道菌群对人体健康的重要性。肠道菌群在正常情况下处于一种自稳平衡状态，对宿主的生长发育、消化吸收、生物拮抗及免疫发挥了不可替代的作用。航天员在飞行期间出现肠道菌群的变化，势必影响航天员的身体健康，严重时甚至会导致疾病的发生。

调整肠道微生态平衡，根本办法是消除引起肠道菌群失调的原因。导致航天员肠道微生态失调的因素，如飞行中产生的应激反应以及消化功能、胃肠蠕动、免疫功能的变化是客观存在的，很难在这些方面作出重大改变，因此，通过微生态制剂来改善和调节航天员肠道微生态平衡，就成为一个重要的研究课题。苏联曾对航天员肠道菌群的变化进行了研究，并在复水饮料中添加双歧杆菌活菌粉，用来改善和调整航天员肠道的微生态平衡。

微生态制剂通常包括益生菌、益生元和合生元三类，这些制剂在改善和调节肠道微生态平衡方面效果显著。作为一类保健食品，这些制剂近年来已经得到迅猛发展。

此外，航天员在飞行过程中，还发现食用某些植物提取物能够缓解航天应激反应，增强体力。

随着航天飞行时间的延长，功能性食品也日益显示出特殊的作用，在苏联的航天食品中，就包括功能性食品。在长期载人飞行中，有针对性地研制和提供具有抗疲劳、抗辐射、增强免疫功能的功能性食品，对提高航天员的失重耐力和工作效率具有重要的意义。

10. 太空中的饮水供应

氧气、水和食物是人类赖以生存的三大要素，若断绝供应，就会危及生命。这三大要素断绝供给后，人的生存时间有所不同，断氧后的生存时间为 2～4 分钟，断水后为 3～5 天，断食（不断水）后为 30～40 天。因此，从生存的角度看，供氧比供水重要，供水又比供食重要。在地面，水分布广泛，取用方便，一般情况下无断水之虞。太空是一个无水环境，为了确保航天员的生命安全，载人航天器必须向航天员供氧、供水，而供水和供食又密不可分。

载人航天器一般都有专门的供水系统，其任务是为航天员提供饮用水和卫生用水，并为生命保障系统提供设备用水。在某些飞行任务中，还需提供动物、植物用水及实验用水。

航天饮水包括正常轨道飞行期间的饮用水（含制备食品用水）、再适应饮水、非压力应急飞行期间的饮水（储备饮水）、压力应急飞行期间的饮水、舱外活动期间的饮水，以及返回地面后等待救援期间的饮水（救生饮水）等。正常轨道飞行期间的饮水、再适应饮水和储备饮水由载人航天器供水系统提供，该系统的终端是水分配器，它也是航天食品系统的组成部分，其他饮水可由袋装水提供。图 3－9 为航天员在太空中饮水。

图3－9 航天员在太空中饮水

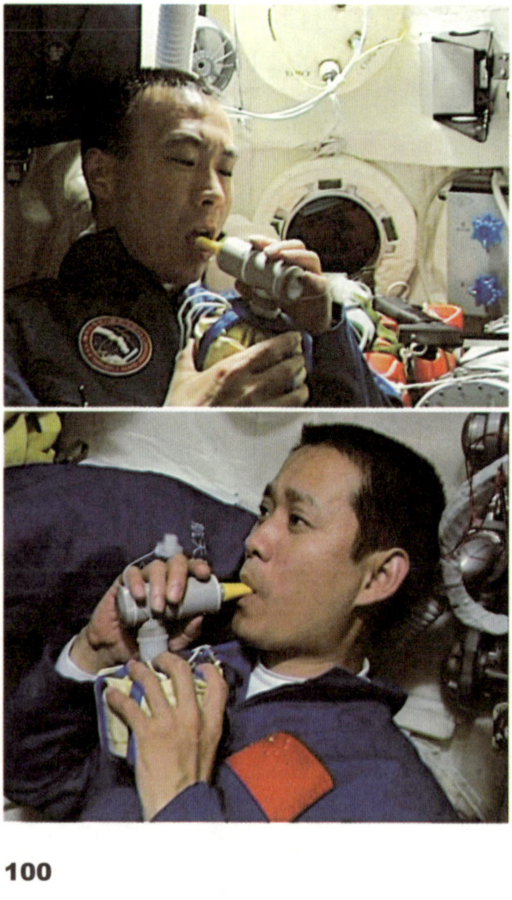

载人航天器的型号和任务不同，其饮用水的来源也不一样，有的使用地面携带和货运飞船补给的水，有的使用燃料电池生成的水，长期飞行中还需利用回收和再生水。航天饮水的来源不仅影响航天饮水供给系统的结构及组成，也影响航天食品类型的选择。比较复杂的航天饮水供给系统由水的收集、处理、储存、输送、分配、加热、冷却、消毒和水质监测等一整套装置组成。

无论饮用水的来源如何，供给必须达到摄取可靠、水量足够和水质合格三项基本要求。

所谓摄取可靠，是指饮水供给系统的硬件必须适于失重环境下使用，确保航天员能够安全可靠地喝到饮用水，可靠地用饮用水制备复水食品和复水饮料。

水量足够是指饮用水的供给量应满足航天员的饮水需求。不同的航天飞行任务，饮用水的供给量也不相同，这主要取决于航天员的能量消耗、饮用水来源、食品含水量以及环境温度和湿度等。就正常轨道飞行而言，每人每天饮用水供给量为2.5～3.0升。在苏联的联盟计划中，饮用水供给量为每人每天2.5升（其中包括食品含水量0.9升）；在美国阿波罗计划中，饮用水供给量每人每天2.6升，其中包括制备食品用水0.8升；在美国航天飞机计划中，饮用水供给量为每人每天3.0升，其中饮水0.7升，制备复水饮料用水1.4升，制备复水食品用水0.9升。如果航天员返回地面时在沙漠中着陆，而且是在夏季，救生饮水供给量至少为每人每天3.0升；若环境温度适宜（低于20℃），救生饮水最低供给量为每人每天1.0升。我国神舟飞船目前按每人每天3.0升配置。

为确保航天饮用水的卫生安全，必须对其进行消毒处理。航天饮用水基本上都采用化学方法消毒。美国早期航天饮用水用氯来消毒，但由于氯具有蒸气压力高，转移困难，对某些结构材料有腐蚀作用，并且易与某些微量有机成分反应产生致癌物质和二次污染物质等缺点，从天空实验室起就停止使用，改用碘来消毒。苏联／俄罗斯采用电解银溶液作为航天饮用水的消毒剂，在联盟号阶段，饮用水水质标准中银的限定浓度为0.2毫克／升，在空间站阶段为0.5毫克／升。水质标准中银的限定浓度和飞行时间长短有关，上述限量实际上是对加注水而言，在储存期间，由于结构材料对银有吸附作用，航天饮水中银的浓度会逐渐降低。为了保证水质在储存期间不至于下降，长期飞行需要提高加注水中银的浓度。现阶段我国也采用银离子作为航天饮水的消毒剂。

银作为一种微量元素，少量摄入对人体无害，如摄入过多，会引起银的沉着积累。研究表明，人长期每天摄入400微克的银，可引起银质沉着症，但这种银质沉着对机体并无害处。泰勒（Taylor）等通过计算得出，产生银质沉着的最小剂量是0.9克。若以每天摄入2升含银0.15毫克／升的水计算，则需要10年左右的时间，才有可能发生银质沉着。苏联／俄罗斯一直使用电解银离子作为航天饮水的消毒剂，短期飞行银离子含量为0.10～0.20毫克／升，空间站阶段为0.5毫克／升，实践表明，航天员长达400多天的饮用是安全的。随着研究的不断深入和航天飞行时间的延长，未来航天饮水将在保证卫生、安全的前提下，突出饮用水的活性，着力增强其生理功能。

11. 太空中的个人卫生处理

航天员执行太空飞行任务时，同在地面生活一样，每天都离不开个人卫生处理工作，如刷牙、洗澡、大小便等。这些事情在生活中习以为常，一般不会引起人们特别的关注。在太空飞行的微重力条件下，狭小又密闭的载人航天器座舱，给航天员个人卫生处理造成极大的不便和困难。

根据载人航天飞行任务要求和约束条件，在载人航天器的环境控制与生命保障系统设计中，必须采用特殊的技术和方法，解决太空中的个人卫生处理难题。我国航天高科技的发展和技术的不断进步，加上航天医学和载人航天工程紧密结合，使执行神舟飞船飞行任务的航天员个人卫生和废物排除处理取得了满意的结果。

个人卫生处理包括航天员皮肤清洁、牙齿清洁、刮胡子、剪指甲与理发等内容。进行个人卫生活动的工具和设备，像淋浴器、理发器等，不仅要具有微重力环境下良好的使用性能，还要操作方便、安全，防止和避免交叉污染。在舱内不仅要有航天员共用的通用设备，还要有每个航天员的专用设备，像私人毛巾、牙刷、剃须刀等。

图3–10 航天员正在国际空间站上淋浴

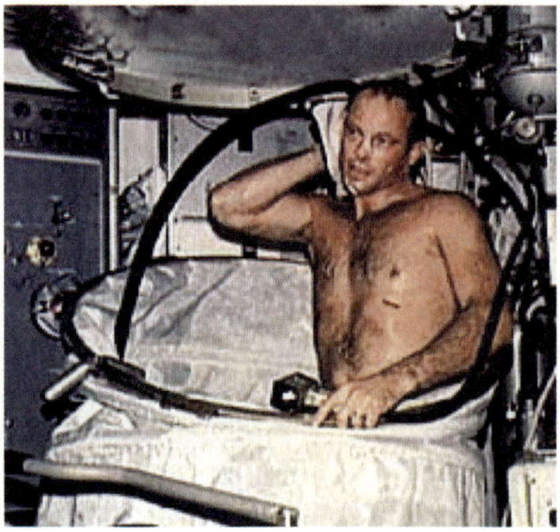

在太空比在地面上更容易出汗，一项资料表明，航天员进行6 小时的空中行走，要损失大约1 千克的体重。在太空中，皮肤的再生速度也比地球上快得多，因此，在太空进行皮肤清洁是非常必要的（图3–10）。保持航天员皮肤健康、清洁的方法，要根据航天飞行时间和航天器座舱内的实际条件来确定。在飞行时间短，座舱内的容积狭小，水电资源有限的情况下，一般采用比较简单的

方法，如进行干式或湿式擦洗，或干湿并用的擦洗。全身或局部擦洗要用专用的毛巾或海绵等进行，毛巾或海绵中一般含有杀菌止痒剂。航天员可根据需要，定期或不定期擦洗皮肤，以保持皮肤的清洁和舒适。对于长期载人航天飞行来说，航天器设有专门的生活舱段，舱内容积较大，并采用了消耗性物质再生技术，装备了基于物理化学方法的再生式环境控制与生命保障系统，因此具备采用全身沐浴的条件，航天员可在座舱内沐浴。美国的天空实验室和俄罗斯的礼炮号空间站率先安装了淋浴设备（图3－11），为航天员在太空中淋浴提供了方便。

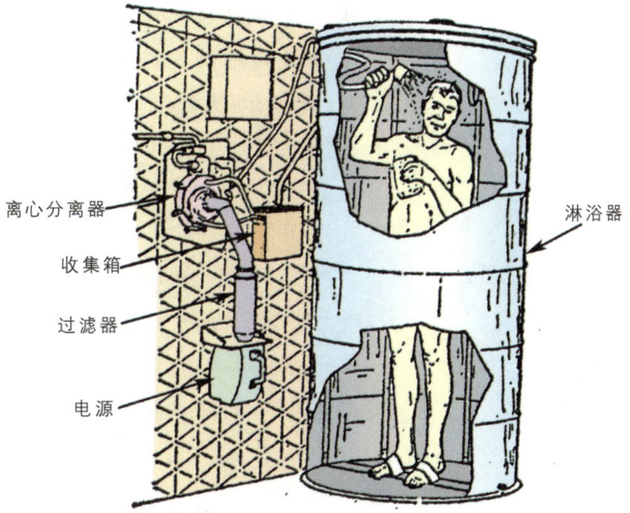

图3－11　美国天空实验室安装的淋浴器

在太空淋浴，看起来似乎与在地面上淋浴很相似，其实两者的差别很大。在太空淋浴时，由于处于微重力环境中，水不会自动向下喷流，所以淋浴用水必须加压供应。淋浴用水还要在一定流量的连续气流带动下，才能进行全身喷淋，否则水不仅不容易喷洒到全身，而且大小不同的水滴或水球，会在喷淋室内自由漂浮，很容易进入航天员的眼睛和鼻腔内，引起航天员呛水。在太空淋浴时，航天员必须戴上专门的呼吸口鼻罩，通过管子直接呼吸淋浴室外的空气。淋浴系统还必须设有离心式水气分离器，以便将水气混合物吸出，并实施水气分离，然后将水输送到再生水处理系统循环使用。

载人航天器中的淋浴系统不仅结构复杂，而且有较大的质量、能源消耗和体积，实际使用效果也不是很理想，航天员并不喜欢使用。完成437天太空飞行的俄罗斯航天员瓦里列·波利亚科夫说，在太空用湿毛巾擦洗后，皮肤和头发就能处于较好的状态。空间站飞行经验表明，俄罗斯的太空个人皮肤清洁方法方便灵活，德国和法国的航天员在长期飞行中使用这种方法，也感到十分满意。国际空间站第一位指令长比尔·谢泼德，也很喜欢用湿毛巾清洁皮肤。

载人航天器安装的一种洗手设备，其主体是一个球形双壁容器，容器上有两个相交90°角的套筒，上部安装有肥皂液配给器和供水装置（图3－12）。航天员洗手时，两手穿过套筒伸入洗手器，开启与洗手器相通的供水阀门和水气分离器，即可使整个设备运转起来。水和空气通过特殊构型的内壁穿孔进入洗手容器内，套筒上的小孔使空气沿双臂和手进入容器，从而实现微重力下的自动洗手。该设备也有较大的质量、能源消耗和占容，水的消耗量也比较大。

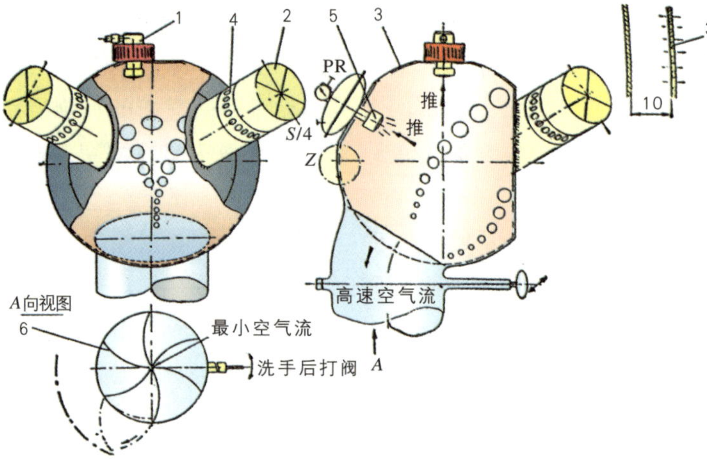

图3—12 载人航天器上使用的一种洗手设备

1— 洗手液配给器
2— 扇形活瓣阀
3— 双壁容器
3a— 内衬
4— 空气入口调节阀
5— 供水装置
6— 水阀

在太空生活中，清洁牙齿也很重要。在微重力环境下，人的口水会变得少而且浓，这就增加了产生牙结石和牙垢的风险。为了避免产生牙结石和牙垢，每次进食后，航天员都要用橡皮口腔清洁指套按摩牙床，咀嚼口香糖清洁牙齿。

俄罗斯和美国对航天员太空飞行的个人卫生有不同的处理方法，美国较多地使用水，而俄罗斯总是想方设法节约用水。这是由于美国以前的载人航天器用氢氧燃料电池作为主能源，电池产生的副产品——水，十分充足，可以供航天员使用。俄罗斯载人航天器采用太阳能电池供电，水全靠地面运送，因此水就显得十分珍贵了。

根据神舟飞船的飞行任务、条件和要求，我国采用简单、实用和有效的方法进行航天员的个人卫生处理，个人卫生处理物品包括用作皮肤清洁的干湿纸巾和毛巾，代替地面刷牙并具有抑菌、护齿和口腔清新作用的口腔清洁剂，口腔清洁指套，以及剃须刀和剃须膏等。此外神舟飞船内还备有湿性物收集袋、呕吐物收集袋、废物收集袋等，分别收集、储存航天员个人卫生和生活中产生的各种废弃干湿废物，航天员实际使用后反映良好。

12. 如何在太空中大小便

在载人航天飞行中，废物处理工作不当，不仅会影响航天员的生理和心理状态，影响航天员的工作效率，而且会影响舱内大气环境质量及航天员的健康安全，甚至影响载人航天任务能否顺利完成。其中大小便的收集处理是载人航天器内废物处理的一项重要内容。

苏联礼炮 7 号空间站航天员列别杰夫在其航天飞行日记中写道：“在太空中处理自己的大小便，可不像人们想象中的那么简单和容易……上厕所就好像坐在扫帚上的女魔。”

在载人航天器的环境控制与生命保障系统中，必须采用特殊的技术和方法，解决废物处理问题。载人航天器都设有废物管理系统，该系统是环境控制与生命保障系统的重要组成部分。除按要求完成舱内废物收集、储存和处理任务外，废物管理系统还要和环境控制与生命保障系统的其他设备一起，共同保障座舱内大气环境的干净清洁和卫生。

从国外载人航天器来看，随着载人航天飞行时间的增加，航天员人数的增多，座舱容积的扩大以及各方面要求的提高，废物收集处理技术也进行了不断的改革和创新。美国早期的载人航天器，如水星号、双子星座和阿波罗飞船，由于飞行时间短，座舱容积小，因此采用了相对简单的大小便废物收集处理技术。

水星号飞船仅执行 1 人 28 小时的飞行任务，由于飞行时间短，因此，飞船没有必要考虑收集大便。在航天飞行前，航天员一般提前3天吃低残渣食物，飞行中的前2～3天，航天员不会排大便。但是，为了防止意外，水星号飞船上还是准备了一个大便收集袋。为了保障飞行的安全，在水星号的飞行过程中，不允许航天员脱下航天服，因此，航天员仅用一个十分简单的尿液收集系统，即可完成废物的收集和处理工作。在整个航天飞行过程中，尿液收集系统一直穿戴在航天员身上，靠直接接触密封。航天员要进行便溺时，通过快速断接器与尿液收集袋连接，便后尿液收集袋放入储存器中，飞船返回时带回地面。

双子星座飞船为2人14天的飞行任务，除飞船发射和返回阶段采用水星号飞船使用过的尿液收集方法外，根据14天的飞行任务，工程人员对尿液收集系统进行了必要的改进，并将尿液定期排到舱外，只是带少量分析用样品回到地面。14天的飞行任务中，大便收集是必不可少的，双子星座飞船配置了一个塑料收集袋，袋的开口端表面有粘胶，使用时通过手动粘贴，即可保持收集袋开口与臀部的良好接触和密封。大便后，航天员手动将袋口密封，并把预先存放在袋内的杀菌剂与大便搓合，然后存放在废物箱中即可。

阿波罗飞船的大小便收集系统与双子星座飞船基本相似，但为出舱活动和应急飞行需要，还研制了用作收集大便的弹性内裤。弹性内裤在臀部有吸湿性良好的垫片，可以吸收大便中的湿气，臭气则进入航天服的通风循环系统并被消除，收集后的小便则通过大腿处的断接器排到废水箱。

上述载人飞船的废物管理系统，其显著缺点是收集装置与人体长期直接接触，皮肤会有不舒适感，而且手动操作既费时间，又增加航天员的心理负担，还容易污染座舱的空气。利用载人飞船获得的经验，美国在后续的载人航天器上，对废物收集处理系统进行了较大的变革，在天空实验室中采用了崭新的废物收集和处理装置（图3－13）。天空实验室首次采用气流进行大小便的输送和离心式相分离技术，大便和尿液经水气分离后，在空气流作用下送到收集器贮箱。输送大小便的空气流经

图3－13 天空实验室废物收集和处理装置

1－风机
2－便溺固定装置
3－大便收集器
4－尿液收集器
5－容量指示器
6－尿分离器
7－气流阀开关
8－尿罐操作把手
9－尿贮罐
10－可调缚脚带
11－脚固定板
12－大小便收贮箱
13－风机／分离器开关
14－粪便收集过滤

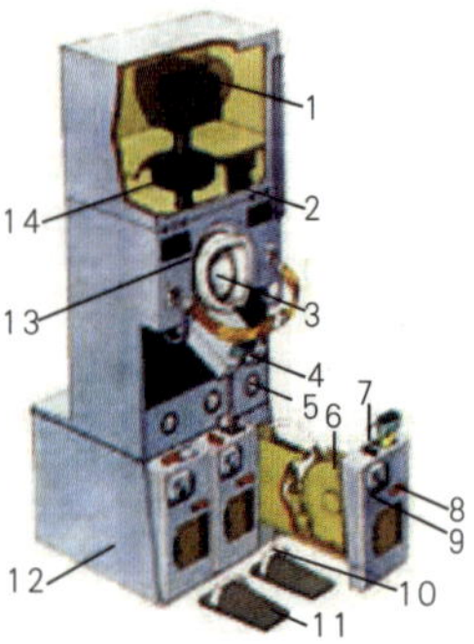

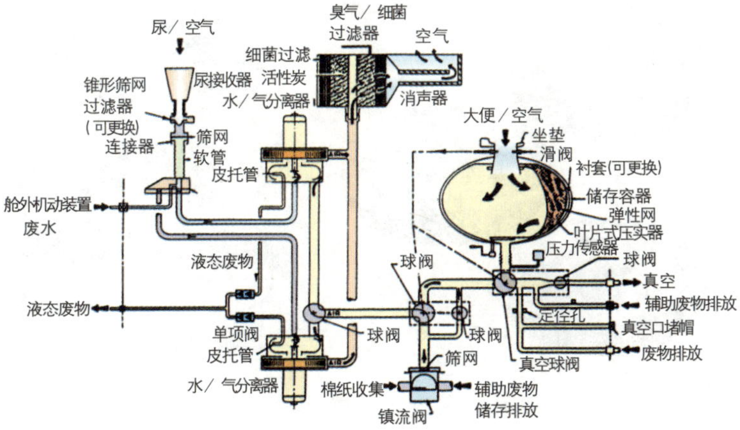

图3–14　航天飞机废物管理系统流程图

过杀菌、除臭、过滤后送回座舱，整个收集过程实现了半自动化。基于天空实验室的经验，美国在航天飞机上对废物管理系统又进行了改进和完善，初步实现了废物收集处理的自动化操作（图3–14）。

美国航天飞机个人卫生处理站（图3–15）有带坐便器的大便收集储存容器，其内部含有衬套、网套，并通过管道与外太空真空相通。航天员完成大便后，开闭管道上相关的阀门，可以使便桶泄压到真空，将桶内的大便进行真空干燥。旋转式叶片压实器（图3–16）定期将干燥的大便压实，以减少废物的储存空间。在带备份的离心式水气分离器产生的气流动力作用下，可以实现微重力条件下尿的收集和输送，并进行尿、气混合流体和从大便收集桶收集来的水气混合流体的水气分离，分离后将废水送到贮箱储存，气体经臭气、细菌过滤器进行除臭和细菌过滤，而后将空气送回座舱。在航天飞机上，收集的尿液不再排到舱外，而是输送到尿处理系统

图3–15　航天飞机上的个人卫生处理站

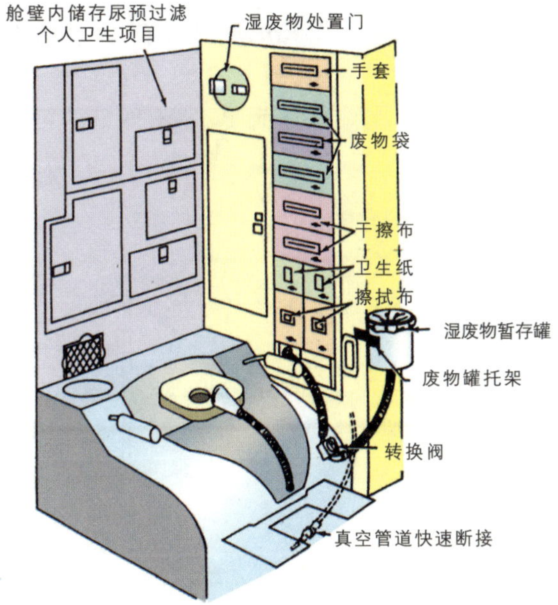

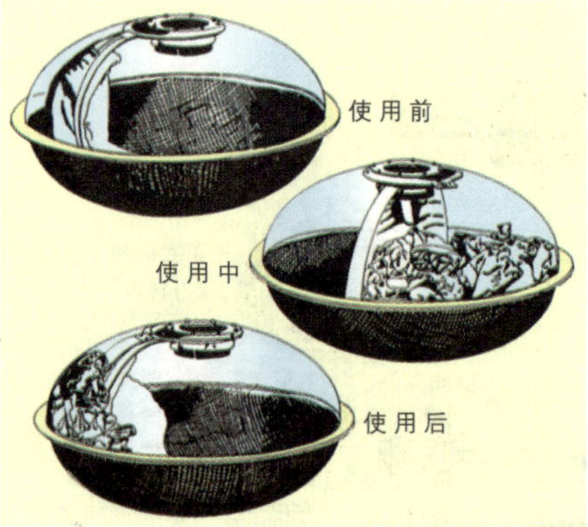

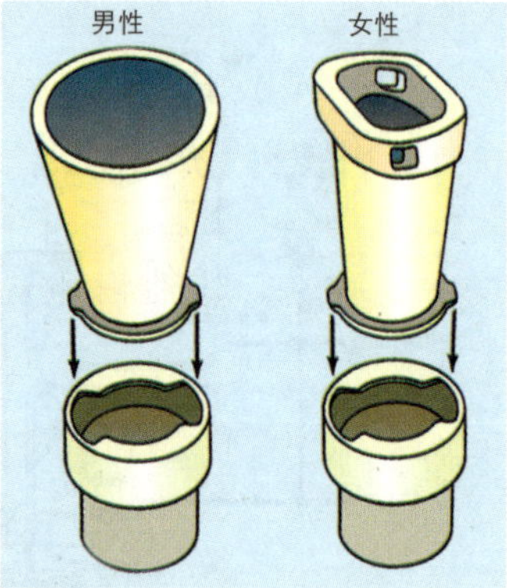

图3–16 旋转式叶片压实器（左）

图3–17 尿收集器（右）

进行再生处理和利用。尿收集器按男女性别不同设计有两种形式（图3－17），可根据使用者的性别方便地进行更换。

航天飞机的废物管理系统是一套经过多次改进的完全自动化的废物收集系统，部分设备的维护和更换方便快捷，同时还可收集舱外机动飞行装置（EMU）产生的废水。根据国际空间站要求，该系统进行适应性改进后，被应用在国际空间站上。

苏联早在搭载小狗的生物卫星上，就用气流输送法收集狗的大小便，这项技术不仅起点较高，而且经济实用。第一代载人飞船东方号上只设置了简单的尿收集系统，在联盟号飞船和礼炮号空间站上，则都以该技术为基础，设计了废物收集系统（图3－18）。这套系统部分采用手动操作，但系统结构简单，操作简便，具有较好的可靠性和可接受性。国际空间站是多个国家参与建造和使用的国际性空间站，在俄罗斯负责建造的舱段

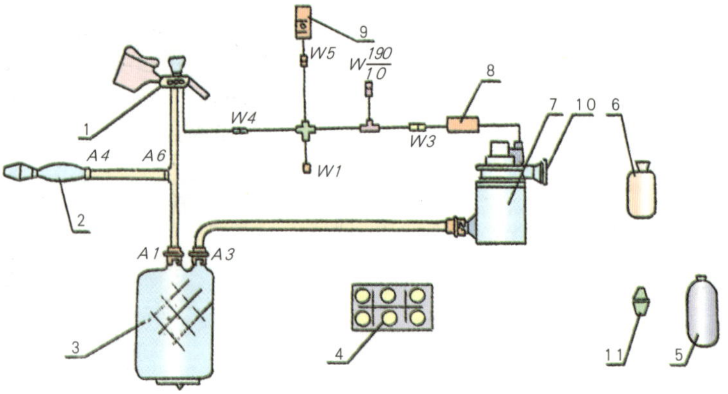

图3–18 联盟号飞船废物收集系统

1– 大小便接收器
2– 备用尿负压接收器
3– 尿收集罐
4– 附件箱
5– 备用尿收集袋
6– 废物收集袋
7– 通风过滤组件
8– 滤波器
9– 操纵控制模块
10– 盖子
11– 套管接头

内，以该系统基本技术为基础，设置了相应的废物收集系统。苏联在和平号、礼炮号空间站上，就已经进行了尿液回收处理和再利用，是较早进行尿液回收再利用的国家。

我国神舟飞船吸收了联盟号飞船废物收集系统的技术经验，采用半自动的废物收集和处理系统（图3－19、图3－20）。该系统由以下设备组成：

1）废物收集筒。用于储存使用后的大便密封袋。

2）尿液贮箱。储存航天员的尿液，箱内部填装高效吸水材料，可以将尿液吸附固定，实现微重力下尿液收集过程中的气液分离。

3）收集装置支座。航天员便溺时用于固定大小便收集装置。

4）应急小便收集器。废物管理系统风机失效时，应急条件下手动操作收集航天员尿液，并将尿液挤入尿液贮箱储存。

5）管组件。用于系统设备间的管路连接。

6）除臭装置。集成了废物收集风机和除臭罐。风机是大小便收集过程中的动力源，制造大小便收集的负压动量气流；除臭罐用于去除大小便产生的有害气体和异味。

7）大小便收集装置。用于接收航天员的大小便。

8）废物残渣收集袋包。用于放置大便袋、大便密封袋和卫

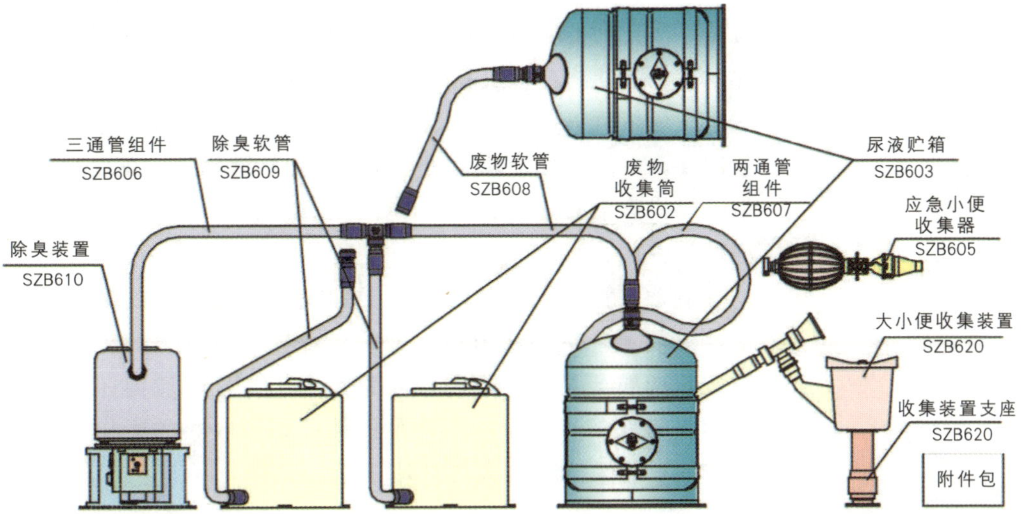

图3－19　神舟飞船半自动废物收集和处理系统示意图

图3-20　神舟飞船半自动废物收集和处理系统实物图

生纸等。

航天员要进行大小便时，操作收集装置下的三通阀，可同时或分别进行大小便操作。在大小便时，首先将大小便收集装置固定在收集装置支座上，航天员与之相对固定，开启除臭装置风机后，即可便溺。利用高压风机产生负压，使座舱空气在风机的抽吸力作用下，形成具有一定动量的气流，气流携带粪便进入大便收集器中的大便袋内。排便完成后，将大便袋盖上盖板，装入大便密封袋，再投入废物收集筒内储存。尿液在气流带动下，经废物收集管路进入尿液贮箱，气液混合物经过贮箱内的分配管与吸水材料接触，液体被高效吸水材料吸附固定，空气则在风机的抽吸力作用下，沿管路进入除臭装置，异味和有害气体被除臭装置吸收、过滤，净化后的空气经风机送回座舱，实现大小便的收集和储存以及气液分离。单独进行小便时，同样要开启除臭装置风机，尿液在风机气流作用下，进入尿收集罐，实现微重力下的收集和储存。系统中的应急小便收集器作为系统备份，在废物管理系统风机失效时，能够手动操作，收集航天员小便并排放到尿液贮箱内。

神舟飞船的航天服内设置了直接接触式小便收集袋和大便收集装置，这些装置可以像短裤那样穿在身上，用于身着航天服的航天员在飞行阶段收集大小便。飞船舱内还设置了废物收集软袋，用于收集其他固体废物，收集的废物投入收集袋内，以保持舱内大气环境清洁。

13．太空中的锻炼设施

图3－21　航天员正在进行在轨锻炼

生命在于运动。这句经典格言用于太空飞行中的航天员身上，显得格外贴切。

如前所述，航天员在太空飞行中，会出现体液头向转移、骨质疏松、肌肉萎缩等变化。为了减少飞行中的身体变化，保持飞行和返回时的身体状态，在太空中开展锻炼，是载人航天活动伊始就受到充分关注的重要问题。

在早期的载人航天飞行中，由于座舱容积小，飞行时间短，任务重，航天员只能进行拉力器之类的运动，每天运动半小时。随着飞行时间不断延长，载人航天器座舱环境明显改善，座舱内配置了各种锻炼设备，航天员在太空锻炼的时间、次数，都有了很大提高，锻炼方式也越来越多样化（图3－21）。

飞行18天的联盟9号飞船，只要求航天员每天锻炼2次，每次1小时，主要进行自行车功量计运动。飞行24天的联盟11号飞船，航天员锻炼时间延长至每天2.5小时，并增加了跑台运动。1975年后，苏联航天计划要求航天员每天在太空中进行3次共2.5小时的锻炼。美国航天员在飞行中的锻炼时间虽然少于苏联，但也是逐渐增加的。天空实验室3次乘组飞行中，航天员的运动时间从每天0.5小时，增加到后来的每天1小时和1.5小时。

总的看来，随着载人航天飞行时间的延长，对航天员在太空中锻炼的要求也越来越高，航天员在太空中使用的锻炼设施功能日益完备，并且充满了“太空飞行”的特点。

图3－22　航天员利用绳式拉力器进行力量练习

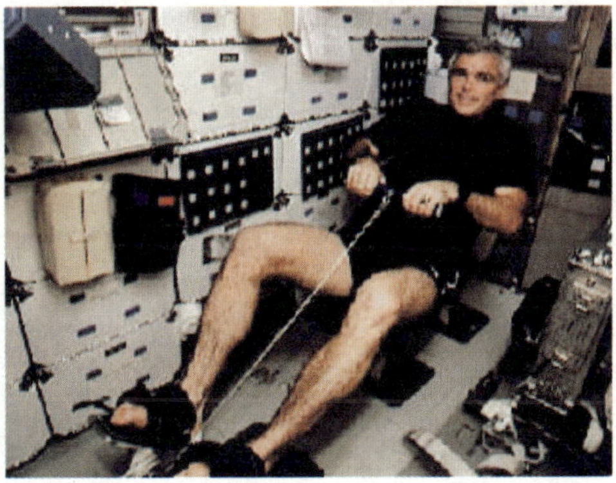

（1）拉力器

拉力器是早期载人航天飞行经常采用的一种锻炼方法（图3－22），主要锻炼手、躯干和腹部的肌肉，可有效预防一些肌肉群的萎缩和力量减弱，维持部分肌肉群的强度，但对人进行整体调节的效果较小。

天空实验室的航天员采用KMⅠ和KMⅡ

两种型号的锻炼器进行体操运动，每天锻炼数次；KMⅡ是一种有5个弹簧的扩胸器，每拉长0.3米，需要用11千克力。

（2）自行车功量计

自行车功量计是一种类似自行车的装置（图3－23，左一）。20世纪70年代以来，航天员长期太空飞行都采用这种设施进行锻炼，是长期飞行中应用最为广泛的一种锻炼设施。航天员在自行车功量计上锻炼的时间和强度与飞行时间有关，一般每天锻炼1.5～2小时，运动量为每千克体重31～71瓦／分。

利用自行车功量计进行锻炼，对防止心脏和骨骼肌质量下降及呼吸功能降低有一定的作用，并可增加循环血量，改善组织器官的血液供应。自行车功量计除了作为锻炼工具外，还可记录航天员在运动时的多项生理指标，便于对航天员飞行中心血管功能和运动能力的改变进行评价，但对防止矿物质丧失和立位耐力的降低作用不大。

（3）跑台

无论是国际空间站上，还是苏联／俄罗斯的空间站上，都装备有跑台设备（图3－23，左二）。太空飞行中，航天员利用弹性束带固定在跑台上，并承受一定的压力。由于有力施加在航天员身上，当航天员在跑台上静立、行走、跑跳时，可以锻炼骨骼肌，并不断压迫骨骼，刺激骨组织的重建（图3－24）。

跑台运动是一种全身性的运动，运动量较大，对心血管、骨骼、肌肉系统都是一种很好的刺激，可减慢抗重力肌萎缩，并可促使神经－肌肉功能的协调，提高运动协调性，减轻返回后行走

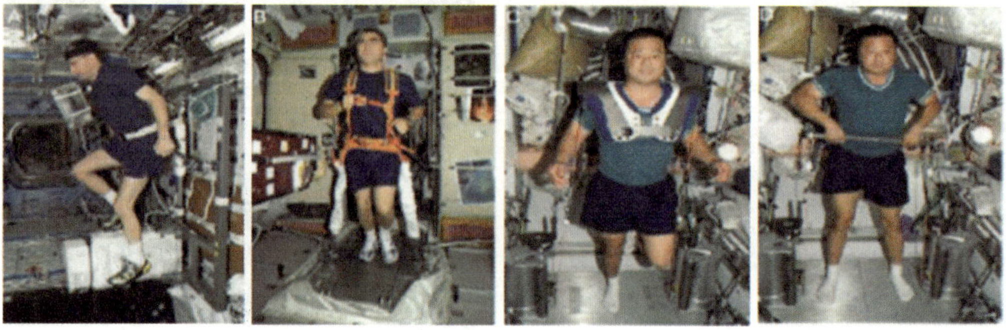

图3－23 航天员太空锻炼设备：自行车功量计（左一），跑台（左二），阻抗锻炼装置（右一、右二）

的困难，所以它是当前长期载人航天最有效的一种锻炼方法。

美国的天空实验室中，航天员利用跑台进行锻炼时，施加在身体上的压力相当于1.1g。苏联的礼炮号空间站上，跑台弹性束带施加在航天员身体上的压力相当于0.62g。

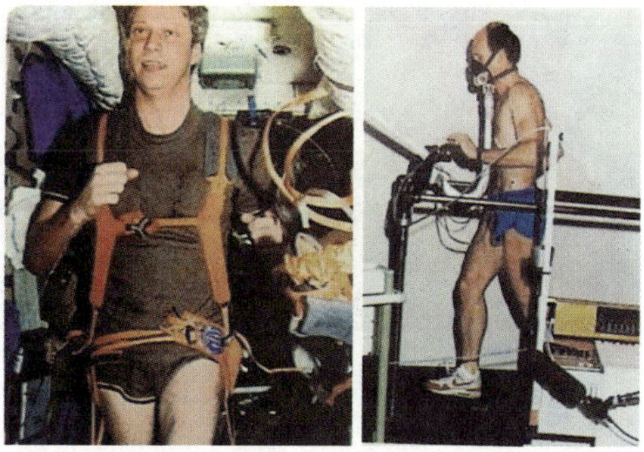

图3-24　航天员在和平号空间站跑台上进行有氧运动实验

(4) 企鹅服

企鹅服是苏联航天员装备的一种专用的弹性服装，用于在太空中锻炼肌肉力量（图3-25）。企鹅服内排列了多层橡皮条，当航天员肌肉松弛时，可牵拉前臂到胸部，牵拉膝到下腭，使人处于一种类似“胎儿”的状态。在这种状态下，航天员为了完成飞行中的各种运动和操作，必须不断克服企鹅服的弹力作用，从而达到锻炼肌肉的目的。

苏联曾有航天员在175天和185天的太空飞行中，除了睡眠外，都穿着企鹅服，每天大约穿着12～16小时，为飞行中的身体防护和肌肉锻炼发挥了重要作用。

图3-25　用于在太空中锻炼肌肉力量的企鹅服

(5) 下体负压装置和下体负压裤

在太空飞行的不同阶段，对人体下身施加不同时长、不同水平的负压，可以达到不同的锻炼效果。飞行初期进行下体负压锻炼，可以防止体液重新分布，减轻头部充血；飞行中期进行下体负压锻炼，可以评价心血管功能状态；飞行末期进行下体负压锻炼，可以减轻返回地面后的立位耐力下降，并可预测返回后立位耐力下降的程度，为航天员的医监医保提供信息。

美俄航天员在长期太空飞行中，都使用了下体负压锻炼方法。苏联航天员在175天和185天的太空飞行中，从返回地面前3个星期就开始下体负压锻炼，每天锻炼20分钟，施加的负压值由小到大逐渐增加，到返回地球前两天，增加到每天50分钟，同时饮用300毫升盐水。

下体负压锻炼可利用下体负压装置或下体负压裤进行（图3-26、图3-27）。下体负压装置又叫下体负压筒，是一

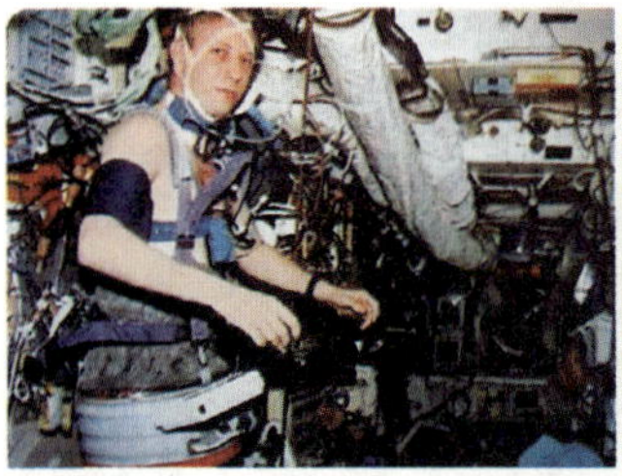

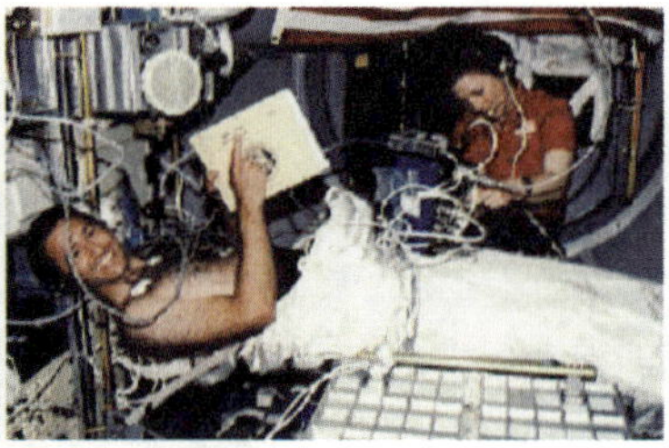

图3–26 航天员在空间站身穿下体负压裤进行着陆前的训练（左）

图3–27 航天员进行下体负压训练（中）

图3–28 航天员进行肌肉电刺激（右）

种圆形筒状结构，通过抽气泵抽气，可以使筒内保持不同的负压。锻炼时人的下身在筒内，腰部用密闭圈密封，使圆筒不漏气。下体负压裤是一种带有微型泵的装置，裤子像手风琴一样，由不透气的纺织品制成，中间有环形的支持物，以防抽气时内陷。航天员在飞行中穿着下体负压裤时，会产生类似地面站立的感觉，并可自由活动和工作。与下体负压筒相比较，下体负压裤使用起来更加方便。

（6）其他锻炼设施

在载人航天飞行中，工程专家还为航天员设计了其他一些锻炼和防护设施，包括抗荷服、大腿套带、神经肌肉电刺激仪等，以达到综合锻炼和防护的目的。例如，采用神经肌肉电刺激仪，可以补偿太空飞行中肌肉活动的不足，减轻失重引起的骨质疏松和肌肉萎缩（图3–28）。运动后进行神经肌肉电刺激，可起到按摩的作用，有利于增强血液循环，减轻疲劳。在飞行中，如果神经肌肉电刺激与下体负压锻炼结合使用，可以提高下体负压锻炼的效果和安全性。

美国航空航天局还研制出了一种振动及蹲举式举重台（图3–29），举重台一方面可以产生振动，另一方面可以进行在轨蹲举式举重运动。这些运动对航天员下肢骨骼和肌肉会起到有效的防护作用。

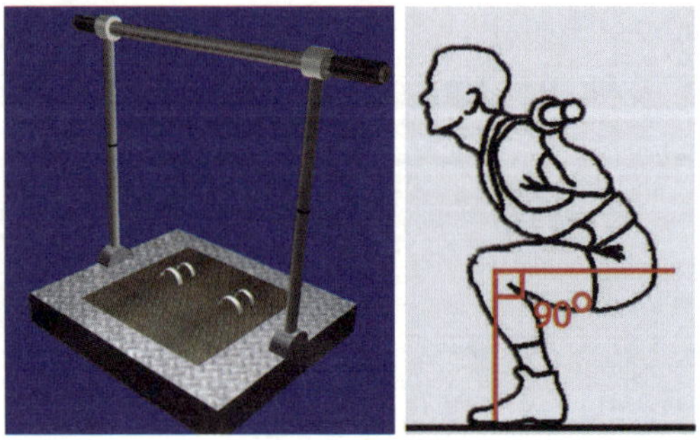

图3–29 振动台（左）及蹲举式举重运动示意图（右）

14．太空中的娱乐活动

太空中的生活并不全都是工作，航天员们也有娱乐，也可以开心地玩。如果你到航天飞机上工作一两周，肯定会忍不住经常眺望窗外，品尝一下新奇的航天食品，时不时地与同伴们开开玩笑。如果在空间站上呆上几个月，那么娱乐将是提高太空生活质量的重要内容。

在绕地球飞行时，繁忙的工作间隙，航天员们需要短暂的休息。如果一连几天甚至几个月中一直忙于工作，肯定会引起航天员之间关系的紧张。因此，在地面上制定飞行计划的人，每天要依据地球上的工作日程来安排航天员们的工作，这样航天员们就可以有时间放松、锻炼和娱乐了（图3－30、图3－31）。航天飞机和空间站的航天员们，甚至在工作的时候也会找乐子开心一下。

图3－30　飞行工程师詹姆斯·S·沃斯在国际空间站星辰号服务舱内边进行自行车功量计锻炼边读书

太空飞行中，一项很受欢迎的娱乐休闲项目是眺望窗外的太空。载人航天器都有一个或多个舷窗，透过舷窗，可以观察被大气层包裹的蓝色地球和深邃幽远的黑暗太空。当航天员向窗外眺望，看到地球在自己的脚下旋转并呈现出不同的地表时，经常会对这些充满神秘魅力和令人敬畏的现象发表评论。每隔45分钟就出现在地球大气层上方的日出和日落，在航天员眼中也非常壮观。

图3－31　航天员布兰特·W·杰特（左）和威廉姆·M·谢佩德按照海军老传统摇铃宣布有人上船或下船

在空间站上，航天员们有很多机会可以放松和娱乐。就像许多上班族一样，太空中的航天员每个周末也会休息。在一些特定的日子里，航天员们还可以看电影、读书、打牌，也可以与家人通话。在国际空间站里，一项比较受欢迎的活动，是从国际空间站的一头跑到另外一头，看谁跑得最快。实际上，航天员们并不能在空间站上举行赛跑活动，这是因为各舱之间的舱门太小了。

航天员甚至还可以拿出时间来玩玩电子游戏，使自己的太空生活过得更轻松和愉快。美国航天飞机上就有供航天员玩的电子游戏，电子游戏与地面人员玩的大型电子游戏相仿，但游戏内容有很大不同。航天员玩的电子游戏，内容是模拟航天飞机飞行，膝上型计算机上装配有飞行模拟装置。通过玩电子游戏，航天员可以模拟练习航天飞机的着陆控制程序，这有助于提高他们的飞行操控技能。

15. 如何在太空安睡

在太空微重力环境中，因为没有地球引力引起的支撑力的作用，站着睡觉和躺下睡觉的感觉是相同的。航天员可以随意将头朝向任何方向睡觉，但是他们必须将自己绑在睡眠区的舱壁、椅子或双层床上，以免到处漂浮或撞上什么物品。

一般情况下，空间站里有两个小的航天员睡眠区，每个睡眠区只能容纳一个人。这两个睡眠区中设有睡袋，旁边有巨大的玻璃舷窗，航天员透过舷窗，可以眺望外面的太空。

航天飞机上的床位数量取决于飞行任务的要求。航天员可以睡在座位上，也可以睡在睡袋或床位上，甚至可以把自己挂在舱壁上。睡袋的样子像蚕茧，与存放航天员用品的存物柜锁扣相连。在失重状态下，由于无所谓“上”和“下”，因此航天员站着睡觉像躺着睡觉一样舒服（图 3－32）。

对于一班轮休的飞行任务来说，由于航天员的睡眠周期相同，舱内通常不划分单独的睡眠隔间。在两班轮休时，由于一半航天员在睡觉，另一半在工作，为了不影响睡眠，舱内通常要划分出单独的睡眠隔间，以便与工作区隔离（图 3－33～图 3－36）。

图3－32 航天飞机 STS－95 任务中，美国航天员约翰·格伦正在安装睡眠监视器

航天飞机睡眠区可为 4 名航天员提供睡觉的空间，第一名航天员睡在最上铺，第二名睡在下铺，第三名睡在下铺的下面，紧贴着地板，第四名则睡在另一张床上，睡床与其他 3 名航天员睡觉的上下铺一端垂直。床铺是长 1.8 米、宽约 0.75 米的木板床，每张床上都设有防火睡袋，并且有通风

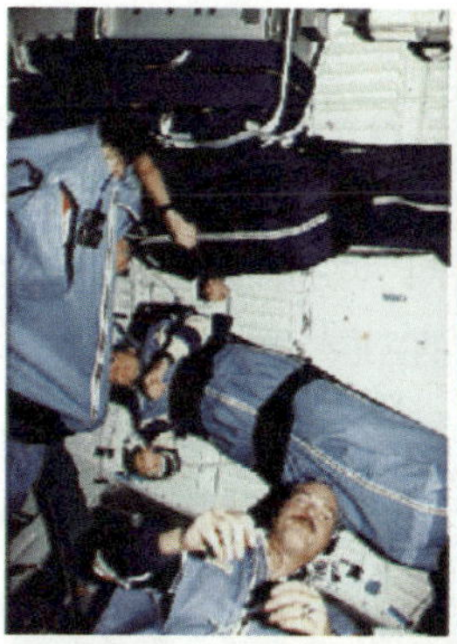

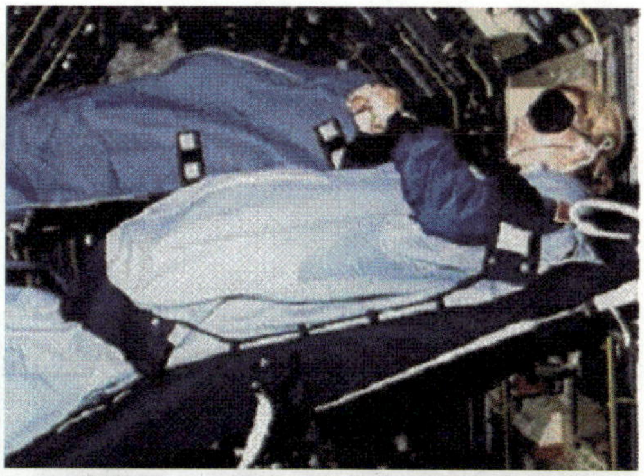

孔。在地面床上睡觉时，身体会沉到床垫里，但在接近零重力的太空中，睡硬板床也会感觉很“柔软”。

睡在睡袋中的航天员可以将胳膊留在外面，但必须拉上睡袋拉链，环绕腰间的带子也要扣在一起。每个睡眠隔间都有灯，航天员可以读书，也有可以关闭的侧板，以营造一个相对私密的私人空间。如果害怕打扰，航天飞机上还有眼罩和耳罩，可以阻隔舱内的光线和噪声。如果航天飞机上的7名航天员决定同时睡觉，那么就需要3个以上的睡袋垂直地挂在储物柜的锁扣上，其中2名航天员必须戴着通信头戴睡觉，以便能随时听到地面任务控制中心的呼叫和警报声。

图3-33　航天飞机中的航天员在中舱睡觉（左上）

图3-34　航天飞机上正在睡觉的航天员（右上）

图3-35　航天飞机任务专家保罗·理查兹的背后是服务舱中睡眠的地方（左下）

图3-36　加拿大航天员布亚尼·特里格瓦森在发现号航天飞机的中舱地板上睡觉（右下）

全世界近1/4的人深受失眠的困扰，但你肯定想不到，航天员们也在这一人群之列。在人们的心目中，航天员每天辛勤工作，身处“万籁俱寂”的太空之中，远离尘嚣，理应无忧无虑，倒头就睡，并充分享受自由漂浮的奇妙感觉。事实恰恰相反。

载人航天器绕地球运行时，航天员每24小时经历16次日落，崭新的“一天”只有大约90分钟。在一个地球日中，16个令人目眩的日落，不是什么难得的乐事，对航天员常规的睡眠模式来说是一次挑战。在航天飞行中，每24小时分配给航天员8.5小时的睡眠时间，但很多航天员反映他们只需6～6.5小时就完全休息好了。一些航天员认为造成这种现象的原因，

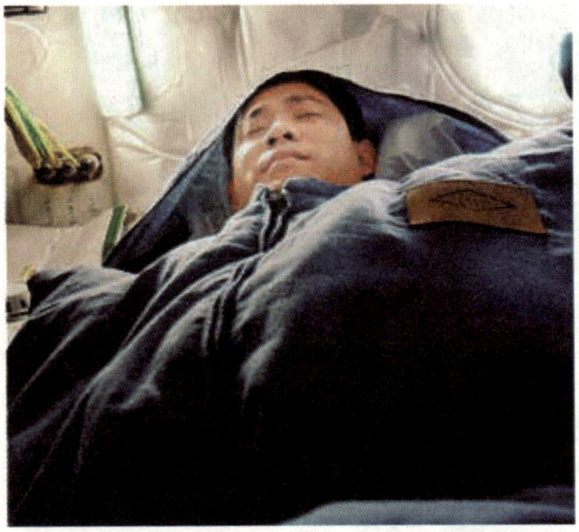

图3-37 神舟6号航天员聂海胜在太空中睡觉

可能是由于失重条件下身体感觉不太疲劳的缘故。图3-37为神舟6号航天员聂海胜在太空中睡觉。

实际上，从早期的双人飞行任务开始，直到人类的登月之旅和空间站长期飞行，航天员的睡眠状态都不是很理想。狭小的座舱，繁忙的工作，进入太空的兴奋，格外眩目与频繁的日出日落，并不安静甚至于显得嘈杂的舱内……这一切都对航天员的睡眠带来了影响。

长期在地球上生活，人们已经养成了“日出而作，日落而息”的生活习惯。以24小时为周期的生物节律，控制着人体内促进睡眠的激素——褪黑素和促进觉醒的激素——皮质醇的分泌，也控制着人体大多数的生理参数周期，包括体温、心率、血压、荷尔蒙和尿的生成等。就像时钟经常要校对一样，人体的生物钟同样也需要每天进行调整，以保证生理上的变化与环境同步。在地球上，我们每天接受日光照射，生物钟会自动进行调整，但这种昼夜节律一旦被打破，人体就会出现不适应的现象。

为了获得较好的空间睡眠质量，航天员要注意两个方面的问题，一是注意头部，尤其是口鼻部位的通风，防止呼出的二氧化碳重新吸入。二是睡眠时要把手臂束缚起来，体位基本固定，并适当增加对身体的压迫感，以模拟覆盖物的重量感觉。

随着星际飞行任务的到来，一些新的问题又摆在了科学家们的面前。例如，月球上的昼夜节律与地球完全不同，月球上大约有两周的时间能受到日光照射，随后就是两周的漫长黑夜，航天员在这种新的环境下能很好地入睡吗？在飞往火星的漫长征途中，太空光环境与地球截然不同，沿途持续的光照和黑天鹅绒般的深空，会对航天员的睡眠有影响吗？这些全新的问题，还有待于航天医学专家和航天员们去探索和研究。

第四章

太空工作　难度非凡

太空失重状态下的操作和运动方式与地面重力状态下完全不同，这给航天员的生活和工作带来了很大困难。随着载人航天技术的不断发展，航天员在载人飞行任务中承担的任务也越来越多，并且日趋复杂，这对航天员提出了越来越高的操作要求。航天员在天上到底有多少工作要完成，哪些工作适合航天员承担呢？

1. 航天器的“当家人”

当航天员长期生活在万籁俱寂的太空，充分享受随意漂浮的自由状态时，大家忍不住会问，他们会感到百无聊赖吗？事实恰恰相反。航天员在太空的工作是饱满而紧张的，在执行出舱活动等复杂任务时，一天的工作甚至可以用“相当劳累”来形容。

从出舱活动工作日航天员工作与休息制度的结构分布图（图4－1）中可以看出，航天员睡眠时间仅占一个出舱工作日的35%，工作时间占65%，两餐之间的间隔甚至长达9～11小时，可见航天员是相当辛苦的。

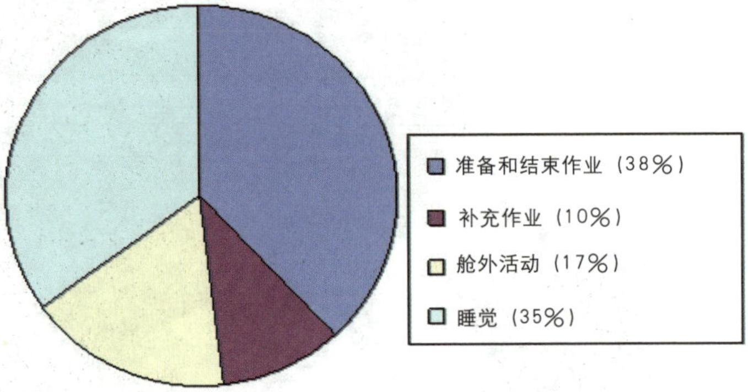

图4－1 出舱活动工作日航天员工作与休息制度结构分布图

载人航天初期，如苏联东方号和美国水星号飞船，其目标主要是验证人在空间的生存能力，航天员在座舱中只是作为一个观察者和“备份”的操纵者。随着苏联上升号飞船航天员实现人类第一次太空行走，以及美国双子星座计划的完成，人们已经初步认识到太空环境对人类的影响，积累了太空活动的丰富经验。到此时为止，航天员才真正开始在太空执行任务。这时，航天员不再是载人航天器里的“乘客”，而是名副其实的主人。

到美国执行阿波罗载人登月计划时，这种特点更加明显了，大量的太空飞行任务都需要航天员来操作，尤其在某些阶段，飞船无法从地面获得任何引导，只能依靠航天员来完成操作。比如阿波罗 11 号登月时，登月舱按自动制导仪的指示准备登上月面，在即将着陆月面的时候，指令长阿姆斯特朗发现预定着陆点有一个大深坑，于是登月舱两名航天员采取紧急措施，在距月面只有600米高度时，操纵登月舱避开大坑，安全降落在月面“静海”的一角。如果没有航天员的灵活机动，这次飞行任务很可能不会完成。

图4－2　阿波罗 12 号飞船在月面着陆后，登月航天员艾伦·比恩在月面活动

伴随着阿波罗登月计划的实施，航天员的另一项工作也开始进行，即太空科学研究和实验。阿波罗飞船 6 次登月，航天员在月球上的大部分工作其实是野外地质考察，他们在月表进行了大量的实验，采集月球样本，深入考察月球的地形、地貌，并研究了月球的地质情况（图 4－2）。

阿波罗登月计划之后，不管是航天飞机计划，还是空间站计划，科学研究和实验任务成为航天员航天飞行的一个主题，而驾驶航天器逐渐成为实现飞行任务的日常事务和基本保证。航天器大型化和复杂化的发展趋势，日益增加了航天器的管理难度，这就需要航天员更多地发挥航天飞行器“当家人”的主体作用。如今，航天员每次飞行都要根据任务的要求，在太空中操纵和管理航天器，完成规定的空间科学研究、实验和探险任务，以便获得新的知识、新的认识和新的数据。

随着送入太空轨道上的航天器数量不断增加，在太空对各种航天器进行维修、检修和装配，也是航天员必须承担的一项工作内容。尤其对于复杂的航天器和复杂的飞行任务，这项任务显得格外重要。美国曾经在 1993 年派遣 7 名航天员乘坐奋进号航天飞机进入太空，对哈勃望远镜进行了维修。现在正在建设的国际空间站，其空间组装和建设工作也是航天员的一项重要任务。

如今，航天员必须在空间完成复杂的舱内和舱外活动，以及高度智能化的空间科学研究和实验任务，由此可见，航天员是整个载人航天飞行任务的主体，始终处于主导地位。不论航天器的功能多么齐备，结构多么复杂、自动化水平多么高超，也只能是航天员乘坐的机器，是航天员飞行的工具，航天员才是航天器的“当家人”。因此，在飞行过程中，必须对航天员的任务、作业特点、人机功能分配、工作区的人机界面设计、作业程序等问题进行研究和合理设计，才能保证航天飞行任务的成功。

在航天飞行环境下，航天员机体受到诸如失重、噪声、辐射、工作空间狭小以及飞行危险性大等因素的影响，生理和心理都会发生相应的变化，出现心血管功能失调、航天运动病等表现，对航天员在太空中的工作能力均会产生一定的影响。例如天空实验室的航天员发现，在微重力条件下长期保持直立姿势，会引起腹部肌肉疼痛；各种设备要按照人在空间的中性姿势来设计；每天需要花费大量时间来处理个人卫生；如果没有适当的限制装置，小件物品很难随意控制；纸张、小工具、水、食物和小零件，常常会丢失或者漂落在设备仪器中，造成仪器设备的损坏。根据俄罗斯航天员在空间站上的工作情况，在长达175天的载人飞行中，航天员的工作能力总的来说是高水平的。但在某些阶段(急性适应阶段、飞行结束阶段和完成复杂任务之后的阶段)则是低的，不过休息之后即可恢复。为保持高度的工作能力，必须采取一套综合措施，诸如对航天员和航天器的功能分配进行合理的设计，优化舱内工作区人机界面设计，创造座舱内必要的舒适条件，制定合理的工作和休息制度等，这在长期飞行中具有重要意义。

2. 航天员－航天器功能分配

在载人航天飞行过程中，航天员是航天器的“当家人”。为确保航天员能够高效、安全地工作，一切由航天员监视、控制和操作的装置、部件，都要便于航天员使用，因此必须对航天员的能力、特点、局限性有深入全面的了解，这涉及航天员的生理、心理特性以及人的能力、限度等诸多问题，如人体的尺寸、结构特点，人体体力和耐力特性，人体活动范围，人体不同部位的施力特性，航天员在承受各种压力、应急情况时的心理及反应特性，人体信息获取、传递、提取、对比、分析、综合、决策特性等。在航天器和航天任务设计中，必须充分发挥和利用航天员的能力，才能简化飞船设计，降低费用，缩短研制周期，并提高整个系统的机动性、灵活性和安全可靠性。航天员在航天器和系统运行管理中有着重要的作用，充分利用航天员的工作能力，使之与航天器自动操作之间优势互补，协调配合，才能确保设计出的航天器便于航天员在太空高效、圆满地完成任务，这才是真正意义上的载人航天。

美国航空航天局针对航天员在航天中的作用，开展了一项定量研究。该研究认为人有以下 7 种最关键的能力。

1）认知：即对信息的发现、了解和认识，涉及对信息的处理与解释。

2）扩展能力：从给定信息中产生新信息的能力。

3）会聚能力：通过逻辑推理得出答案或结论的能力。

4）判断：按照逻辑标准将新的信息跟已知信息进行比较，从而作出决策。

5）视觉能力：在具体应用中与人的其他能力综合使用，如对实验的观察与监视。

6）身体和四肢的大动作：如复杂的安装、维修和排除故障。

7）精细操作：如外科手术、在实验台上的一些装配和修理工作。

其中1）～4）这4 种能力人比机器强；5）和6）这两种能力与智力结合后跟机器相等。7）这种能力为人的基本能力。美国航天员工作能力和特性的研究结果，形成了美国航空航天局NASA-STD3000 标准，用于指导航天器人机整合设计。

随着载人航天技术的飞速发展， 航天器仪表板上密密麻麻地排列着各种显示器和操纵装置，各种仪器仪表功能越来越强大， 操作也越来越复杂，需要航天员处理的信息越来越多，从而造成航天员负担越来越重。航天员反应速度并不能像仪器仪表那样几乎可以无限制地加快，这样就造成机器速度得到了提高，但航天员－航天器整体反应速度并没有多大增加的情况。另外，如果某种操作需要人员在短时间内迅速作出反应，操作人员的注意力就要高度集中，这样就会使人员精神十分紧张，造成血压升高、心跳加快等一系列生理、心理变化，加速身体疲劳。在这种情况下，航天员的有效连续工作时间就会大大缩短，影响整个系统的效率。未来的载人航天瞄准的是深空探测、登月等任务，航天员在轨飞行时间很长，如何通过合理的人机功能分配，减轻航天员的工作负荷，充分发挥航天员和机器各自的优势，提高航天任务执行的效率，确保航天任务获得成功，是载人航天器设计者面对的一个重要问题。

所谓人机功能分配，就是依据飞行的目的和任务，把一些工作分配给航天员完成，另一些作业让机器（飞船自动系统）完成。人机功能分配看似简单，实际上要达到分配合理的目标，会涉及很多方面的内容，除了人机特性外，还涉及总体重量、研制经费和周期、自动化水平等。人机功能分配也是顶层决策的重要内容，分配的合理性在很大程度上决定着飞行成功的水平和效益。人机功能分配是制定载人航天计划时必须认真对待的一项重要工作。

美国航空航天局认为，由于人机系统中自动控制的复杂度增加，引发更多的工效学问题，非常有必要对人机系统进行认知分析，以便更加合理地进行人机功能分配，达到人机协同工作。美国航空航天局的航天工效学(SHFE)计划，就是通过基础研究、应用研究、测试和评价，扩大航天任务中对人的心理、体能和限制的了解，着重研究各种航天环境对心理、文化交叉、生理、知觉、认知、生物机械、运动能力方面的影响，明确航天任务中由人执行的部分，应用人的因素及工效学研究来提高绩效和功能分配，从而增加安全性和生产力。

进行航天员－航天器人机功能分配的基本思路，主要包括以下四个方面。

1）凡是可程序化的、重复性的功能，一般应分配给系统的自动化部分去完成。

2）至关重要，涉及航天员生命安全的任务，除自动系统外，必须提供航天员人工控制备份以确保安全。

3）人工控制系统和自动控制系统要最大限度地各自独立。水星号的可靠性经验表明，如果各个系统被设计成相互依赖的，或者按堆积方式安装使它们相互接触，那么一个系统的故障就可以蔓延到另一个系统，致使两个系统均失灵。

4）功能分配要考虑航天员的能力和工作负荷大小。例如是否有足够的时间，是否有保障条件等。

实际上，载人航天器系统人机功能分配过程是一个逐渐细化的反复过程。在系统总体设计初期，将一个完整的任务完全分配给航天员或航天器的可能性是很小的。在开始阶段，通常对系统各个功能的分配只是粗略的，一般由自动系统和航天员共同承担。随着设计的深入，功能会被分解得更小、更具体，并细化分给航天员或自动系统。

在进行人机功能分配时，一般需要注意以下几个方面。

1）航天员特性的描述。航天员是一个复杂的系统，在设计时，不能仅仅作为一个具有物理特性（人体尺寸）的单元被整合到系统中，应作为一个具有感情的人。

2）人的生理要求及其极限性。当航天员对食物、睡眠、舒适性以及健康等生理要求得不到满足时，其工作能力会很快变差，同时还会因为疲劳造成工效降低，工作能力具有局限性。

3）保证航天员工作能力的代价。为了维持一个人可靠的工作能力是需要花费代价的，这体现在选拔、训练、医学保障和管理等方面。对人机功能分配来讲，这一点应予以考虑。

4）人的心理要求。持续长时间的高度应激或限制活动，航天员的工作能力就会降低，在长期航天飞行中，尤其在飞行任务的后期，进行人机功能分配时，必须考虑航天员能力的变化情况。

总之，在航天员－航天器人机功能分配时，其分配决策涉及航天员能力开发利用和对其局限性的了解，并在系统设计时予以考虑。

3. 人机界面设计

整个载人航天器系统是由航天员和航天器两大部分组成的一个整体。航天员与航天器之间有着密切的关系，二者之间存在一个相互作用、相互影响的过程，实际上这是一种信息和能量交换的过程。广义的飞船座舱人机界面，是指航天员与座舱显示／控制的互相交联、互相作用面，属于人、机相互适应和彼此配合的问题，亦即座舱结构布局、显示／控制设计如何适应航天员的心理、生理特性。

飞船内工作空间布局是影响航天员工作效率和操作的重要因素。在地面环境中，人们都有过因工作空间过小而影响作业或产生不舒适的体验。航天器的乘员舱是航天员生活和工作的场所，必须考虑航天员飞行时间以及工作的要求。同时，由于技术和经济方面的原因，航天发射代价特别高，因此会对舱室容积提出一定的限制，在这种情况下，必须充分、有效、合理地进行航天器舱内工作空间的布局设计。可以说，航天器乘员舱布局的目的，就是尽可能减少乘员舱的体积，同时还要保证航天员能够高效工作，最大限度地提高空间利用率。

人在太空中生活和工作所需要的最小空间，是一个关系到人的生理和心理的十分重要的问题。飞船工作空间的设计，除了考虑航天员操作要求外，还应考虑航天员人数、航天员人体测量数据、航天员作业姿势、飞行持续时间、视觉因素、个人的社会心理空间以及综合利用空间要求等。对于长期飞行或较长时间占用的空间，其舱室体积应大一些。从人的活动性质考虑，载人航天器内一般有四类功能区：工作区、公共区、个人区和服务区。工作区是航天员完成对航天器监视、操作、控制和通信等任务的空间。公共区是用于准备膳食、进餐、锻炼、集体娱乐和自由活动的场所。个人区是睡眠和储存个人物品的私人处所。服务区用于个人卫生及储存衣物、医疗和生活用品等。

为了保障航天员太空工作的需要，在进行航天员舱内工作空间布局设计时，主要以航天员人体测量数据为基础，包括静态数据（结构尺寸）和动态数据（功能尺寸），同时必须考虑飞行过程中超重、微重力、噪声、辐射等因素对航天员操作空间的影响。如失重使航天员在太空工作时一般采用中性体位，当需要航天员着舱内和舱外航天服工作时，其肢体活动范围和可达域将大大减小，因此控制设备不能离航天员过远，而身体占用的空间、座椅空间和工作区空间要适当增大。

乘员舱的内部装饰，也是影响航天员工作效率的重要因素，特别是对长期飞行有重要的意义。如通过装饰可以使舱内显得宽敞，增强温度感，从而产生良好的心理空间，减少压抑感。舱内工作空间颜色设计，既要考虑工作气氛，同时又必须兼顾航天员长时间封闭生活的需要，主色调应体现柔和舒适的特性。舱内天花板、地板和舱壁的涂色应与心理习惯一致，使之有上下、左右之分；其次，控制器及面板的涂色与周围环境的色彩要有良好的对比，以利于航天员迅速识别；舱内仪表部件等装舱产品的颜色应选用相关色，且无光泽，即反射系数越小越好。

航天员工作空间内的照明环境也很重要。航天员工作区要提供合适的照明，以确保航天员工作时有较佳的观察条件。在照明设计上，需要考虑光源的颜色、强度、眩光、工作面的表面性质等。不同的区域或对象应有不同的照明水平，光源不宜太亮，放置的位置和分布要防止出现眩光或影响航天员作业的阴影。在不同的工作区设计照明时，还要考虑航天员明暗适应的要求。美国航空航天局对载人航天器工作空间的照明提出了一系列的要求，以保证航天员在轨工作绩效。

如图 4－3 所示，飞船的座舱为航天员的工作与生活场所，舱内是一个含座椅、各种显示／控制器件及其他保障系统的特定环境。

航天员从显示器中获取航天器状态信息，作出控制决策，并通过控制器把控制指令传送给航天器的人工控制系统，使航天器达到所要求的状态。由于航天任务中使用的设备不断增多，信息流也更为复杂，所以要求航天员的注意力更加集中，同时要在限定时间内果断作出决策。自美国首次航天飞行以来，航天器显示

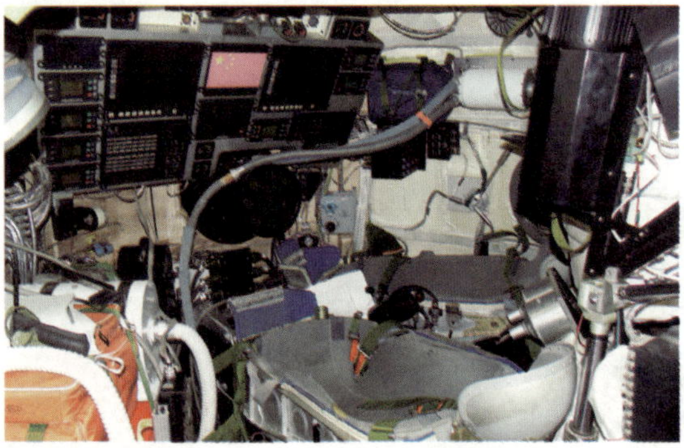

图4－3　神舟飞船返回舱舱内布局

和控制信息量增加了两个数量级，人－机接口越来越复杂，乘员的介入也越来越多。但是无论技术如何先进，人员始终是操作的主体。在航天器的人机界面设计上，必须充分考虑人的体力、生理以及心理特点，使航天器适合人的要求。

为了保证设计出的航天器符合航天员的生理和心理特点，确保航天员在操作时能够处于舒适的状态，一方面必须考虑航天员身体各部位的尺寸，如各种操纵装置和显示装置的布局、形状、操作方向、操作力等，都与航天员人体测量参数相关。另一方面，人机界面的设计，包括显示器和控制器的设计，应与人在空间中的行为和能力相适应，使航天员的负荷和人为差错降至最小。

视觉显示是飞行中航天器向航天员传递信息的主要形式。仪表显示和座舱照明是否有利于航天员的观察，直接关系到飞行安全。因此，座舱内仪表显示和照明要充分考虑航天员的信息输入／输出能力及注意力分配等心理、生理特性。对报警信息而言，则应开展视觉报警信号、听觉报警信号以及语音报警信号工效学设计要求的研究。在设计航天器的人工控制设备时，要充分考虑航天员的信息感知处理能力、反应能力以及紧急情况下的操纵控制能力。设计内容主要包括航天员与飞船动力学匹配，全姿态仪、舷窗、潜望镜以及操纵杆和执行件的工效学设计等。

在载人航天技术发展的初期，如美国的水星计划，主要研究人能否在空间环境中发挥作用，在此基础上确定系统人－机功能分配、人－机接口、航天服合体性、舱外活动机动装置的可操作性等涉及人的因素问题。现阶段这些问题已基本解决，一个重要的标志是美国航空航天局发布的相关标准(NASA－STD3000)。随着载人航天器人－机接口朝着以计算机技术为基础的多功能综合显示／控制的图形用户界面方向发展，如果航天员的信息输入仍然依靠视觉来观察各种显示器，动作与信息输出大多通过双手操纵各种控制元件，由于空间任务日趋多样和复杂，将会出现人－机接口信息阻塞的情况。近年来，科学家正在研究语音控制和人工智能技术的应用，希望计算机理解人所发出的口头命令、手势、体位、眼的运动等行为，以此来操作被控对象，以减轻航天员肢体承受的负荷，缩短作业反应时间，从而开辟人－机接口的新通道。同时，运用人工智能技术，并根据人－机间的几次交互情况，就能判断出操作者的作业水平，让同一界面能为不同层次的航天员所使用。这样，多通道和自适应性将产生载人航天器新一代的人－机接口和全用户界面。它采用一切可以表达信息的媒介物(文字、图像、声音和视频等)，全面刺激人的感官，充分调动其注意力，并实现全方位互动，从而提高人－机交互的可靠性和效率。

根据这种变化和航天技术的发展方向，为了更好地发挥航天员的工作能力，必须围绕交互对接人工控制、出舱活动、空间站等任务，研究如何可靠、充分地发挥人的工作能力等问题。从内容来看，其重点如下。

1）多通道整合工效学研究。

2）人的认知规律研究。

3）新型交互设备的工效学设计。

4）语音指令系统中人－机对话工效学研究。

5）虚拟现实技术将成为新一代人－机接口适人设计研究的重要手段。

6）各种航天环境因素模拟器是进行航天工效学研究必不可少的手段。

4. 飞行中航天员的主要工作

航天员在太空中到底有多少工作要完成呢？哪些工作适合航天员承担呢？

需要航天员在太空完成的工作任务很多，航天员不可能在一次飞行中完成所有的任务，所以每一次飞行都有自己的侧重点。一般来说，每次飞行的任务量与航天员在太空中停留的时间有很大的关系。总的来说，航天员在太空中的工作主要包括

图4-4　航天员尼古拉斯·帕特里克在发现号航天飞机飞行甲板上工作

以下几类：航天器的控制与管理、空间医学试验、人控交会对接和出舱活动任务。

下面以航天飞机和国际空间站的航天员为例，来说明航天员在太空中的工作。

（1）航天飞机上航天员的主要工作

航天飞机飞行中，航天员的主要工作包括以下内容。

1）保证航天飞机的正常运行。例如，航天员要进行航天飞机控制的常规操作，维修航天飞机生活舱或工作舱内的仪器、仪表系统，定期向地面通报航天飞机的运行状况和自身的身体状况等。

2）释放和回收卫星。航天员在太空可以释放卫星（含舱外设施），或利用航天飞机上的机械臂将有故障的卫星“抓”回来进行维修。航天飞机发射的最有名的舱外设施是哈勃太空望远镜，此后，航天飞机曾经3次飞到太空，为哈勃望远镜更换部件。

3）组装空间站。国际空间站是有史以来规模最庞大、设施最先进的“人造天宫”，总质量达400多吨，平面面积相当于两个足球场大小。这个庞然大物是不可能在地面组装好再发射到太空的，必须由天地往返运输器将它分批运送到太空。国际空间站由多个舱段组合而成，舱段组合体还安装有综合桁架，太阳电池阵、热控系统散热器和移动服务系统等则安装在综合桁架上。组装国际空间站的任务，就落到了美国航天飞机和俄罗斯联盟号飞船的航天员身上，他们必须待组装部件送入太空后，通过舱外活动，将它们组装起来。目前，通过俄美两国航天员的辛勤工作，国际空间站已完成曙光号、星辰号等6个舱以及机械臂、太阳电池阵等外部设施的组装工作。

图4-5　当奋进号航天飞机接近国际空间站时，航天员迈克尔·洛佩斯·阿里格利亚用一种激光装置修正交会对接的距离

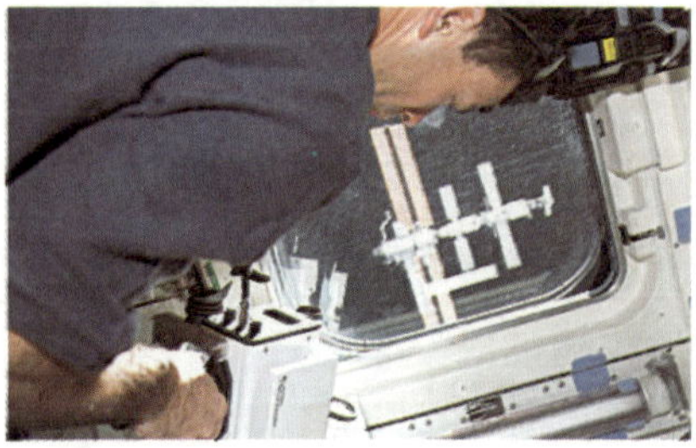

4）进行空间科学实验。利用空间特殊环境，可以进行很多科学实验，如空间生命科学实验、空间科学研究、对地观测等。在太空中，航天员

需要完成有人参与的各种空间科学实验。

5）太空生产。利用太空独特的失重环境，可以研制、加工和生产地面上不能生产的、性能优良的新材料和新产品。许多空间新材料、新产品的加工生产工作，需要航天员的参与才能顺利完成。

图 4－4 为航天员尼古拉斯·帕特里克在发现号航天飞机飞行甲板上工作。

图 4－5 为奋进号航天飞机接近国际空间站时，航天员迈克尔·洛佩斯·阿里格利亚用一种激光装置修正交会对接的距离。

图4－6 航天员们正在通过出舱作业，把奋进号航天飞机运送来的桁架安装到国际空间站上

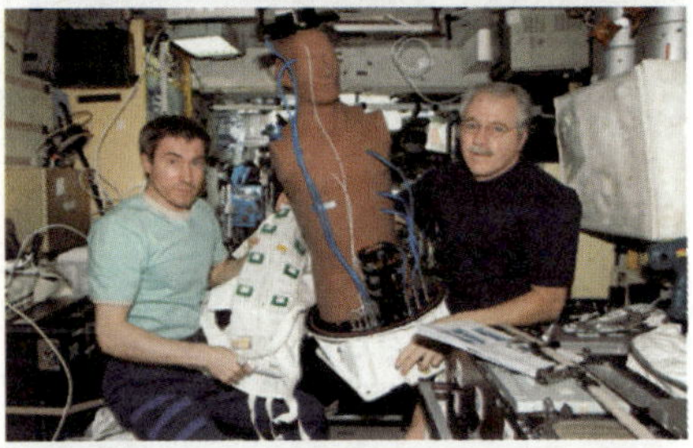

图4－7 俄罗斯航天员谢尔盖·克里卡廖夫（左）与美国科学家、飞行工程师约翰·菲利普斯（右）在国际空间站上准备通过太空行走，将人体躯干模拟装置放到国际空间站外

图4－8 发生化学品泄漏事件后，国际空间站航天员杰夫·威廉姆斯继续在实验室内工作

（2）国际空间站上航天员的主要工作

国际空间站与航天飞机最大的不同，是它可以长时间地环绕地球运行，航天员可以长时间地在太空工作和生活。国际空间站中航天员的工作内容，与航天飞机上的航天员基本类似，但不同的考察组，其工作有不同的侧重点（图 4－6～图 4－13）。国际空间站第一批长期考察组的任务有以下几种。

1）安装和调试国际空间站上的现有设备和陆续到达的新设备，将对接在一起的星辰号服务舱、曙光号多功能货舱和团结号节点舱的电脑连成统一的电脑系统，并对这些设备和系统进行测试；负责搬运俄罗斯进步号货运飞船和美国航天飞机运送来的仪器等货物，并将它们安置在相关舱室的相应位置。

图4－9 俄罗斯航天员费奥尔·尤尔奇欣（左）与美国飞行工程师克莱顿·安德森（右）在国际空间站气闸舱内准备舱外活动航天服（上左）

图4－10 美国女航天员佩吉·惠特逊在国际空间站命运号实验室微重力科学手套箱（MSG）附近操作（上中）

图4－11 航天员詹姆斯·纽曼正在进行长达7个小时的太空作业（上右）

图4－12 航天飞机任务专家（STS-113）约翰·本·赫灵顿正在执行舱外作业，以完成国际空间站上的工作。图中右侧部分为奋进号航天飞机的前端（下左）

图4－13 俄罗斯航天员尤里·马连琴科在空间站上处理通信设备（下右）

2）进行出舱活动，完成某些组装工作，以及国际空间站各部分之间电力和通信线路的连接工作等。

3）完成涉及医学、生物学和工艺技术等方面的科研项目。

5. 航天器的控制与管理

载人航天飞行中，由于航天员直接参加了航天器的管理和操作，这极大地提高了飞行安全和飞行任务的成功率，航天员也由载人航天初期被动的飞船乘客，变为在太空完成各种科学实验、飞行操作与控制、维修与装配任务的主角。随着载人航天技术的不断发展，航天员在载人飞行任务中承担的任务也越来越多，并且日趋复杂，这对航天员提出了越来越高的操作要求。尤其是在飞行过程中航天器出现设备故障时，需要航天员及时操作和处理。图4－14为神舟飞船复杂的仪表系统。

（1）航天器驾驶与管理

从发射前进入航天器，到航天器返回着陆航天员出舱为止，航天员要在密闭的航天器座舱内完成航天器驾驶与设备管理工作。

航天器发射前，航天员进入工作舱后，要检查航天器设备

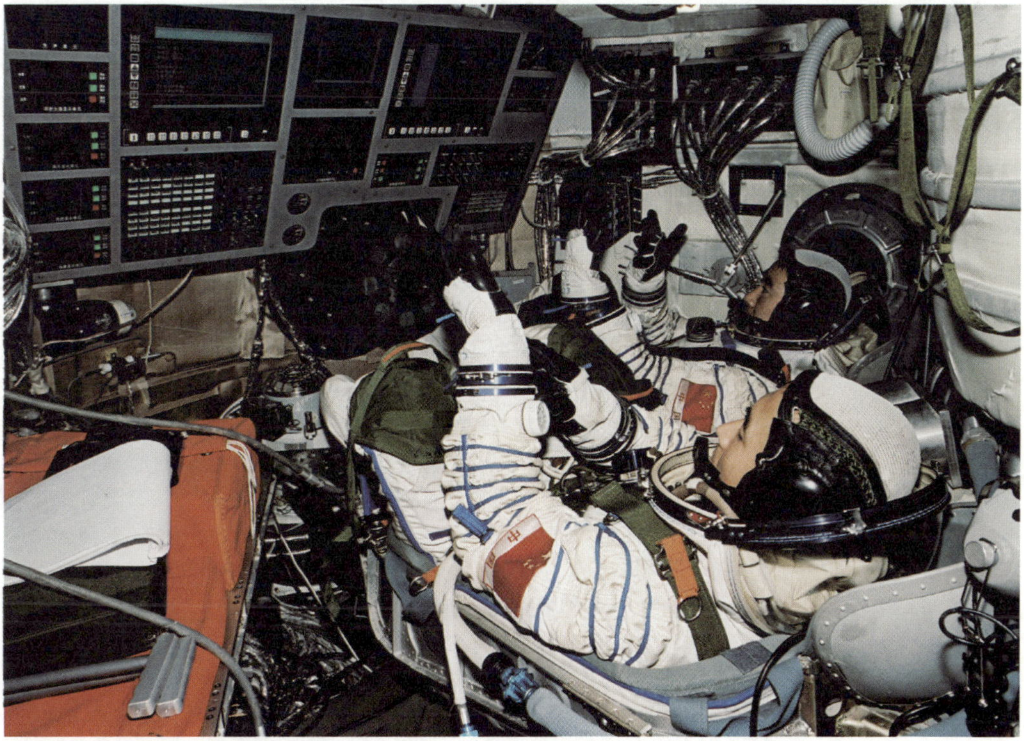

图4－14　神舟飞船复杂的仪表系统

的初始状态设置，天地话音通信链路工作情况，检查航天服与航天器的接口连接情况和服装通风情况等。另外，航天员还要根据航天器发射倒计时作好起飞准备。只有在各项检查都正常的情况下，才能实施发射任务。

在航天器上升过程中，航天员通过仪表了解火箭和航天器的工作情况，并及时向地面通报。

航天器入轨后，航天员要监视航天器的工作情况，根据程序安排发送相关控制指令，及时向地面报告航天器的工作情况，并记录在工作日志上。在航天器进行轨道调整前，航天员必须作好准备，变轨过程中尽量保持不动。待航天器运行平稳后，航天员才可以打开工作舱舱门进入生活舱，在生活舱中完成进餐、卫生清洁、睡眠等生活内容。另外，航天员还要配合完成航天器轨道控制等工作，以保证航天器正常的运行状态。在航天器返回前，航天员需要设置航天器的状态，整理航天器舱内物品，进行航天服的气密性检查，做好返回前的各项准备

知识链接

飞行手册——航天员的行动指南

从神舟6号飞船传回地面的画面中，经常看到航天员费俊龙和聂海胜在太空进行认真的阅读。那么，他们阅读的是什么？这对他们的太空旅行有什么特殊意义？其实，航天员在太空阅读的是飞行手册。飞行手册是航天员太空飞行时工作和生活安排的日程表及操作指南。

对于任何一个国家来说，载人航天飞行都是一项花费高昂的庞大工程，因此需要航天员的太空飞行尽可能地获得最大的效益，飞行手册就是航天员在太空活动的最优设计方案。飞行手册对航天员什么时间做哪些空间科学实验，什么时间与地面飞控中心通话联系，对飞船进行哪些操作，都有比较详细的安排。甚至连进餐和睡眠时间，航天员也必须按飞行手册的要求进行。航天员在飞行之前，要对飞行手册上的内容进行强化训练，以便做到了然于胸。正因为飞行手册在飞行任务中的重要性，载人航天大国美国和俄罗斯对飞行手册的研制都非常重视。

飞行手册的作用和意义主要体现在以下几个方面。

1）航天员执行飞行任务的行动指南。航天员要依据飞行手册的安排完成相关的工作和生活。飞行手册除了规定航天员正常的工作、生活外，还明确了应急与故障情况下进行故障识别和处理的内容。飞行手册对于指导航天员进行各种正常及应急飞行程序的操作，完成预定的飞行任务，保证飞行安全，具有十分重要的意义。

2）地面训练的重要教材。在飞行任务中，航天员要依据飞行手册进行操作和生活，其对飞行手册内容的理解、掌握，以及对飞行手册的熟悉程度，直接影响到执行任务的质量，这就要求航天员在地面训练过程中，要不断地、反复地使用飞行手册，并严格按照飞行手册操作，提高对飞行手册使用的熟练程度及执行程序的正确性。另外，学习和使用飞行手册，也是选拔航天员的重要内容。对飞行手册内容的学习考核，不仅能够评估航天员对专业知识掌握的情况，同时对于考核航天员的学习能力、理解能力也非常重要。

3）天地协同程序的依据。在载人航天飞行任务中，航天员依据飞行手册执行任务，地面飞控中心则依据天地协同程序与在轨航天器及航天员进行天地协同，二者必须协同一致，任何不协同都可能对任务带来不可预料的风险。飞行手册作为飞行控制天地协同程序的编写依据，对航天员的工作、生活和实验等相关内容作出了明确的规定，同时明确了航天员进行天地协同配合的内容及方式。虽然飞控协同程序需要对飞行手册的相关内容进行转化，但也要保证与

航天员费俊龙、聂海胜正在太空阅读飞行手册

飞行手册的内容协同一致，从而保证任务期间天地协同配合的正确与高效。

飞行手册分为两大类，一类是针对一般飞行任务的操作手册，内容包括航天员在载人航天飞行任务中所需完成的一般性操作内容。另一类则是针对专项任务制定的飞行手册。例如，当飞行中需要完成出舱活动时，就要制定出舱活动专项手册；当飞行中安排了交会对接项目时，就要制定交会对接专项手册。两大类手册中，一般都会按正常操作、应急与故障处理、设备操作指南三个方面，对飞行手册的内容作进一步的划分。

在神舟6号载人航天飞行任务中，航天员使用的全套飞行手册包含有4个分册，分别是正常飞行手册、应急与故障处理手册、飞船手动运动控制操作手册和航天员操作指南。4个分册共约40万字，在飞行过程中配套使用。各手册在内容及使用条件上各有不同，但作为整套飞行文件，其内容全面、系统，涵盖了航天飞行全过程中航天员的工作和生活，以及有效载荷的全部操作项目内容及操作方法、操作要求等，能够满足航天员全飞行过程及各个飞行工况的使用要求。

1）正常飞行手册。正常飞行手册是正常飞行情况下航天员完成预定飞行任务的指令性文件，内容包括正常情况下从飞船起飞前航天员进舱，直至飞船返回着陆航天员正常出舱为止，航天员所要进行的所有操作项目和日常作息安排等。

2）应急与故障处理手册。从起飞前航天员进舱开始，至返回着陆航天员出舱为止，当发生故障情况时，应急与故障处理手册供航天员进行故障识别、判断和处理。

3）飞船手动运动控制操作手册。飞船手动运动控制操作手册是航天员进行飞船手动运动控制操作的指南，供航天员在手动完成飞船姿态控制时使用。

4）航天员操作指南。航天员操作指南是航天员在轨飞行的备查手册，其中详细介绍了装船产品的具体使用及操作方法。

工作。

在返回过程中，航天员也需要时时关注航天器的状态，手动发送一些关键指令，保证航天器安全着陆。航天器着陆后，航天员要尽快判断是否需要将主降落伞手动脱离，然后视情况打开舱门出舱。

（2）控制航天器座舱环境与生命保障系统

在轨飞行过程中，航天员需要控制航天器舱内的温度和湿度。从入轨开始，航天员就需要对航天器的温度、湿度、座舱压力、氧分压等实施控制。航天员可以根据座舱温湿度情况和自己的主观感受，调整温湿度控制设备。另外，当座舱内二氧化碳浓度超标时，航天员需要更换新的气体净化装置。航天器座舱内的空气压力是保障航天员生命的一个重要参数，航天员必须时时关注。由于舱压主要是自动控制的，航天员完成初始状态设置后，应经常关注其变化，必要时根据故障处置手册的要求实施舱压控制。

（3）应急与故障处理

相比正常飞行时的操作，当航天器设备出现故障时，航天员需要完成的操作就更多，也更加精细，对航天员的操作要求也就更高。航天器仪表板上安排了大量的控制按键，其中大多数用于航天器的排故操作。另外，航天器都设有操纵杆，在航天器的姿态失去控制时，航天员可以通过操纵杆对航天器姿态进行控制。

一般可将航天器故障分为需要航天员参与排除的故障和无须航天员参与排除的故障两大类。当不需要航天员参与排除的故障发生时，如果相应故障的信息能在仪表上显示，则可请航天员配合地面排故，由航天员将航天器仪表显示的内容报告地面。有些故障发生后，先由地面通过遥控指令排故，如果不能排除故障，则由航天员通过仪表板发送相关手控指令进行排故。另外，有些故障排除工作则完全由航天员完成。航天员排除故障时，要按照飞行手册的要求进行操作，还要将操作及故障排除情况及时报告地面。由于排除故障时需要航天员发送的指令多而繁杂，指令的发送时机、操作方法等各不相同，有些关键指令的发送时间要求精确到秒级，稍有差错，就有可能导致整个任务的失败，并直接影响到航天员的生命安全，因此，航天员在地面训练中，必须反复完成排故模拟操作，做到熟记在心。

有些故障发生后，需要航天员手动控制航天器的飞行姿态，这对航天员的操作技能要求是非常高的。比如，当航天器姿态敏感器发生故障，导致飞行姿态发生偏差时，航天员需要在仪表的帮助下，通过操作航天器姿态控制操纵杆，对航天器的飞行姿态实施控制，保证航天器在三个方向上的姿态角速度以及姿态角都在正常的控制范围之内。发生这种故障时，由于航天器的状态无法预先估计到，不同故障状态下的控制策略又有所不同，因此对航天员的操作提出了相当高的要求。在地面训练中，航天员要对各种故障现象进行模拟，并反复学习各种控制策略及操作方法，通过对故障现象的分析和判断，最终能迅速选取最优的控制模式，并在最短的时间内完成航天器的姿态控制。

按故障影响情况又可将故障分为影响飞行计划和不影响飞行计划两类。一般设备故障发生后，通过遥控、程控或航天员手控解决故障后，不会影响飞行计划；但也有一些比较严重的故障或复合故障发生时有可能改变飞行计划。根据故障出现的时间和严重程度不同实施排故，有可能需要由航天员采取提前返回、延迟返回、手动控制返回等处理方式。

航天员自主应急返回，就是由航天员自己启动的一种提前中止飞行并快速返回地面的一种应急飞行模式。例如，当航天器出现座舱失压等故障，无法继续飞行时，需要航天员提前返回，这时航天员必须及时完成相应的返回前准备工作，并选择好返回落区。由于不同落区地面搜救航天器的条件不同，航天员必须按照飞行手册的规定选择合适的落区，不然也会带来一定的安全隐患。

有一些小故障发生后，如果能够得到及时的处理，是不会影响飞行计划的。但如果不及时处理，就有可能演变成大故障，影响到整个飞行计划的实施。航天员必须掌握每一种导致应急返回的故障模式的判别方法和操作内容，尤其是一些需要航天员自主启动应急返回的故障模式。由于故障出现的情况比较紧急，而且操作项目多，时间紧，这就要求航天员要做到忙而不乱、有条不紊地进行故障处置。

6. 人控交会对接和出舱活动

航天员在太空飞行过程中，除了对航天器进行控制和管理之外，还有两项重要的工作：人控交会对接任务和出舱活动任务。

对于初期载人航天任务来说，并不要求航天员从一个航天器到另一个航天器舱中去，也无须航天员到舱外空间活动。但是随着航天技术的发展和空间资源开发的需要，实施航天器之间的交会、对接、停靠和航天员出舱活动的需求日益增多。因此，航天器的交会对接和航天员出舱活动任务成为航天员必须进行的太空作业内容。图4－15为航天飞机与空间站的实时停靠仿真器的显示界面。

航天器交会对接是一项非常重要而复杂的操作技术。所谓交会，是指目标航天器不作任何机动或只作少量机动，在已知轨道上稳定地飞行，追踪航天器则进行一系列的轨道机动，与目标航天器在空间轨道上按预定位置和时间相会。图4－16为

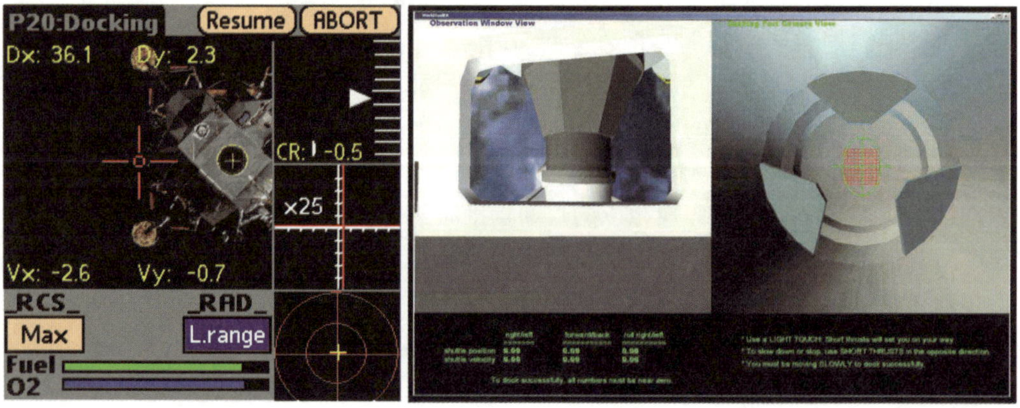

图4－15 航天飞机与空间站的实时停靠仿真器进行实验时的显示界面
左：受试者观察的主界面
右：对接标志显示

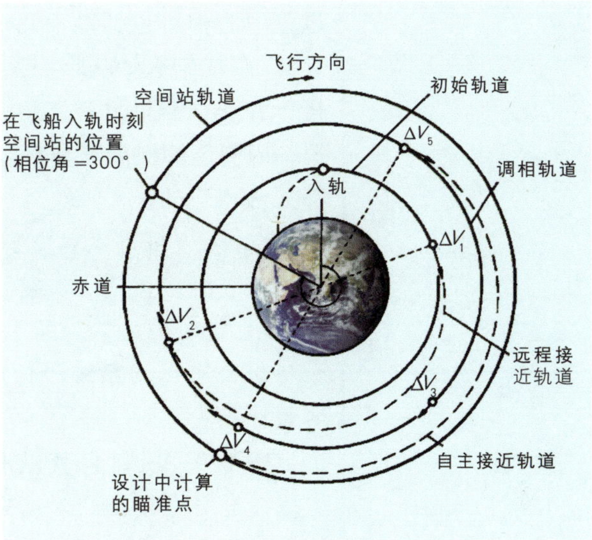

图4—16 联盟TM飞船对和平号空间站的远距离导引段变轨示意图

联盟TM飞船对和平号空间站的远距离导引段变轨示意图。所谓对接，是指在完成交会后，两个航天器在空间轨道上接近、接触、捕获和校正，最后紧固地连接成一个航天器组合体的过程。

当两个航天器对接成功，完成空间任务以后，还需要分离，这就有一个脱开和分离的过程。分离也属于交会对接的技术范畴，其过程是首先将对接机构进行解锁，使两个航天器脱开，然后启动冷气推进器，产生分离速度，同时启动两个航天器的姿态控制和轨道控制系统，保证追踪航天器按预定要求撤离。撤离过程与交会过程正好相反。

美国航天员尼尔·阿姆斯特朗和大卫·斯格特于1966年3月把双子星座飞船对接到阿金纳（Agena）目标航天器上，实现了人类在地球轨道上的第一次交会对接。目前，世界上已经进行了几百次太空交会对接，大大促进了载人航天的发展。交会对接是载人航天的重要技术之一，只有掌握了这一技术，才能构建大型载人轨道航天器，支持长期的载人航天飞行，完成大量的空间实（试）验任务。

根据航天员参与程度的不同，交会对接控制方式包括两种：自动控制和人工控制。自动控制是指追踪航天器的控制不依靠航天员，全部由地面站通过遥测和遥控来实现。人工控制是指航天员在轨道上对追踪航天器的姿态和轨道进行观察和判断，然后手动操作使两个航天器完成交会对接，如阿波罗飞船和联盟号飞船的联合飞行。这两种控制方式各有自已的优缺点，美国较多地应用手控方式，而俄罗斯则主要采用自动控制为主、人工控制为辅的交会对接方式。

在交会对接过程中，航天员可以充分发挥人的判断能力和控制能力，起到仪器设备不能起到的作用。航天员在交会对接过程中的作用包括以下几个方面。

1）人有极大的能动性，可以随时发现问题，对问题进行分析，并作出判断和决策。人能够应付一些意想不到的复杂情况，因而能够提高交会对接任务的成功率，这是任何仪器设备都无法替代的。

2）航天员可以对交会对接系统中出现的一些故障进行在轨检查与维修，使之恢复正常工作，保证任务的完成。

3）将航天员参与的手动控制作为交会对接自动控制的一个备份，可以使系统设计简化，从而减轻载人航天器的总体质量。

20世纪六七十年代以来，美国、苏联／俄罗斯等主要航天大国，充分利用交会对接自动控制和手动控制相结合的优点，不断提高和改进手动控制系统，使之日臻完善。

出舱活动也是一项复杂而危险的技术活动。1965年3月18日，苏联航天员阿里克谢·列昂诺夫（图4−17）走出航天器，在太空中飞行24分钟，成为太空行走第一人。航天员着舱外航天服在载人航天器外（太空）进行工作，在航天领域称之为出舱活动。自第一次出舱活动以来，特别是在国际空间站建设过程中，航天员进行了大量的出舱活动任务，充分显示出航天员的工作能力。

出舱活动有多种分类方法。按照出舱活动发生场所的不同，可以分为太空中进行的出舱活动和在其他星球表面进行的出舱活动。按照航天员任务的不同，又可分为验证类出舱活动、有效载荷操作类出舱活动、维护与维修类出舱活动、空间站装配类出舱活动。

图4−17 世界上第一个实现太空行走的苏联航天员阿里克谢·列昂诺夫

1）验证类出舱活动是指为了检验出舱活动系统的可行性和安全可靠性，评价出舱活动系统或系统中某部分的能力而实施的出舱活动，如苏联航天员列昂诺夫在上升 2 号飞船上完成的世界上第一次出舱活动。

2）有效载荷类出舱活动是为了完成特定的科学实验而进行的出舱活动，如美国航天员在月球表面采集岩石和测量月震。美俄航天员多次出舱，在太空中或航天器外表面安装有效载荷实验装置，并回收实验样品，取得了大量有价值的研究成果。美国航天员还利用航天飞机出舱活动，在太空中进行了释放和回收卫星工作。

3）维护与维修类出舱活动是指为了维护或维修航天器而实施的出舱活动。如 1984 年 5 月 4 日，苏联航天员出舱修理礼炮 7 号空间站一体化推力系统液压分系统；1993 年美国航天员从航天飞机上 8 次出舱，维修在太空中运行的哈勃太空望远镜；2005 年，美国发现号航天飞机与国际空间站对接后，航天员出舱检查、修补机腹位置的隔热瓦等。

4）空间站装配类出舱活动是指航天员在太空中像“搭积木”一样，将组成空间站的不同功能模块连接在一起。例如，目前正在建设的国际空间站，需要航天员进行 160 余次出舱活动，才能完成国际空间站的整个组装任务。

7. 空间科学实验

人类飞向太空的道路，本来就是一个漫长的科学探索征途，其中踏出的每一步，都凝聚着人类的智慧和勇气，都源于人类对自然、科学的好奇和热爱。

航天飞行初期，人类就已经在太空中开展了大量的科学研究。随着航天器的不断发展和完善，人类在太空探索的脚步也越走越远，触角愈延愈深，逐渐形成了空间科学研究体系。目前，空间科学研究已涉及地球观测、天文及天体物理、太阳物理、大气物理、生命科学、材料科学、工程技术等多个领域，并取得了广泛的研究成果。载人航天与科学研究的完美结合，拓宽了人类延伸梦想的领域，其前景令人欢欣鼓舞。表 4－1 列出了美国天空实验室取得的科学成就。

表 4-1 天空实验室取得的科学成就

研究范围（统计指标）	计划项目	完成项目	偏差/%
太阳物理（工时）	880	941	7
摄影胶片（帧数）	.	127000	.
生命科学（研究项目）	701	922	32
工程与技术（研究项目）	264	245	-3
天体物理（研究项目）	168	345	105
学生实验（研究项目）	44	52	18
材料科学与制造（研究项目）	10	32	220
对地观测（循环）	62	99	60
照相胶片（帧数）	.	46000	.
磁带（米）	.	73000	.

科学无止境。随着飞行次数的增加，太空中进行的科学实验也越来越多，从宏观到微观，从天体到地理，从材料到生物，从动物、植物到人类自身，日积月累，汇成了浩瀚的数据海洋。这里无法列举每一项实验，只能撷取各个领域的一些研究片断，为读者了解空间科学实验提供一个小小的窗口。

（1）生命科学研究

看一下图 4-18，图中的人是谁，他在干什么？

他既非来自火星，也非来自木星。看起来异于凡人的，是他所戴的那顶奇怪的帽子。打开面窗，在这个奇怪的帽子后面，是美国天空实验室（SL-1）的载荷专家。他们正在轮流配戴一个独特的头盔，头盔内装有视觉模拟与记录装置，主要用于检测失重状态下人体内耳平衡器官的功能。

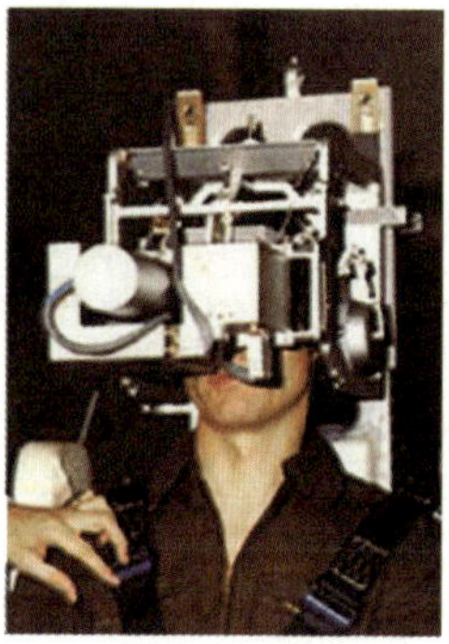

图4-18 天空实验室（SL-1）载荷专家乌尔夫·默博尔德使用特殊的“头盔”检测失重状态下人体内耳平衡器官的功能

实际上，在载人航天飞行中，载荷专家不仅仅是实验的操作者，也是主要的被试者。他们在任务专家的协助下，用自己或同伴的身体进行实验。

美国天空实验室的航天员所进行的生命科学研究，与早期飞行相比有一定的变化。在美国载人航天飞行的第一个 10 年中，科学家主要致力于为阿波罗计划及登月任务作好“人”的准备，仅在双子星座 3 号任务中，进行了有限的医学实验，以研究人体对于两周太空飞行的生理反应。在进行更长期的飞行和探索前，必须首先确定人在太空中的生存能力和工作的有效性，因此围绕人在太空中的生存，必须开展飞行中以及返回后的生理、心理及社会学研究，建立人对太空环境适应过程的时间轴线，天空实验室计划首次为深入研究上述问题提供了平台。天空实验室的研究人群也从早期严格选拔的航天员改为载荷专家，后者在年龄、身体状态及曾经经受的压力等各方面更接近于普通人，更具代表性。

天空实验室开展的生物医学研究，主要有以下几个方面的内容。

1）延长人员在太空中的停留时间，进行医学监测和行为观察。

2）医学实验：研究太空中的生理效应及其时间变化过程。

3）生物学实验：研究可能受失重环境影响的基本的生物学过程。

同时，天空实验室还开展了部分动物实验，如研究鼠及果蝇在微重力状态下生物节律的变化。

在空间站上开展的航天医学实验包括：采用自动听力检查仪，测量动脉血压、脉搏和体温以及数字化显示新技术；通过振动频率测定测量航天员的体重；对心脏和主动脉进行超声探查、主动脉半径测量、心肌厚度测量；建立自动化医学与环境分析实验室；空间前庭和神经功能研究，睡眠状况和心理紧张问题研究等。

通过图4－19、图4－20，可以获得对航天飞行中的生命科学研究的初步感性认识。

图4－19 天空实验室实验舱支架上承载的生命科学研究设备，与实验舱内壁相连

图4－20 欧空局航天员托马斯·赖特（德）在国际空间站上进行“关注皮肤”实验

（2）天文学及太阳物理学

1972年7月，首颗地球资源卫星(ERTS－1)被发射到大约1000千米的圆形极性轨道上。该卫星可以提供美国及其他选定区域

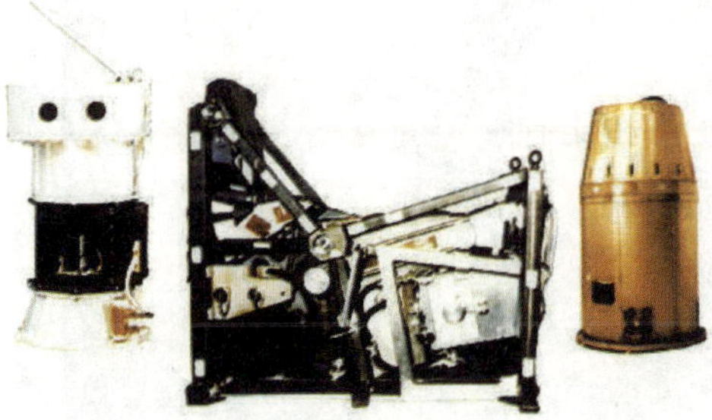

图4－21 搭载在美国天空实验室中的3 台天文仪器。从左到右依次为X射线探测仪、极宽视场照相机及远紫外望远镜

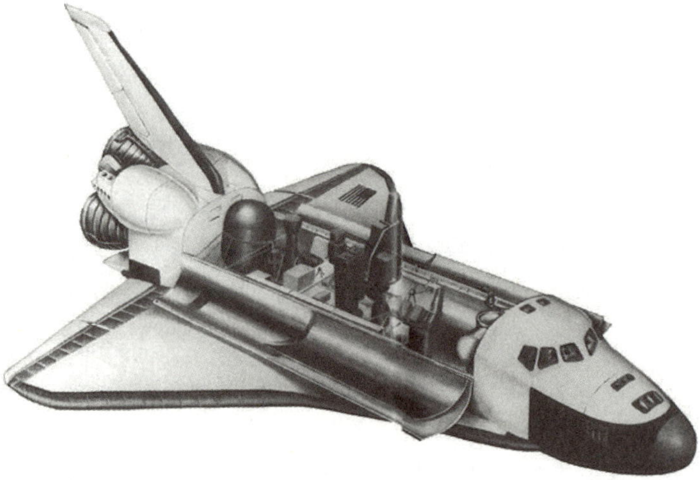

图4－22 航天飞机空间实验室的构造：货舱后部的蛋形仪器为一台2吨级的宇宙射线探测器，该探测器用一套特殊设计的系统固定在货舱中。其前部的三个独立平台分别为红外望远镜、X射线望远镜及太阳望远镜。太阳望远镜用一台新的1吨级瞄准系统（IPS）操纵，后者精确引导观测仪器，可观测到40千米外的一角硬币

的可见光、红外波段电磁波频谱图像，迈出了空间天文及太阳物理学探索重要的一步。空间实验室地球资源实验组件系列，则是人类推进上述计划重要的第二步。图4－21为搭载在美国天空实验室中的3台天文仪器。图4－22为航天飞机空间实验室的构造及搭载的天文仪器。

图4－23 航天飞机轨道舱内安装的可回收式太阳光学望远镜

与以地球为基地的天文学和太阳物理学研究相比，以航天飞行轨道为基地的空间研究，有着地基研究无法比拟的优越性：太空没有地球大气层的阻挡，在轨道上进行天文观察，不仅可保证无云无雾的视线，而且仪器可以直接接触及来自星系或其他天体的射线（图4－23）。这些射线中的大部分无法穿透地球大气层，因而无法以地球为基地开展研究。研究者认为，即便航天器只在太空飞行几天，空间观测获得的结果也比地球上几十年的研究结果多（图4–24、图4–25）。

图4－24 太阳外层引人注目的气膜——日冕。本图片由美国航空航天局名为“极限太阳任务”的人造卫星上的太阳观测仪器拍摄

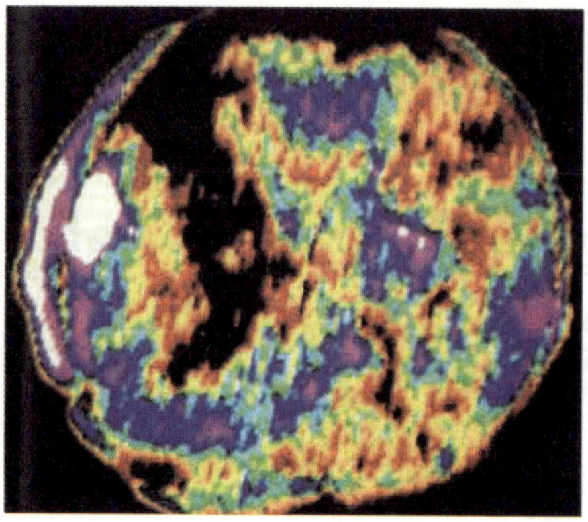

图4－25 航天飞机空间实验室观测到的太阳远紫外图像

空间技术为大气层外的天文学研究提供了很好的平台，目前天文学家已发现了银河系的10多个X射线源，建立了银河系中心区和大麦哲伦星系的X射线图像，获得了

原始宇宙射线电荷组成的珍贵资料。

（3）对地观测

早期人们曾利用气球、飞机和火箭进行地球研究，但这些研究的观测点是固定的，只能提供有限的资料。探空火箭虽然可以到达大气层的一定高度，俯瞰较大的区域，但其观测的时间非常短暂。自动对地观测卫星可以一览无余地扫视辽阔的区域，但由于其轨道较高，使得其分辨率相对较低。

美国天空实验室飞行在相对较低的轨道高度，可以将较高的分辨率和广阔的视野范围结合在一起，并利用在轨航天员的优势，为科学家提供最佳的对地观测数据（图4−26～图4−29）。航天员在天空实验室和空间站任务中，利用多光谱相机、多谱带雷达计、全景雷达计等仪器，进行了大气海洋特征、陆地局部特征、大气光学特征等方面的测量，获得了大量的科学数据。图4−30为航天员正在进行对地观测和拍摄。

图4−26　美国天空实验室SL−2任务中拍摄的南达科他州西南部的黑山（左下部）和荒地（右下部）图片，图中夏延河蜿蜒穿过右侧。

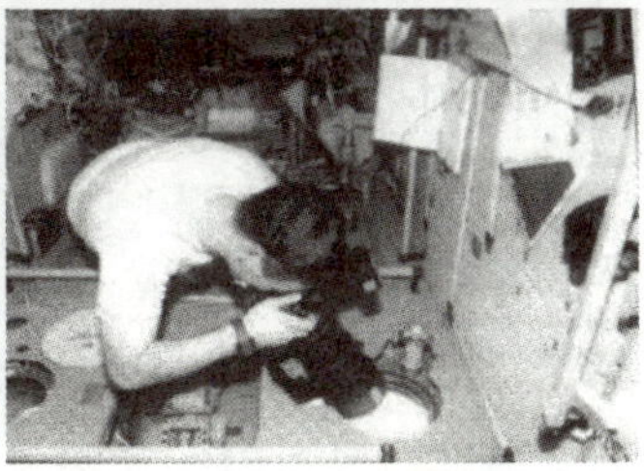

图4−27　天空实验室SL−4任务中拍摄的亚利桑那州北部大峡谷细节照片（左上）

图4−28　天空实验室SL−4任务中拍摄的南大西洋浮游生物（右上）

图4−29　天空实验室SL−2任务中拍摄的美国马里兰州多尔切斯特县的沼泽（左下）

图4−30　航天员进行对地观测和拍摄（右下）

（4）材料科学实验

空间微重力条件下，可以极大地减少对流、沉淀和流体静压的作用，更容易得到无容器生产过程。因此，材料加工实验已经成为每次载人航天飞行中航天员的常规任务。空间材料科

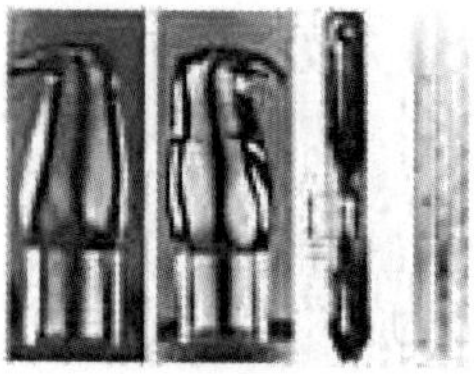

图4－31 在空间中生长晶体。中间和左侧的晶体分别在天空实验室第2、第3个乘员组驻留期间长成。第2次任务中长成的所有晶体均出现一个环形凹槽，可能是在航天器的冷却阶段形成的。右侧晶体是一个20毫米的硒化锗晶体，是到1974年为止地球及太空中长成的最大的晶体。该晶体也是天空实验室的实验成果

学实验的范围包括结晶、聚合、金属和合金、非线性光学材料、超导材料、薄膜半导体、超离子晶体等，主要对象是镓、砷半导体，还包括锗、硅、镉和碲等。图4－31为空间中生长晶体。

和平号空间站上进行了100多次关于空间材料的加工实验。这些实验使俄罗斯创造了许多世界第一：

第一次从空间生长的晶体中激发出激光；

第一次在空间生长得到了异质结构；

第一次在空间生长得到了超离子晶体；

第一次在空间得到了碲化镉（CdTe）及其合金的晶体；

第一次在空间得到了硅酸盐晶体和二硅化铬玻璃。

和平号空间站上的蛋白质晶体生长实验开始于1987年，每次实验的生长期为5～75天不等，实验的蛋白质包括过氧化氢酶、通过基因工程生产的激素、荧光酶素和神经氨酸苷酶。实验得到了大小为0.4～2毫米的晶体，大于地面实验得到的晶体，并且具有较好的结构特征。

（5）生物制品加工研究

利用空间站上的微重力环境，可以分离和生产生物制品。生物分离所用仪器为多种不同的电泳仪，分离的生物制品主要有红细胞、干扰素、胰岛素、抗流感病毒和其他病毒制品；生产生物制品的设备有MKM－1细胞培养器，主要用于生产基因工程产品和生物活性物质，还可用于研究细胞的生长周期和生长动力学特性。Rekomb用于细胞杂交，制备杂交细胞。

空间实验研究表明，电泳分离的生物制品纯度比地面分离提高100倍。在不影响人体免疫系统的情况下，获得了干扰素、乙肝表面抗原（HbsAg）、含流感病毒血凝集素的血清（血清中的致敏蛋白浓度下降了20倍），以及可对抗急性呼吸系统疾病的高纯度血浆蛋白和血清（有效成分比地面提高了300倍）。

另外，科学家还在太空中进行了空间细胞培养实验，用微生物生产食品和农业用生物活性物质；开发了获得高纯度治疗诊断用生物制剂技术，制得的制剂比地面纯度高10倍，甚至高出了2～3个数量级。

（6）空间生物学研究

在空间中，科学家开展了空间环境对动植物生命过程影响的研究。例如，在和平号空间站上，科学家进行了洋葱和绿色蔬菜的种植实验。一些动物（如鱼类、甲壳类、两栖类、贝类和鸟类等）也被带到空间站进行研究。研究内容包括抗诱变剂对植物生长发育初期的抗突变作用，植物的发育，鸟类的胚胎发育和个体发育，变化的磁场对植物发育的影响，组织培养的细胞动力学，植物种植技术，动物对空间站环境的适应能力等。图4－32为美国航天员露西德在和平号空间站上观察植物生长情况。

图4－32　美国航天员露西德在和平号空间站上观察植物生长情况

空间生物学研究表明，植物和动物在空间站上可以完成整个生长发育过程，有些物种甚至可以连续繁殖几代。研究还发现，某些植物的组织培养产量可以提高，某些有价值的供筛选用的标记性成分增加。除了这些直接的应用外，研究结果也可用于某些疾病的早期诊断和预防。

空间站轨道温室研究结果表明，在空间站温室内栽培植物为航天员提供食品是可能的。实验中监测了变化的重力场和磁场对植物生长的影响，研究了植物的栽培方法，发现空间植物栽培既可采用土壤法，也可采用无土水栽法。

（7）其他科学实验

1）流体力学研究。微重力下液体表面张力和流动特性，会给航天器推进系统的操作带来不利影响，因此科学家们对微重力下液体的流体力学特性进行了深入研究，并在航天器推进系统中采取了相应的措施，以减少这种不利影响。

和平号空间站VOLNA－2设备中进行的流体力学实验发现，在液体占60%的容器内，气液界面可在7秒内达到平衡。空间流体力学的研究结果，对改进地面的液体传输技术和水气分离技术也有重要的参考价值。

2）工艺技术研究。空间站的工艺技术研究是指将某些材料通过航天员的舱外活动放到舱外，以观察材料结构和一些特性的改变。这样的实验前后进行了 9 次。观察的项目包括空间环境下材料对太阳能的扩散机制、电镀的抗腐蚀机理、离子从金属表面的发射现象，以及空间环境对玻璃光学特性，陶器、超导体的结构和绝缘特性的影响等。

3）大气物理研究。天空实验室SL－1 上的一台16 毫米摄影机在飞行中拍摄了2000 多张照片，以了解85 千米高度大气层云状现象的起源和习性；利用栅格谱仪了解了15 千米和150 千米高度大气中的二氧化碳、水蒸气、臭氧及其他气体成分。图4－33 为天空实验室任务中使用的大气物理研究设备。法国的一项实验研究了日光分别作用于地球大气、太阳系及银河系中的氢而导致的辐射变化；美国的一项实验测量了大气中可见光及非可见光的气辉。通过这些实验，科学家可以了解大气中产生的化学反应过程及大气的成分，获取了有价值的科学数据。

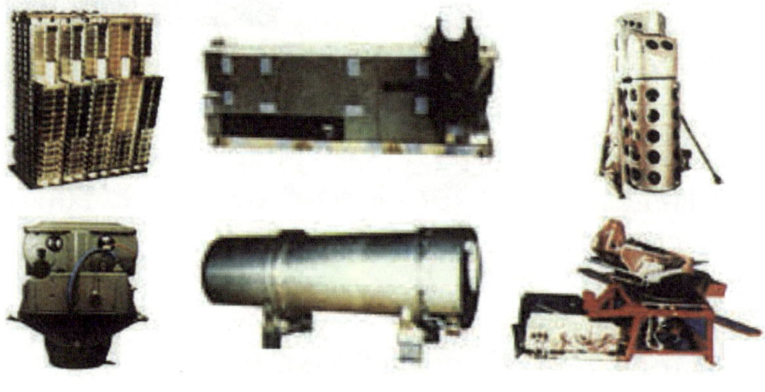

图4—33 天空实验室任务中使用的大气物理研究设备：图像光谱气象台（上左），高分辨率远距离照相机（下右），Lyman 发射探测器（下左），上层大气云状结构探测仪（上右），全天候微波遥感系统（下中）及栅格谱仪（上中）

4）彗星观测。在天空实验室进行的其他实验中，有两项实验引起了人们的广泛关注：即科胡特克彗星观测和学生实验。天空实验室一系列研究计划中，最成功的实验是远紫外电子成像照相机和光度计照相机。前者可检测到围绕在彗星周围的氢云，后者则可定期曝光，显示科胡特克彗星在经过近日点后，变得稍微有些暗淡。

（8）“另类”科学游戏

科学总是枯燥无味吗？科学是一成不变地板着一张严肃的脸吗？

太空中的一些科学“游戏”，给科学家和航天员们带来了一种全新的感受。但在这些游戏的背后，却蕴藏着科学家浓厚的探索欲望和严谨的设计思路。

1）猜重游戏。在天空实验室任务中，载荷专家和任务专家们玩了20分钟的游戏，他们从一个含有24个小钢球的盒子里，每次取出2个球，判断每对球中哪个在地球上较重。所有的球都同样大小，但在地球上的重量不同。在失重情况下，人们很难区别其不同。航天员的答案，有助于科学家了解每个人在失重条件下判断能力的适应情况，并了解太空中对重量差别的区分程度。这一测试称为“失重状态下的质量甄别”。科学家们还用同样的测试，研究了航天员返回地球后的情况，以了解他们对地球重力再适应的快慢。

2）接球游戏。1998年，法国神经学家乔·麦金太尔在哥伦比亚号航天飞机（STS−90）的16天太空飞行中，进行了一项创新性的“接球实验”，如图4−34所示。在航天飞机上，一个装有弹簧的装置将球弹出来，航天员一个接一个地去接球。在接球的过程中，远红外相机会将他们手臂的运动过程拍摄下来；同时，航天员手臂上安装的电极，也会记录下运动时肌肉的电活动。

这是一个十分巧妙的实验，因为在太空中，弹出的球总是作匀速运动，而在地球上，它们则以恒定的加速度运动。实验结果正如麦金太尔

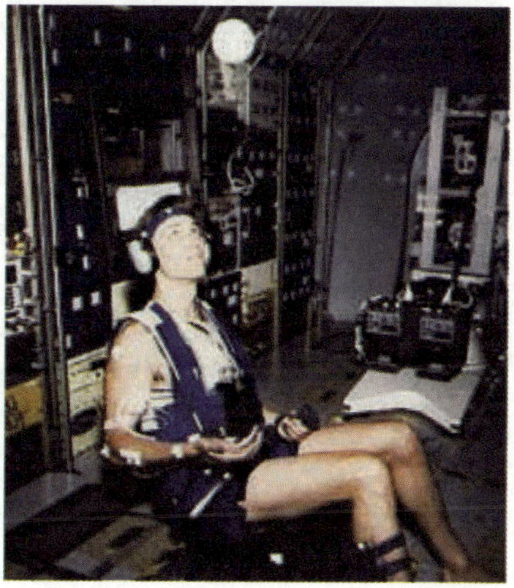

图4−34　航天员在航天飞机上进行接球实验

所说，在太空中，航天员可以接到球，但他们的表现总有些“不协调”，他们对抛出的球作出的反应，好像总是比球的实际运动来得早一些。这一实验对于探索人脑对重力信息的加工提供了数据。

3）学生实验。太空飞行中进行的学生实验，很大程度上以类似于“游戏”的面貌出现，其结果也是良莠不齐。一些实验由于设备故障原因失败，一些由于操作原因无法执行，还有一些实验的结果毫无价值。例如一项用 X 射线望远镜观测木星的任务，由于电力供应不足不得不取消。而用生物活体进行的实验则比较幸运，学生们发现天空实验室生长的菌群与地球上的对照组不同，水稻的秧苗在发育过程中表现出了奇怪的异常。可能最受注目的学生研究计划，是利用普通杂交蜘蛛的织网能力，测试其对失重的适应过程。经过最初几次的失败后，天空实验室第二个乘组带上去的蜘蛛，很快织出了几乎正常的网，如图 4－35 所示。但由于蜘蛛很快死亡，实验没有继续下去。这使人们认识到，失败也是研究的一种可能结果。基于这一点，美国航空航天局认识到进行简单的实验（投资少、飞行时间短），可能更为实际。

图 4－35 蜘蛛在天空实验室中结网

第五章

精心呵护　保驾护航

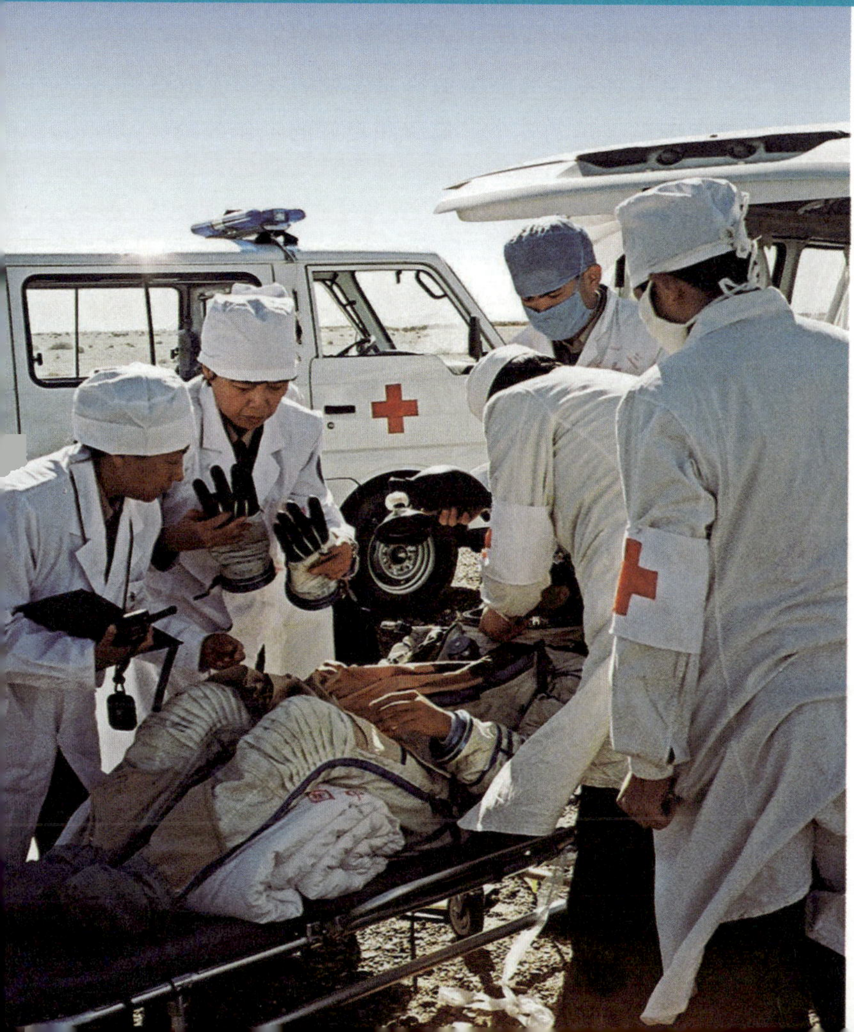

对很多人来说，“医监医保”是个很陌生的词，更是一个很陌生的职业。这个行业的人员，每天都要和航天员打交道。训练期，给航天员以精心呵护，任务期，为乘组航天员的健康保驾护航。

1. 航天员的医监医保

所谓医监医保，就是航天员医生针对航天员所实施的医学监督与医学保障工作，包括航天员训练期间的医监医保和乘组航天员（简称乘员）实施航天飞行任务前、中、后的医监医保。训练期的医监医保，主要指航天员医生实施的日常性医监医保和非任务期航天员训练现场的医监医保工作。任务期医监医保是指载人航天任务飞行各阶段的医监医保工作。

航天员医生以保障航天员的身体健康和工作能力为目标，采用预防医学、临床医学、心理医学和航空航天医学原理与技术，对航天员进行全方位的健康监督、健康维护和健康促进，预测在航天员职业活动中可能出现的有害健康的因素，对航天员异常的心理、生理反应及时采取恰当有效的医学保障措施，从医学角度保障航天员的安全、健康和良好的工作效绩。

（1）训练期的日常医监医保

俗话说：万丈高楼平地起。只有夯实基础，才能保障高楼的安稳。日常性的医监医保工作，是航天员健康大厦的基石，是提高航天员健康素质、预防疾病的保障基础。日常医监医保工作主要包括：为航天员制定科学合理的作息制度，并监督执行；航天员体训中的医监医保；平衡航天员的膳食营养，保障饮食卫生；搞好检疫消毒，预防传染病；及时诊治疾病，纠正航天员的生理功能偏差；定期安排航天员疗养；对航天员进行健康教育，提高他们的自我保健意识等。

1）卫生防疫。“预防第一”是医监医保工作的基本原则，尤其是有效预防传染病。卫生防疫主要从管理传染源、切断传播途径、保护易感人群三大环节严格管控。为了使航天员能够密切配合，航天员医生经常对航天员进行卫生学和流行病学教育，以增强他们的防病及保健意识。要求航天员少去或不去公共场所，并对有关接触人员进行限制，定期监测航天员密切接触人员的关键生理指标；按照规定，实施公寓、食堂、体训馆定期消毒和卫生检查制度；航天员外出训练返回前，及时消毒公寓；灭除蚊虫等，清除传染源，切断传播途径，重点是预防病毒性肝炎、肺结核、细菌性痢疾等传染病。

2）营养及食品卫生监督。营养与食品卫生按航天员的营养标准和《食品卫生法要求》执行。食品营养不但要求美味可口，还要求食物品种全面，搭配合理，总的热量和各种营养成分既不能供给不足，也不许超量供给；炊事人员严格按照《食品卫生法》要求，进行食品的采购、运输、储藏、制作和发放；实施营养卫生监督，执行食品留验制度；航天员医生经常监督有关制度能否照章执行，还要经常性地宣贯食品卫生学知识，提高航天员的卫生观念，培养他们良好的饮食习惯。

3）体质训练的监督。为了保持或增强航天员体质，提高航天员对各种负荷应激的适应能力和耐受能力，增强机体的防病抗病能力，航天员经常进行体质训练。在航天员体质训练中，航天员医生的工作重点是根据航天员身体情况，提出有针对性的体育训练建议，监督体训计划的实施；通过航天员的主观感觉、客观检查、锻炼中的观察，监督控制航天员的运动量，以防运动量过小，体能得不到提高，同时避免运动量过大，超过航天员的体能负担能力，引起不良反应；向航天员讲授运动生理和运动卫生知识，使航天员掌握自我保护和相互保护的方法及要领，预防运动事故。

4）作息制度的监督。根据航天员训练负荷刺激强度的大小，制定大、中、小负荷三级休息制度。为了保障航天员身体健康和良好的工作能力，对航天员作息制度执行情况进行监督和落实，尤其是航天员参加特殊环境适应性训练和大负荷训练前后，严格执行大负荷刺激休息制度，使航天员身体及时得到休养。

5）航天员疗养。为了消除航天员疲劳，增强航天员的抗病能力，进一步优化生理机能，每年都要安排航天员进行健康疗养。疗养之前，航天员医生必须提出疗养期间航天员医监医保要求，协助疗养院制定康复及疾病矫治计划；必须了解疗养院周边环境、当地疫情、饮食卫生情况；疗养期间，航天员医生

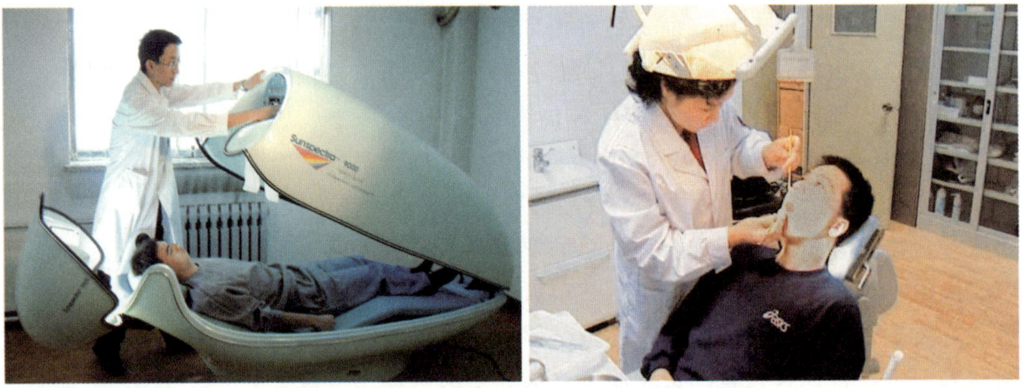

图5－1 航天员医生正在为航天员实施理疗和口腔保健

要进行全过程的医学监督。

6）维护健康，防病治病。崇尚“治未病”思想，采取主动的健康维护、健康促进模式，以人为本，对航天员进行系统、全程的健康监管，采用多手段、多方法，强身固本，预防为主。注重提高航天员健康素质，及时纠正他们的不良生活方式和行为。图5－1为航天员医生正在为航天员实施理疗和口腔保健。

（2）训练现场的医监医保

在航天员的职业生涯中，经历无数次挑战生命极限的高风险、强负荷训练，因此，训练现场的医学监督与医学保障，是航天员医生的又一工作重点。为了保证医监医保工作质量，必须对参加人员进行岗前培训，使他们熟悉训练内容和程序，全面掌握训练项目的生理反应、工作负荷量、安全措施以及中止训练的安全指标。训练中需要严把医学放行关和医学中止关，并根据训练计划的负荷量大小和对身心的影响程度，决定现场医监医保力度。

航天环境适应性训练特殊环境因素负荷较大，必须进行现场医学监督与医学保障，采取必要的监督保障措施。如航空飞行训练、失重训练、跳伞训练、超重训练、低压缺氧训练、前庭功能训练、隔绝训练、应急逃逸救生训练、各种气候地理条件下的生存训练等。各种不同类型的特殊环境适应性训练，都有各自的规律，因此，现场的医监医保要依据航天员训练项目的具体要求，制定医监医保实施方案，针对专项训练的特点和可能发生的危险作出相应预案，以免航天员出现身体损伤。

在航天员的各项训练现场，航天员医生如影随形，无论是在热浪滚滚的戈壁，还是在寒风刺骨的大洋水面，航天员身边总陪伴着医生的身影。在航天员训练过程中，航天员医生同航天员一起体验空中跳伞的惊心动魄，一同品味失重飞行的辛酸苦辣，一起走过训练中的风风雨雨……

（3）航天员飞行任务期的医监医保

航天员飞行任务期，是指航天员准备到发射场参加航天飞行之前一段时间到飞行及飞行之后一段时间的总称。在任务期，入选乘组的航天员称为乘员，乘组的航天员医生称为乘组医生。任务期医监医保工作的主要任务有以下内容。

1）飞行前，对航天员实施更加严格的健康管理，根据任务特点，加强营养供给，严格作息制度，采取多种方法，维护和促进航天员健康。图 5－2 所示为航天药师为航天员配置药物。

2）为了有效预防传染病，专门制定了传染病预防三级隔离制度。平时训练期执行Ⅰ级隔离制度，任务期距发射 50 天开始，执行Ⅱ级隔离制度，距发射 14 天开始至飞行返回后 14 天，

图5－2　航天药师为航天员配置药物

图5-3 航天员沙漠、水上营救出舱、特因耐力训练现场的医监医保

执行Ⅲ级隔离制度。Ⅲ级隔离制度的控制程度，如同对非典等传染病人的管控，但隔离目的截然相反。任务期的Ⅲ级隔离，目的是保护航天员，预防传染病侵扰。

3）防范伤病，避免造成非战斗性减员。

4）飞行前，对每一名航天员均进行动态的医学跟踪，定期实施医学检查，并且进行医学鉴定，明确给出每一名执行航天任务前的航天员健康状况结论，最终实施飞行当天的医学放行。图5－3所示为航天员沙漠、水上营救出舱、特因耐力训练现场的医监医保。

5）飞行中，实时监测航天员的体温、呼吸、血压、心电图等生理指标，并与航天员定期进行通话，通过对航天员主观感觉、客观指标，判断航天员的健康状况，预测疾病倾向，为指挥决策提供依据。

6）针对出舱活动及飞行中航天员可能出现的医学问题，制定相应预案，对飞行中航天员的不适症状或伤病提出医学处置意见，实施在轨医学支持。

7）返回后，对着陆的航天员实施有效医学处置措施，实施返回后医学评测和恢复措施，促进乘组航天员的地面再适应。

2. 飞行前的健康跟踪与健康维护

飞行前航天员医监医保工作，从发射倒计时第50天（－50天）的医学检查开始，至发射当天的待发段结束。此阶段医监医保的任务是监督消毒检疫制度、作息制度、航天员体质训练、个性化保障方案和健康促进计划落实情况；为航天员提供最佳的工作和生活环境，促进身体健康，保障航天员的健康水平和工作效率。在这一阶段，乘组医生要汇总航天员健康资料，实施健康观察与评定，确认航天员健康状况。

（1）航天员健康监测与动态跟踪

飞行前航天员健康监测与动态跟踪包括实时性和周期性两个方面。实时性健康监测是在各专项训练、体训前后进行的健康监测，由乘组医生和现场医学监督人员共同实施。健康观察项目包括航天员主观感觉、精神状态、饮食情况、睡眠情况、疲劳程度、工作积极性等。医学检查项目包括体重、体温、血压、脉搏、呼吸、感官功能等，必要时进行心电图检查。图5－4所示为跟踪监测航天员生理功能。在专项训练任务结束时，由现场医学监督人员对航天员作出健康评定结论，必要时提出调整训练计划的建议。

周期性健康监测以发射飞行日为基点，航天员将实施－50天、－14天、－7天、－3天和发射当天5次周期性健康监测。－50天医学检查为全面医学检查，随着飞行任务临近，－14天、－7天、－3天医学检查的体检项目依次减少，重点实施临床检查，排查潜在疾病。发射当天医学检查，由乘组医生进行简单的检查，包括一般询问和最低限度的检查。

1）－50天医学检查。从执行任务前2个月开始，2周内完成。医学检查项目包括临床检查、辅助检查、生化检查、微生物学检查、螺旋CT检查、超声检查、内窥镜、心电图、脑电图、24小时动态血压和动态心电图检查等。其中临床检查包括内科、外科、皮肤科、传染病科、眼科、耳鼻咽喉科、口腔科。辅助检查包括血、尿、便三大常规。航天生理功能检查包括心肺功能检查、特因适应性检查。其中心肺功能检查包括运动心电图、静态肺功能、运动肺功能、运动超声心动图等。特因适应性检查包括立位耐力、头低位耐力、下体负压耐力、前庭敏感性、超重耐

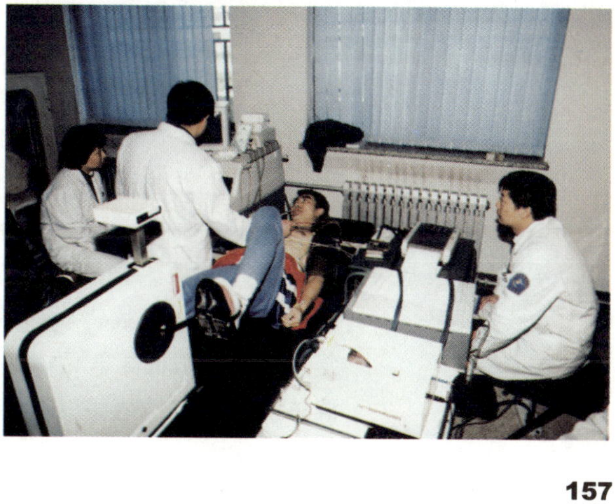

图5－4　跟踪监测航天员生理功能

力、缺氧耐力、耳气压功能等。此外还要进行心理和精神卫生检查。

2）-14 天医学检查。-14 天医学检查在执行任务前 2 周开始，3 天内完成。医学检查项目包括临床检查、辅助检查、血生化检查、肠道菌群培养、静态心电图检查等。其中临床检查有内科、外科、眼科、耳鼻咽喉科、口腔科。辅助检查有血、尿、便三大常规。航天员生理功能检查有立位耐力检查。

3）-7 天医学检查。-7 天医学检查在执行任务前 1 周开始，1 天内完成。医学检查项目包括临床检查、辅助检查、部分血生化检查、静态心电图检查，其中临床检查有内科、外科、眼科、耳鼻咽喉科、口腔科。辅助检查有血、尿、便三大常规。航天生理功能检查有立位耐力检查。

4）-3 天医学检查。-3 天医学检查在执行任务前 3 天实施，半天内完成。医学检查项目包括临床检查、辅助检查和部分血生化检查。其中临床检查有内科、外科，辅助检查有血、尿、便三大常规。

5）发射当天医学检查。发射当天医学检查主要是询问和观察航天员是否有不适症状，此外检测一下心率、血压、体温和体重。

（2）航天员健康维护与促进

航天员健康维护与促进坚持以人为本，预防为主，对航天员进行系统全程健康监管，注重提高航天员的健康素质，注重改变他们的不良生活方式和行为。

首先，严格执行消毒检疫制度。

为了监控传染病，发射前 -50 天开始，对航天员执行Ⅱ级隔离制度；发射前 -14 天开始，对航天员执行Ⅲ级隔离制度。对于传染病监测，主要实施常见传染病潜伏期内感染预测，对肝炎、结核、菌痢、流感等疾病作重点观察。严格控制同航天员接触的人数，对接触人员进行传染病方面的医学检查，建立接触人员健康登记本，严禁航天员接触高危人群和不可控群体。结合驻地疫情变化和保健需要，进行必要的防疫注射或预防服药。Ⅲ级隔离期间，航天员与外界人员接触时，要有玻璃幕墙隔离保护；工作人员中有急、慢性传染病时，必须立刻隔离。图 5－5 所示为发射前航天员活动区的检疫消毒。

图5–5 发射前航天员活动区的检疫消毒

严密监督食堂卫生，包括食品的采购、保管、制作和发放过程；定期查验食品标识、说明书、采购食品及其原料的索证情况；督促炊事人员搞好个人卫生；定期查验食品留验制度的落实情况；查验餐具使用洗涤剂、消毒剂和消毒等情况。定期净化航天员居住地、工作训练场所等室内空气，定期消毒日常生活和训练用具，保持用具的清洁卫生。保证航天员训练区周围无污染源，训练场所的航天员日常用品应符合卫生标准。

其次，实施饮食营养管理，执行严格的作息制度。

依据航天员饮食营养要求，保证食物新鲜，营养合理，易于消化，适口性好，并按任务训练要求执行特殊饮食，每次训练前进行特殊饮食控制指导。飞行前 3 天适当控制饮食，针对体力负荷和应激适当补充维生素。

航天员在飞行前实行白天 8 小时工作制，原则上不加班训练，如需延长工作时间或休息时间安排训练，训练部门应征求医学部门意见；航天员医生对航天员实行 24 小时负责制，监督他们作息，保障他们具备良好的工作能力；定期调查航天员的疲劳程度，以便调整训练与工作安排。

最后，制定并实施健康促进计划。

本着预防为主的思想，针对航天员个体健康特点，采取有针对性的健康监控手段，制定并实施个体化医学保障方案。健康促进计划主要完成物理放松、眼睛保健、口腔保健、耳鼻咽喉保健等专科项目。航天员养生保健体现中医整体观念、辨证施治、个体化诊疗特色，一方面缓解强化训练期乘员高强度训练引起的疲劳，使任务前能够保持最佳身体状态；另一方面进一步提高航天员对空间特殊环境的适应能力和耐受能力。促进航天员生理适应以及损伤修复，有效保障航天员健康。对于可能的疾

图5–6 发射前的推拿按摩

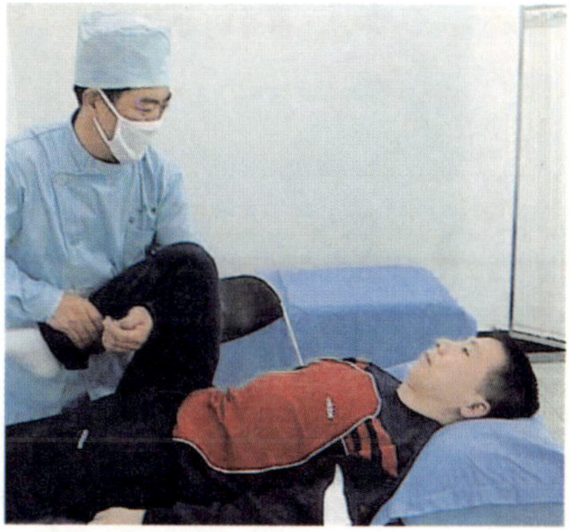

病倾向，做到早预防、早诊断、早治疗，避免因疾病影响训练进程和执行任务。图5－6所示为发射前的推拿按摩。

3. 发射前的医学准备和医学放行

（1）发射前20小时的医学准备

发射进入倒计时，按小时计算时间时，医监医保工作具有简便、快速、高效的特点。

1）射前肠道清洁。清洁肠道是发射前20小时（－20小时）重要的医学准备工作之一。为了降低太空中航天员胃肠道压力，保证航天员在脱航天服之前不排便，－20小时开始实施航天员肠道清洁。航天员医生们经反复演练，不断摸索进水量和操作手法，多环节控制，使洗肠效果可以达到航天员在脱航天服之前不排便，但在轨飞行期间又能顺畅排便的要求。图5－7所示为乘组医生在发射前为航天员清洁肠道。

图5－7 发射前为航天员清洁肠道（上）

图5－8 发射当天为航天员进行体检（下）

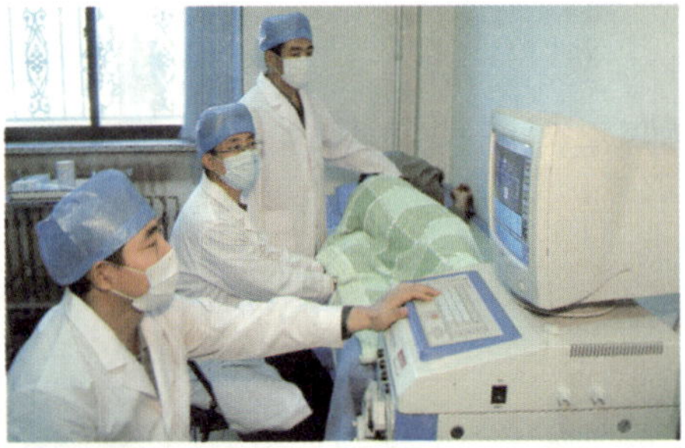

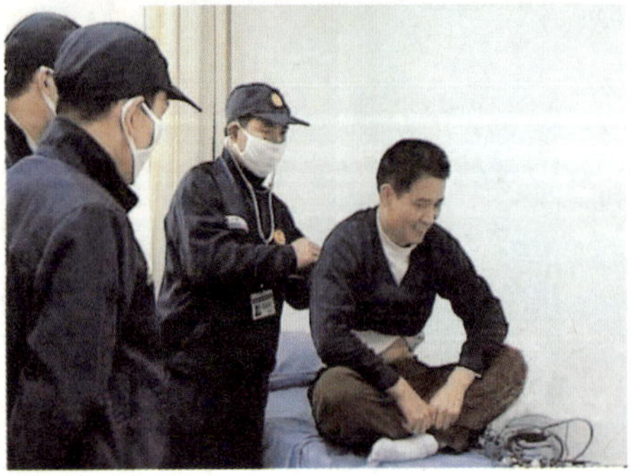

2）发射当天医学检查。发射当天，由乘组医生对航天员进行简单的医学检查，包括询问主诉和最低限度的检查，如心率、血压、体重、耳鼻咽喉检查和心理观察。主诉主要是观察航天员是否有突发性传染病（如流感等）和感染等。检查过程每人不超过15分钟。图5－8所示为乘组医生在发射当天为航天员进行体检。

3）发射前与医监医保相关的工作。发射当天，与医监医保相关的工作主要有：医学检查后被获准飞行乘组航天员，在乘组医生的指导下服用抗运动病药，同时淋浴全身进行皮肤消毒，由乘组医生佩戴电极背心，换上干净内衣，穿上舱内航天服，进行气密性检查，再次确认舱内航天服状态，乘组航天员乘车前往发射工位，乘组医生护送航天员登舱，航天员进入飞船后，将航天服医监插头与飞船相连，心电、呼吸生理指标就传到了医监台。

（2）乘组医学放行

乘组医学放行，是乘组航天员临征前医监医保的最后一道工序。医学放行共分两步。

第一步，前往发射塔之前，在航天员公寓，由乘组医生进行医学放行。在发射当天临飞前，由乘组医生对飞行航天员进行身体检查和健康确认。航天员身体检查包括脉搏、血压、体温、呼吸、内科、外科、耳鼻咽喉科检查。辅助检查有心电图和血、尿常规检查。乘组医生通过健康观察和询问，根据航天员身体情况和精神状态，对乘组航天员的健康状态进行最终确认。健康观察和询问项目包括航天员的睡眠、食欲、面色、眼神、语音、神采。图 5－9 为神舟 6 号航天员飞行乘组梯队正精神抖擞地透过玻璃幕墙同记者见面。

航天员在飞行前必须同时满足以下几个条件。

1）具有全面系统的健康档案资料，证明训练期间无慢性和潜在性疾病。

2）任务期前动态医学检查中，各项检查均有合格结论。

图5－9　神舟 6 号航天员飞行乘组梯队透过玻璃幕墙同记者见面

3）在检疫期间，无潜伏期内的甲类、乙类传染病征候。

4）临飞前睡眠充足，无疲劳表现。

5）发射当天体检正常。

只有同时满足这5个条件，才准予放行。经过乘组医生的最终健康确认，完成所有的射前医学准备后，乘组医生亲自陪同，护送航天员登上发射塔。

第二步，待发段，在飞船中，由医监医生进行的医学放行。所谓医监医生，就是载人航天飞行任务或航天员训练中，在地面飞控或训练现场医监终端执行医学监督任务的航天员医生。医监医生监测航天员心理、生理（心率、呼吸、心电图）指标变化和主观感觉，观察舱内微环境，包括舱温、舱压、氧分压、二氧化碳分压等信息，通过通话和电视影像系统，监视航天员的工作状态。医监医生对航天员生理参数、电视图像、通话内容进行分析，并与航天员训练期间的基础数据、数据波动范围和指标的临界标准进行比较，对航天员身体健康状态作出判断和预测，从健康角度提出放行或停飞建议。

国外曾出现过发射前因医学问题影响任务进行的事件。如阿波罗9号飞船发射前，因航天员感染病毒，不得不延期发射；航天飞机第36次飞行任务中，因为航天员发生上呼吸道感染，推迟3天发射。

4. 在轨飞行中的医学监督

太空环境特殊，随时有可能出现危及航天员健康的情况。航天员心电、血压、呼吸和体温等生理参数遥测信息传到地面指挥控制中心后，医监医生通过地面的医学监督设备，实时监测航天员生理指标的变化。此外，医监医生还可以通过与航天员直接对话和观察电视画面，了解航天员的生理和心理状况，进而对航天员的健康状况作出综合性的判断和疾病预测，为航天员提供医学心理支持。必要时，医监医生可以指导航天员及时用药。

(1) 医监指标

航天飞行中的医学监督生理指标，经历40余年载人航天飞行活动的研究和实践，目前已基本趋于成熟。历史上，在轨医学监督生理指标项目多少不一。苏联东方1号采用心电图、呼吸描记图；东方4号增加了脑电图、眼动图和皮肤电；上升号、联盟系列飞船有心电图、心震图、呼吸描记图、动脉血压或动静脉搏图、脑血流图等。和平号空间站有α医监仪、β医监仪和γ医监仪等三类医学监督仪器及其生理指标，α医监仪适用于飞船发射段、轨道段、返回段的医学监督，其指标有心电、呼吸、心震图；β医监仪适用于出舱活动，其指标有心电、呼吸、心震图及耳后体温；γ医监仪适用于空间站医学监测和检查，其指标有12导联心电图、血压、血流图等。

美国在载人航天飞行中，根据飞行阶段的需要，会选择不同的医监生理指标，常用的医监生理指标有心电、心音、呼吸、体温、血压等。到目前为止，载人航天飞行中医监生理指标已趋于成熟和简化，常规的实时医监指标有心电、呼吸、血压、体温4大生理指标，此外还有电视图像和医监通话。

下面介绍一下航天飞行中主要的医学监督生理指标。

1）心电图及其判断。心电图是航天飞行中最有意义的生理监视指标，它既是航天员生理心理状态监护必需的客观指标，也是判断航天员心脏功能状态的重要医学安全监督指标。航天飞行期间，有的航天员心电图P－R间期延长，QRS综合波时间延长(0.10～0.11秒)，有的航天员出现S－T段下降，有的出现T波变平，还出现过房室传导阻滞及心室内传导阻滞。不少航天员出现过房性、结性、室性期前收缩和室上性心动过速、房室分离等心律失常。如美国阿波罗15号登月舱驾驶员，曾在飞行中出现室性期前收缩，在月面工作期间出现结性二联律，二联律后60小时观察到房性期前收缩(飞行后两年，该航天员发生心肌梗死)；指令长在飞行睡眠和醒来时，发生了室性期前收缩。天空实验室3号任务指令长也在飞行中发生偶发性室性期前收缩，驾驶员在飞行中出现室上性异位心律，在出舱活动

知识链接

P—R间期：指心房开始激动至心室激动前的时间。

QRS综合波：指左右心室电激动的全部时间。

S—T段：指心室降极终了至心室开始复极这一短暂时间。

T波：指心室肌激动后复原（复极）时所产生的电位影响。

期间出现室性期前收缩和游走性起搏点。天空实验室4号任务的驾驶员在出舱活动段，曾出现过非特异性T波改变。航天员飞行中心电图异常判断见表5－1。

表5－1 异常心电图判断

异常类型	程度		
	轻	中	重
室上性期前收缩	≤6次／分	6＜早搏数≤10次／分	＞10次／分
室性期前收缩	≤6次／分	6＜早搏数≤10次／分	＞10次／分或多源性
房室传导阻滞	I	II	III
窦性停搏	间歇＞2秒	间歇＞2秒，无症状	间歇＞2秒，有胸闷等症状
心房颤动	心房颤动无症状	心房颤动有症状	心房颤动伴心动过速，有ST－T改变
ST－T改变	ST段水平下降，0.05～0.1毫伏，T波低平	ST段水平下降，0.1～0.2毫伏，T波双向或倒置	ST段水平下降，大于0.2毫伏，伴有自我不适症

2）血压及其判断。血压在航天飞行中，尤其在生理负荷能力测试中，是一个非常重要的指标。航天飞行时，安静状态的收缩压一般较飞行前升高15～20毫米汞柱（1毫米汞柱＝133帕），平均动脉压升高10～12毫米汞柱，脉压增大，舒张压则下降。美国和苏联／俄罗斯用自行车功量计和跑台做过失重状态下运动负荷试验，如美国天空实验室自行车功量计运动负荷为175～245瓦，时间5～20分，此负荷下心率为140～190次／分，血压为178～210/44～70毫米汞柱。航天飞行中血压正常范围判断见表5－2。

表5－2 飞行各阶段血压值正常范围

毫米汞柱

血压	飞行阶段			
	待发段	上升段	轨道段	返回段
收缩压	90～150	90～160	90～150	90～160
舒张压	60～80	60～90	60～90	60～90

3）呼吸及其判断。呼吸指标主要是观察航天员在座舱压力制度下的呼吸状态。美国观察到天空实验室3号任务驾驶员和天空室验室4号任务所有航天员，发现他们在飞行中肺活量降低达10%，苏联也曾报道了相似的结果。飞行中航天员的肺活量降低，可能起因于体液重新分布到胸腔，隔膜向头移位，或

座舱压力降低到海平面 1／3 的反射作用等。在载人航天初期，对呼吸功能评定常限定观察航天员的呼吸频率及趋势。航天飞行期呼吸频率正常范围判断见表 5－3。

表 5－3　飞行各阶段呼吸率正常范围

次／分

类型	飞行阶段			
	待发段	上升段	轨道段	返回段
呼吸率	20 ± 4	26 ± 2	20 ± 4	26 ± 2

4）体温及其判断。航天飞行中，体温是观察航天员新陈代谢和正常生命活动的指标之一，该指标可以帮助及早发现航天员在飞行中有无感染性疾病发生。为了方便，通常用腋下皮肤温度、口腔温度或耳后皮肤温度来代表体温。航天飞行中，航天员的体温与地面一样，在昼夜变化中有周期性波动，清晨 2：00～6：00 时体温最低，下午 14：00～20：00 时最高。这种周期性的变动，与航天飞行时航天员执行与地面一致的作息制度有关。根据作息制度的要求，航天员代谢、血液循环及呼吸机能也发生相应的周期性变化。航天飞行中，凡航天员腋下体温低于 35℃或超过 37.4℃，均判断为异常，应引起医监医生的重视。

5）电视图像和通话。凡是航天员表情和行为异常，均为医监的客观判断要素，医监人员需密切注视航天员的情况变化，并进行检测和判断。正常情况下，医监医生每天与航天员进行 2 次医监对话，包括一般询问、详细询问和全面了解情况，详细询问通常安排在晨起后进行。航天员通话中语音和语调发生变化，应引起医监医生的重视，尤其应相信航天员的主诉。当有异常时，医监医生要及时作出检测和判断。

（2）在轨医学监督

飞行中的医学监督包括航天员身体正常时的医学监督和身体异常时的医学监督，是较为复杂的航天医学监督。

1）身体正常时的医学监督。航天飞行中的医监，其目的是评价和保障航天员在轨飞行时的身体健康。在轨飞行期间，医监医生要密切监视航天员的心理、生理变化和疾病倾向，通过监视通话，以及电视影像系统中航天员的话语、面容，了解航天员的工作和生活动态，监督航天员的生活，了解他们的饮食、作息、睡眠和工作情况。此外，医监医生还要监视环境信息指标，包括舱温、舱压、氧气和二氧化碳分压、噪声、辐射等，关注环境对航天员身体的影响，以便对航天员的健康情况做出综合结论和处理意见。

2）身体异常时的医学监督。正常飞行中出现中止飞行的征候需要处理，或飞行中出现了意外情况时，医监医生要及时与航天员通话，准确了解情况，给予医学指导和咨询；增加心电图和呼吸波形记录时间，记录方式改为按需间断记录，必要时增加血压和体温测量次数；针对航天员的健康状况制定应急处置措施，经上报批准后与航天员通话，实施航天员医学处置；医学预案之外的医学应急事件处置，需进行医监决策讨论，拟定医学处置方案。

（3）航天飞行的医学中止

在航天飞行过程中，如果出现了严重医学问题，如航天员出现严重心律失常、心肌缺血、急腹症、感染性疾病、严重外伤、严重烧烫伤等疾病，继续飞行会危及航天员生命，或工程上出现严重故障，难以及时修复，危及到航天员生命安全时，医监医生必须及时提出医学中止建议。

国外曾在飞行中发生了影响任务进行的医学问题，导致中止飞行并提前返回。如联盟21号与礼炮5号对接任务中，因航天员出现头痛提前返回；联盟T14号与礼炮7号对接任务中，因航天员出现焦虑、食欲下降和失眠提前返回；联盟TM－2与和平号空间站对接任务中，因航天员出现心律失常提前返回。

5．在轨飞行中的医学保障

（1）微生物控制

微生物控制是在轨医学保障的重点工作之一。目前国内外在轨微生物控制，主要采取过滤净化方法，通过对舱内和个人卫生清洁措施，控制微生物的生长。卫生清洁措施主要有：航天员每天早晚及餐后清洁牙齿，早晚洗脸，每天剃须，饭前便后净手；清洁餐具、大小便器；清除垃圾，保持舱内清洁等。

（2）航天员心理支持

心理支持是航天员心理保障的重要手段。苏联／俄罗斯的各次短期、长期载人航天飞行中，心理支持均得到了有效应用，成为航天员健康维持和恢复的支持性综合心理学手段。航天员心理支持主要是针对不同飞行阶段，利用地面通信、影像等各种设施，促进航天员对太空生活、工作、环境条件的心理和职业适应过程。

载人航天飞行初期，航天员“日夜”去应付紧张的任务，会产生心理紧张、担忧和疲劳的现象。这一时期心理支持的任务，主要是缓解航天员因完成工作任务的时间不足产生的心理问题，为航天员制定工作计划时，也应留有充分的余地。在飞行中后期，由于航天员长时间与外界隔离，外界信息单调不足，社会接触受限制，舱内活动单调，航天员会产生心理状态的变化，出现所谓的“抑郁效应”，心理紧张度降低，在地面科学的心理训练基础上，也不能完全排除这种情况的产生。这一时期的心理支持，主要是采取各种通信手段，向航天员传递不同的信息，如音乐、明星歌曲、明星录像，家庭成员、航天员医生和航天员无线通话、电视互访相会、网络等。图5−10为航天员费俊龙家属与费俊龙进行天地通话。

图5−10　航天员费俊龙家属与费俊龙进行天地通话

（3）疾病诊治

航天飞行前7天，是航天员机体急性适应

期，这时航天运动病的发病率为50%。飞行前3天则为高发期。失重环境引起的血液重新分布、水盐代谢改变，可能导致航天员心血管功能失调。在轨飞行期间，航天员睡眠节律紊乱以及应激反应的干扰，会导致疲劳和睡眠障碍。随着飞行时间的延长，可能导致航天员免疫力降低，自身微生物及菌群异位、交叉感染等，从而出现感染性疾病。座舱环境污染因素如一氧化碳、二氧化碳、胺、硫化氢、苯、甲醛等，可引起航天员机体中毒。总之，昼夜节律紊乱，精神过度紧张，噪声、失重、低压缺氧、高低温交变、空间辐射等因素，均可诱发航天员发生病症。

针对中长期的航天环境影响，也需要研究航天员的疾病谱，掌握对抗疾病的有效疗法。

1）航天疾病检测诊断。飞行阶段可能发生的功能障碍和疾病有航天运动病、心绞痛、急性阑尾炎、胃肠炎、鼻炎、中耳炎、咽炎、喉炎、气管炎、副鼻窦炎、结膜炎、角膜炎、膀胱炎、皮肤病以及外伤等。飞船飞行中及着陆过程中，航天员在物理因素及环境因素的影响下，可能导致各种损伤或疾病。

在航天飞行中，医监医生与航天员相距天地之遥，飞船上的医学检查手段非常有限，因此，飞行中，航天员的疾病诊断是个难度很大的问题。现有的航天疾病检测诊断手段，一是医监设备获取的生理信息，另一方面就是医监医生的专业经验。医监医生需要根据航天员主诉和图像显示的体征，结合训练期的生理指标信息数据，利用舱载医学设备获取的有限生理信息，对航天员的疾病进行综合判断和预测。

国外曾在飞行中发生了影响任务进行的医学问题，如苏联上升2号航天员波利亚耶夫在飞行中患胃溃疡，阿波罗7号航天员患上呼吸道病毒感染综合征，阿波罗13号航天员患泌尿系统感染；阿波罗15号两名航天员均发生心率不齐，一人有期前收缩，其中一人两年后发生心梗；阿波罗－联盟飞船联合飞行时，航天员因误操作引起中毒性肺炎；联盟T5和礼炮7号对接任务中，航天员患肾绞痛等。

2）航天疾病的防治。利用可靠、可行的手段，研究航天员在太空失重等状态下的基本生理变化规律，并对引起的不良生理效应采取必要的防护措施，预防为先，中西医结合，配合物理方法对抗航天疾病，是我国防治航天疾病的主要措施。

对抗遵循的原则一是预防为主，二是兼顾疾病治疗。预防为主一方面可以消除不利或有害的因素，保护航天员的健康；另一方面可以提高航天员的健康素质，增强机体防御疾病的能力。兼顾疾病治疗是指一旦航天员发生疾病或受伤时，在尽快祛除病因的前提下，采用多种方法和手段进行诊治，例如中西药物（抗运动病、抗立位耐力失调和抗骨矿质损失药）、运动（跑台、自行车功量计和耐力运动，等距、等动、等张和同轴运动）、饮食（液体加载、矿物质和代谢补充）、环境（照明、预吸氧）、力（下身负压、重力服）、心理（地面保障、生物反馈）、特殊训练（飞前适应训练器、技能维护）等。尤其在中长期的航天飞行中，使用上述综合预防方法，可以减轻或在很大程度上减轻失重引发的机体各个系统的改变。

6. 出舱活动时的医监医保

航天员舱外活动是一项危险而富有挑战性的任务。为了保障航天员的安全和出舱任务的顺利完成，必须做好医监医保工作。

(1) 出舱活动前、中、后的医监医保

航天飞行任务的开始 3～5 天内不宜安排舱外活动，这是因为此时为航天运动病高发期，此时出舱容易诱发和加重航天运动病。航天员在舱外航天服内发生呕吐，如果堵塞通风回路，是很危险的事。为了确保出舱活动中航天员的安全，在航天员出舱进入太空之前，必须进行全面的医学检查确认，出舱当天体检合格后方能出舱。出舱活动负荷大，过后有疲劳感甚至发生肌肉酸痛，必须休息 2～3 天后，才可安排第二次出舱。连续 3 次出舱活动后，两周内不允许再次安排出舱。出舱前要进行吸氧排氮，限制每次的出舱时间。舱外航天服穿着之前要严格进行氧冲洗，保障舱外航天服内氧浓度不低于 95%。保证航

天员出舱前的营养，注意低压饮食，出舱超过6 小时，要提供一定的食物和饮水。舱外活动应避开高辐射区域和太阳质子事件活动期，必要时预先服用防护药物。

出舱活动任务期间，要实时监测航天员心电、呼吸和耳后体温等生理参数，及时了解航天员的健康状态，确保航天员的健康安全；实时监测舱外航天服和生命保障系统的相关参数，如服装压力、头盔氧分压和二氧化碳分压、液体和气体进出口温度，及时掌握这些参数的变化情况；保持和航天员通话联系，询问冷热等感觉和减压病症状，结合话音和图像，监督航天员的表现，及时提供医监决策支持；当发生危及航天员安全的事件时，应立即让航天员返回舱内。

出舱结束后，要实施出舱航天员医学检查，结合医学询问，判断航天员出舱后的身体状况，必要时，采取体能恢复措施；让航天员充分休息；对空间站等长期在轨飞行的航天器，应设置高压氧舱系统，对可能出现的减压病进行在轨治疗。

（2）出舱活动中的医学问题

1）航天运动病。运动病是指受不适宜的运动环境或运动环境中不习惯因素的刺激造成的一种机体特殊反应征候群。航天运动病则是因航天特殊环境引发的一种较为特殊的运动病，航天运动病的发病率在50%左右。航天飞行的前3 天，为航天运动病高发期，主要病症有自觉空间定位障碍（眩晕）、体位调节障碍（平衡失调）、自主神经功能反应（恶心、呕吐、唾液增加、出汗、皮肤苍白、心率和血压略微降低等现象）。通常航天运动病症状呈进行性发展，开始时出现怠倦、淡漠、嗜睡、无力，然后出现胃部不适，恶心、苍白、出冷汗直至呕吐。航天运动病发生与头部运动密切相关，头部运动可以诱发和加重航天运动病的症状。航天运动病的病因和发生机理目前尚无统一的认识，主要观点有感觉矛盾理论和过度刺激理论，耳石器与半规管神经感觉匹配不当等。在空间失重环境下，当人体转动时，半规管可以感受到旋转运动，但耳石器却不能感受到相对于重力方向的角位移变化，这种前庭系统内部发生的感觉冲突，是引发航天运动病的重要原因之一。

第一例航天运动病患者是苏联东方号飞船航天员格尔曼·季托夫。1969 年 3 月，阿波罗 9 号航天员也因航天运动病的问题推迟了出舱活动。阿波罗 9 号飞船发射后，航天员患了严重的航天运动病，施韦卡特连续呕吐两次，斯科特也不舒服，原计划 2 小时的出舱活动不仅被推迟，时间也大大缩短。2008 年 2 月，美国亚特兰蒂斯号在执行航天飞机第 122 次飞行任务的过程中，欧洲航天员汉斯·施勒格尔因健康原因无法执行出舱活动，出舱活动日期被迫向后推迟 1 天，其健康问题就是航天运动病。

抗运动病药物的应用，对已经发生运动病症状的人，可以起到缓解症状的作用，提前服用也可以预防运动病症状的发生。目前最有效的抗运动病药物是东莨菪碱，但东莨菪碱有嗜睡的副作用。用东莨菪碱加服苯丙胺，或用异丙嗪加服麻黄素，这种联合用药的方法可以减轻药物的副作用。

2）减压病。减压病是环境压力迅速降低，使体液内溶解的氮气游离形成气泡而引起的病症。减压病的症状表现，轻者会出现瘙痒、冷热感、屈肢疼痛，重者会出现咳嗽、呼吸困难、头痛、视机能障碍、虚脱等。影响减压病的发病因素，一是体内氮分压没有充分降低，二是从事出舱活动时间过长，三是运动过度，四是反复进行出舱活动。

在当前的航天计划中，为了使舱外太空作业中有最大的关节灵活度和最低疲劳度，航天员在出舱活动时所穿的舱外航天服内的压力要低于飞船舱内的压力，这就使航天员在舱外活动期间，存在着发生减压病的危险。出舱活动中，肌肉与骨骼疼痛可能影响任务的操作，症状严重则可危及整个飞行任务的安全。

防止航天员发生减压病，是舱外活动医学保障中的一项非常实际和重要的工作。目前载人航天器的载人舱都采用正常的 1 个大气压力制度。俄罗斯海鹰舱外航天服的工作压力为 40 千帕，为了使航天员在出舱活动期间将减压病的发病风险降至最低，俄罗斯采用的办法是在 73 千帕的环境压力下进行 30 分钟的吸氧排氮。美国舱外航天服的工作压力为 29.6 千帕，穿着这种工作压力的舱外航天服出舱活动时，航天员先在航天飞机舱内具有低氮分压的低压环境中进行长期部分排氮和两次短期（60 分钟和 40 分钟）吸氧排氮，以此来预防减压病的发生。

俄罗斯出舱活动准备时间短，方案比美国的简单，因此，对于应急维修和营救行动更为适合。从出舱活动的实践来看，吸氧排氮方案对防止减压病是非常有效的，到目前为止，没有发生一例明确诊断的因出舱活动导致的减压病。

3）缺氧。美国现在使用的舱外航天服压力为 29.6 千帕，俄罗斯为 40 千帕，服装内均充 100% 的氧气。正常情况下，出舱航天员是不会出现缺氧的，但航天员穿着加压的航天服在航天器外进行出舱作业期间，可能会因为舱外航天服突然失压而发生缺氧症状，轻则视力模糊，重则死亡。缺氧的影响早期表现为色视觉和周围视觉受损这类症状，随后因缺氧加重而出现精神错乱，最终丧失意识。出舱活动期间，缺氧问题与灾难性的失压，以及应急储备性的生命保障系统缓慢泄漏和部分减压有关，解决的办法是密切关注舱外航天服的压力、氧分压和氧气浓度变化，及时提醒航天员结束出舱活动。

4）二氧化碳蓄积。如同氧气一样，必须控制舱外航天服内二氧化碳的水平。便携式生命保障系统的局部故障，可能会削弱其清除代谢产生的二氧化碳的能力，这可能会导致血液中二氧化碳超量，出现通常所说的高碳酸血症。如果航天员出现高碳酸血症，就会出现头痛和呼吸加快，工作效能下降的情况，严重时可能会导致意识丧失。据统计，二氧化碳分压在 20～40 毫米汞柱（2.67～5.32 千帕）之间时，人体会有某种程度的不适，长期运动性能开始下降；在 40 毫米汞柱(5.32 千帕)以上时，认知和运动能力逐渐降低；在 70～150 毫米汞柱(9.31～19.95 千帕）之间时，将伴随更显著的认知损害、呼吸抑制和意识不清。美国航空航天局规定其载人航天器载人舱内二氧化碳水平上限为 15 毫米汞柱（1.995 千帕），我国载人飞船二氧化碳监测标准是：无工作负荷时不超过 10 毫米汞柱(1.33 千帕)，有工作负荷时不超过 20 毫米汞柱(2.67 千帕)，时间控制在 1 个小时。

5）心律失常。航天员在失重飞行期间有可能出现心律失常，其中一些明显与出舱活动有关。这些心律失常包括室性早搏、持续性室性二联律和房性四联律，但都没有被判定为严重的心律失常。例如，礼炮7号空间站上，苏联航天员因为出舱活动中发生间歇性心律失常，被迫提前返回。在和平号空间站上，一名航天员在出舱活动中出现持续的心律失常，造成飞行周期被迫缩短。引起心电改变的可能原因，包括体液和电解质状态的改变、工作负荷、心理应激，后者可能是主要原因。

6）热平衡。当环境温度升温过高，身体热平衡受到破坏时，随着热耐受过程的发展，会出现口渴、心慌、头晕、恶心等症状。当主观感觉由热变为极热，会出现一系列衰竭前症状，如头晕、疲乏、呼吸困难、肌肉疼痛等症状，甚至发生热衰竭、昏厥、热痉挛等症状。维持舱外航天服内的热平衡，是出舱活动的一个重要因素，也是出舱活动较难解决的问题。对于航天员不同水平的产热，需要航天服作出不同的调节。变数极大的工作负荷，使得气冷系统很难通过充分补偿来维持热平衡，目前国内外采用液冷服，很好地解决了这个问题。

与座舱温度控制相比，舱外航天服调温系统的故障发生率要高得多。20世纪80年代后，虽然舱外航天服加配了液冷系统，其散热能力已经能够满足实际需要，但还是时常发生故障。例如，美国哥伦比亚号航天飞机第5次飞行中，由于舱外航天服通风风扇与液冷水泵不能工作，在轨维修失败，只好取消了出舱活动。20世纪90年代，俄罗斯和平号空间站也多次发生舱外航天服通风供氧及液冷系统故障，影响了出舱活动。

进行高温环境训练，提高人体高温耐受力，合理饮水与补水和适当的预冷准备，可以延缓高温症状发生的时间。

7）过度疲劳。舱外活动进行的所有操作，包括在空间站外表面的移动，都是靠上肢来实施的。同腿部相比，在同等程度的耗氧量下，上肢操作心肺参数的变化更大，通常会感到更重的负荷，更容易出现疲劳。出舱活动经验表明，在出舱作业中完成重大的、有难度的、长时间的操作后，头一两天会出现局部或全身疲劳，并伴有手臂肌肉疼痛。当航天员在体位不固定状态下用手做大量精细准确的动作时，上肢肌肉会很快感到疲劳。高强度出舱活动之后的一两天，在身体受到强烈应激的航天员尿样里，会发现少量蛋白和红血球。

美国航天员在双子星座、阿波罗飞船和航天飞机计划的出舱活动中，都曾出现过度疲劳感。为了避免出舱活动引起过度疲劳，准备工作必须依据出舱活动操作的类型、持续时间和生理影响的数据来进行。在实现多种出舱作业时，必须保证每次出舱之间有足够的休息时间，以便出舱航天员在下一次出舱活动时能够恢复体力，保证圆满完成出舱活动任务。

8）外伤。出舱活动期间，航天员容易发生外伤，这种外伤主要是软组织损伤，如因过度用力引起的肌肉和肌腱拉伤。航天员的舱外活动，主要是通过上肢来完成操作的，这有可能引起肩部和手臂的损伤。当使用脚限制装置固定身体时，可能会受到意外的侧向力作用，损伤脚踝或膝关节。此外，肢体也可能受到移动物体的挤压，挤压虽然不一定破坏航天服的压力密封性，但可能导致骨折和局部组织损伤等挤压伤。美国航天员杰里·罗斯和舍伍德·斯普林对轨道组装作业可行性进行验证后特别指出，操纵大型横梁，会使手和前臂产生疼痛和疲劳。

9）辐射。在出舱活动期间，航天员可能受到的辐射暴露，在很大程度上取决于所处的轨道高度。辐射暴露引发的症状，主要表现为皮肤损伤、白内障、视力下降、免疫系统抑制、造血功能下降、不育、肿瘤等。

太空中的辐射有3个基本来源：地磁捕获的质子与电子、太阳粒子事件及银河宇宙射线。目前，载人航天器大都是在远低于范艾伦辐射带的近地轨道运行的，虽然辐射很大程度上被地球磁场屏蔽住，但对于辐射问题，制定出舱活动计划时仍然不能掉以轻心，因为范艾伦辐射带在南大西洋区域向低空延伸，远低于相应纬度其他任何区域的高度，形成一个位于南大西洋巴西和南非上方的四季豆状的辐射异常区域，这个区域被称为南大西洋辐射异常区域。对于一个近地轨道平台来说，特别是轨道倾角较高时，出舱活动计划必须把飞经南大西洋辐射异常区域这个因素考虑进去，在出舱时间安排上尽可能避开这个区域。太阳粒子事件本身是无法预测的，但可以通过太阳耀斑活动来监测太阳活动，在太阳耀斑大规模活动期间，避免或终止出舱活动。

7. 着陆现场的医疗救护

航天环境因素可能导致航天员返回地面后出现一系列的医学问题，这些问题主要包括立位耐力下降、航天运动病在返回后的症状或不适，运动模式紊乱及重调，循环系统调节功能改变。当出现应急或故障条件下的返回着陆时，航天员可能会出现着陆冲击损伤；由于飞船着火，航天员出现烧伤、窒息；有害气体中毒，如无水肼、一氧化碳中毒等；座舱失压等因素导致航天员出现缺氧、减压病；温度失控，导致航天员中暑或冻伤等医学问题。因此，医监医生应做好航天员返回地面后的医学保障工作。

(1) 着陆现场的医监医保与医疗救护

1）正常情况的医监医保。正常状态下，航天器着陆后，航天员进行一段时间的重力再适应，航天员自主出舱（图5−11），医监医生应将航天员抬入医监医保载体；协助航天员脱下航天服，实施卫生清洁，更换内衣；对航天员进行体检，采集样本，收集生理数据；评价航天员的健康状况，给予必要的医监医保处置；送航天员登机并全程陪护。图5−12为航天员医生正在执行着陆场医监医保任务。

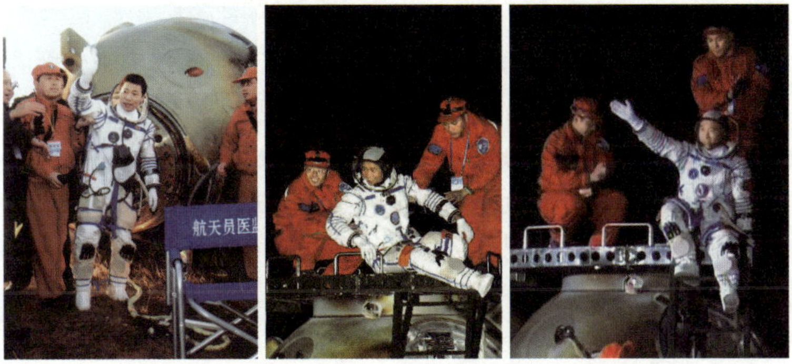

图5−11 神舟5号航天员杨利伟（左），神舟6号航天员费俊龙（中）、聂海胜（右）安全自主出舱

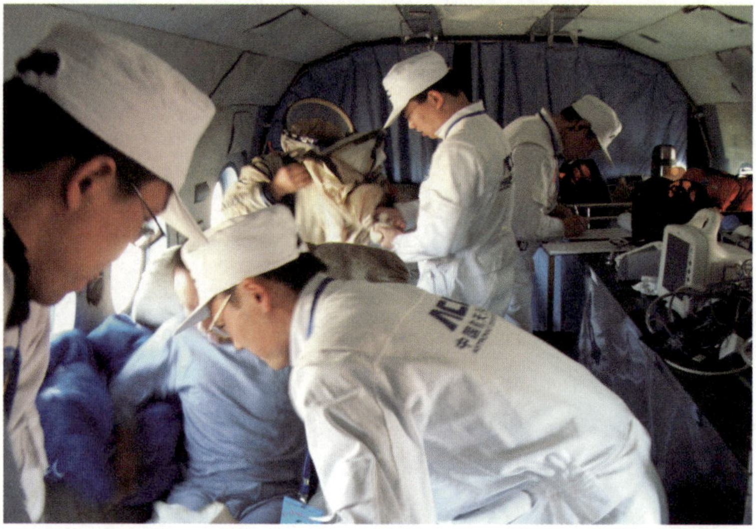

图5－12 航天员医生正在执行着陆场医监医保任务

2）异常情况的医疗救护。当航天员出现伤病时，到达现场的医疗救护人员应对航天员实施必要的紧急现场医学处置，包括心肺复苏，创面或伤口止血和包扎，骨折固定，伤病员搬运，急性缺氧、窒息的紧急处理，休克的紧急处理，各种心律失常的紧急处理；实施现场确定性救命手术，早期使用抗菌药物或特殊药物，返回落区环境因素造成损伤的紧急救治，利用现场医疗技术和保障条件，尽最大能力挽救航天员的生命。

（2）应急返回着陆时的医学营救

返回舱在主副着陆场、上升段陆上应急着陆区、上升段海上应急着陆溅落区应急返回着陆时，医监医生要立即实施应急返回的医学营救。

1）搜索返回舱和航天员。返回舱着陆后，参加搜索营救的医监医生要监听航天员返回地面后的话音报告，必要时与航天员通话，并及时向参加营救的医疗救护人员通报话音报告内容。医监医生和医疗救护人员要快速到达现场，医监医保和医疗救护载体要停放在现场。医监医保直升机、医疗救护直升机是对航天员实施现场医学处置的工作平台，这些载体要尽量靠近返回舱停放，现场医监医保或医疗救护场所可以根据现场情况选择在直升机上进行。图 5－13 为医学救援载体。

2）营救航天员出舱。因为飞船着陆地点不同，所以营救航天员出舱分为陆上、海上营救两种。航天员出舱方式可分为自主出舱和被动出舱。当飞船返回舱着陆后，在搜救人员到达返回现场之前，出现下列情况时，航天员必须择机自主出舱：舱内发生不可控制的火情时，航天员必须迅速出舱；由于舱体倾倒或舱内环境恶劣，影响安全或航天员无法耐受时，可择机自主出舱；当航天员个人状态良好，且判断舱外环境良好时，可择机自主出舱。搜救人员到达返回现场，完成开舱门和航天员现场健康状况判断后，根据航天员的健康状况，可以决定航天员出舱的具体方式：未出现较重伤病的航天员，可实施主动出舱，现场搜救人员在必要时提供帮助；有较重伤病的航天员，则由搜救人员负责营救出舱。

当返回舱在海上溅落，在返回舱工作正常的情况下，航天员可以驻留在返回舱内，使用铱星电话与指挥部联系，等待救援。当返回舱发生座舱进水下沉或不可控制的火情时，航天员应迅速自主出舱；如果舱内环境恶劣，影响安全或航天员无法耐受，且舱外海况不高于 3 级时，航天员可择机自主出舱。航天员自主出舱后，在救生船上使用通信工具与指挥部联系，等待救援。当搜救人员到达返回现场后，若航天员已自主出舱，则通过救生船过渡，将航天员由救生船送至救捞船，进入医疗救护程序。若航天员未自主出舱，则通过海上救捞船打捞设备，将返回舱打捞至甲板后，根据舱内航天员健康状况的初步判断，实施返回舱直立、倾倒状态下航天员主动、被动出舱程序。图 5－14 所示为海上营救航天员演练。

图5－13　医学救援载体（上）

图5－14　海上营救航天员演练（下）

8. 返回后的医学保障和健康维护

（1）返回后的健康检查与评估

1）返回再适应。飞船返回后，航天员对地面环境有一个再适应过程，身体会出现短期的“失健康”状态。短期飞行“失健康”的副效应主要表现为头晕、心慌、心率加快，不能承受站立姿势，由于姿势应激而产生的晕厥前的感觉，运动能力降低。再适应过程产生的功能问题主要为心血管功能问题、平衡和协调功能问题、睡眠问题和心理问题。其中需要重点考虑解决的问题是直立不耐受、平衡定向力障碍等。

2）动态医学检查与评估。航天员飞行后的健康恢复分为两阶段：隔离恢复阶段和健康疗养阶段。隔离恢复期为1～2周，医学恢复疗养期为3～4周。在隔离恢复期，航天员医生要实施医学检查，包括临床各科常规检查、立位耐力检查、平衡功能检查、人体成分分析、心血管调节与控制功能、人体功能状态检测等，重要检查项目要进行动态跟踪。在隔离恢复期，实行检查与体质训练、恢复相结合，按照循序渐进的原则逐渐增大负荷。

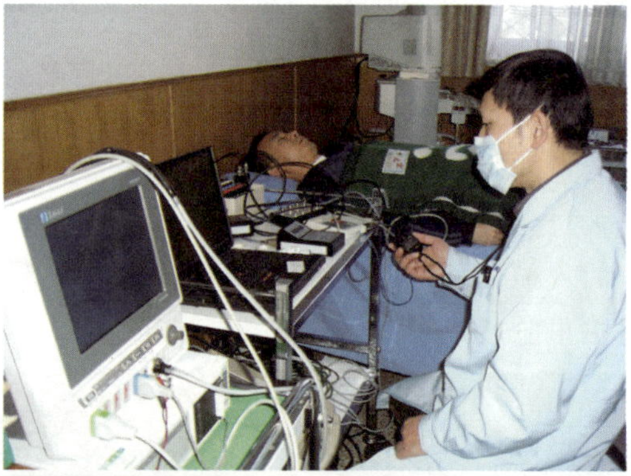

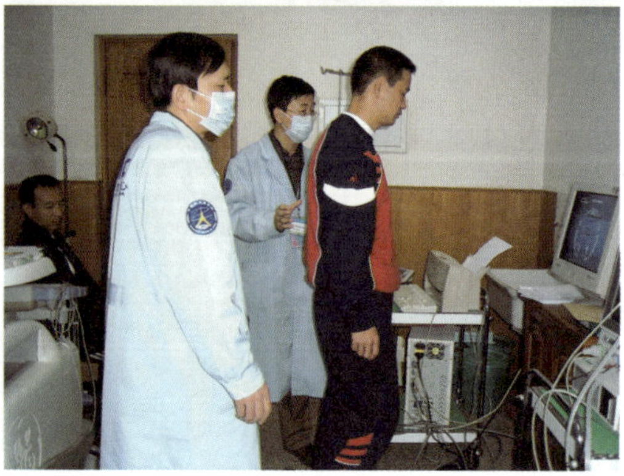

图5-15 航天员医生正在进行航天员飞行后的身体恢复工作

航天员医生根据临床医学检查、生理功能检查结果综合分析，对航天员健康状况进行综合分析和评估，为每名航天员作出总体评价，指导后续的恢复措施，并阶段性评估各种恢复措施的疗效，同时为恢复措施的应用与调整提供支持。图5－15为航天员医生正在进行航天员飞行后的身体恢复工作。

（2）返回后的健康维护与促进

航天员正常返回后，在隔离恢复期和医学恢复疗养期，要实施一系列的恢复措施，包括采用运动疗法、推拿按摩、物理疗法、中医中药特色疗法为航天员养生保健，缓解航天员的再适应症状，纠正航天员飞行后身体各系统的变化，消除飞行后的疲劳，使航天员不仅完全恢复健康，而且使机体获得更高的功能储备。

1）隔离恢复期的医学保障工作。恢复措施以正常返回地面后的1～2周为重点。短期飞行后，需要着重关注的问题包括心血管系统、运动系统、平衡和协调功能等多个方面。此阶段以尽快恢复航天员的站立功能，促进航天员的行走功能和平衡功能，加强下肢肌力，促进体液的再分布，改善心血管调节功能为主要目标。恢复措施主要包括制定合理的作息制度、科学的营养调配以及中医中药康复治疗等。

合理的作息制度，主要是选用合适的工作、休息时间比例。工作、休息时间比例一般分为连续作业(4：0)、适度休息(3：1)、等时休息(2：2)、充分休息(1：3)4种模式。在隔离恢复期0～3天，一般采用充分休息模式；在隔离恢复期4～7天，一般采用等时休息模式。白天工作时间主要安排医生查房，检测生理指标，实施各种恢复措施。在隔离恢复期，航天员要保证每天不少于10个小时的睡眠。

在航天飞行中，由于缺乏运动，使得航天员消化能力下降。在隔离恢复期0～7天，航天员要吃一些易消化、高营养、含维生素和微量元素丰富的新鲜食物；在隔离恢复期8～14天，可维持航天员原有的饮食标准。

中医中药对航天员返回地面的再适应有很好的效果。常规做法是在返回当天，昼夜口服镇静性质的药茶；返回后的第二天，服用促进肠道蠕动的药茶以助消化，晚上药浴，洗澡时浴盆内放置有利于放松、消除疲劳的药物。依据返回1天、3天、5天、7天的身体检查情况，合理配制中药配方，每天为航天员炮制药茶，服用次数不拘，连续服用2周，帮助航天员恢复正常身体状态。

在隔离恢复期，可以适当为航天员安排一些平衡训练、步行训练、医疗体操、低强度坐位功率自行车训练、游泳、手法放松等，运动强度循序渐进。

2）医学恢复疗养期的医学保障工作。在隔离恢复期的基础上，可安排航天员康复疗养，以进一步增强航天员体质，加强生理机能储备，提高防病抗病的能力，使乘员组航天员尽快恢复到飞行前状态。在疗养院可安排景观治疗、体能锻炼等恢复措施，时间为2～3周。

第六章

失重世界　神秘莫测

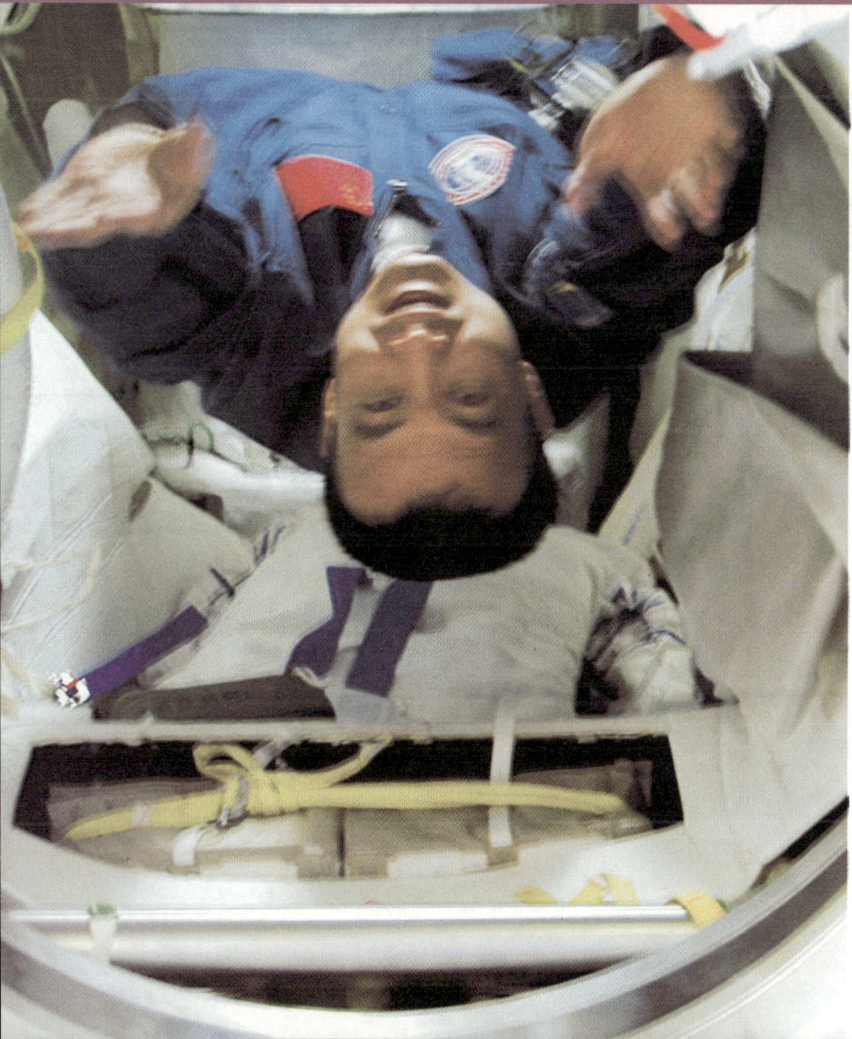

当人类探索的脚步由地面延伸至空间时，才愈来愈深刻地认识到在地面环境下生命进化所具有的特定内涵：细胞结构功能均适应于1g重力环境。当重力环境发生变化时，生命原有的平衡适应被打破，随之引发一连串的多米诺效应……

1. 感受失重世界

人在地球上生活，由于存在地心引力作用，从而形成了上下的概念。进入太空微重力环境后，在无束缚的情况下，航天员处于漂浮状态，需重新建立上下左右的方位感。航天员进入太空，经常会产生跌入无底深渊的错觉，觉得自己手脚不知去向，这就是微重力环境引发的空间错觉和运动协调障碍。据统计，约有30%的航天员在空间飞行中出现前后翻滚、上下颠倒、身体旋转、周围物体移位等错觉。

这些仅仅是人进入失重世界的最初感受。随着在空间停留的时间越来越长，一系列的机体不适应会接踵而来，例如体重减轻、身高增加、心血管功能变化、骨骼系统变化、肌肉系统变化……

航天员刚进入轨道飞行，会感到血液冲向头部，出现不同程度的头胀、头晕、头痛和鼻塞等感觉，并出现鼻咽部及面部水肿、皱纹消失、眼睑变厚、颈和颞部静脉扩张、下肢皮肤皱缩等客观症状。这是由于失重后，体液从下肢向头部转移引起的一系列生理反应和变化。体液头向转移对生理系统的影响，主要是改变各组织器官的血液供应状态和血管内压力，引起组织器官结构、代谢和功能的变化。

2. 体液丢失与体液分布变化

水是生命之源，没有水就没有生命。水是人体内含量最多的一种物质，占体重的60%以上。科学家曾进行过这样的实验：让动物被动绝食，但准其饮水，使其体内的脂肪和糖类全部耗完，蛋白质消耗一半，但动物并不会死亡；但如果不给动物饮水，动物体内的水分减少10%，就会产生病变；减少20%，就会有生命危险。

(1) 体重变轻了——体液丢失

人体结构与功能的匹配协调十分精细奇妙，正常情况下，人体每日摄入的水分和排出的水分几乎相等，这就是生理学上所说的水平衡。人体内的水和其中多种电解质的平衡，是维持生命和各种组织脏器正常活动的重要条件。人体内存在特定的机构，用以调节各种功能作用。当外界环境发生改变时，这种调节机构立刻发挥作用，调节相应的功能变化，出现代偿性反应。如果代偿性反应失效的话，水和电解质平衡就会发生紊乱，人正常的生理功能就会受到影响，严重者甚至会导致死亡。

在航天飞行后的体检中发现，绝大多数航天员的体重减轻了2～3 公斤。航天医学研究证明，体重减轻的主要原因是体内水分丧失，其次是肌肉萎缩。航天员进入失重环境后，人体水分就会迅速丧失，1～2 天内可达1.0～1.4 升，然后保持相对稳定。许多航天员进入太空后感到口渴减少，不想喝水，同时感到尿频、尿多。一方面水的摄入量减少，另一方面排尿增多，体内的水分也就丧失了。人体水分的丧失可造成航天员重力场立位耐力下降，再加上失重引起的心血管调节功能失调，所以我们经常看到航天员返回地面后站立都很困难，很多时候是躺着被人抬出舱。

(2) 脸变大了——体液头向分布

在地球上，流体静压对人体内的血液分布、血液流动和整个血液循环状态起着十分重要的作用，流体静压消失会引起血液和体液头向分布。进入太空后，人体内的血液和其他物体处于失重状态，结果使人体内的流体静压作用消失。在太空中，航天员可以明显感觉到体液在体内的重新分布，表现为脸变胖，巩膜、鼻和口腔黏膜充血，眼窝浮肿，头和颈部静脉扩张，腿围径变小，如图6－1 所示。这种感觉在飞行初期的24 小时最为明显，之后逐渐减弱。表6－1 列出了失重飞行对下肢容积相对百分比的影响。

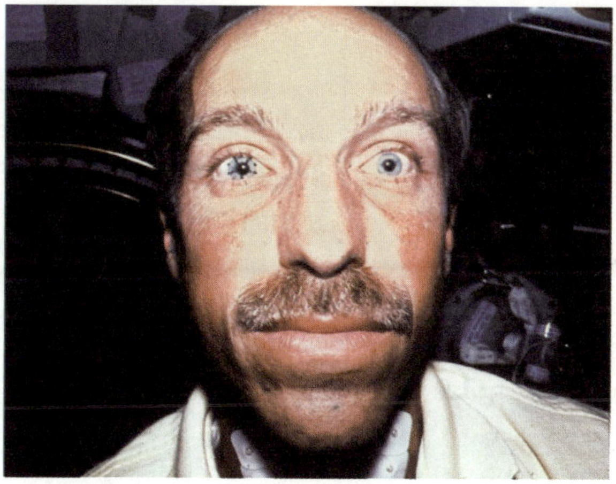

图6－1　空间飞行中，失重环境使头、面部充血，脸部浮肿

表 6－1　失重飞行对下肢容积相对百分比的影响

飞行任务	飞行中 /%	着陆时 /%	飞行后 /%
STS−7	−11.1	−	−2.7
STS−8	−12.8	−5.6	−4.6
STS−51D	−12.7	−3.8	−3.9
STS−51B	−9.9	−0.9	−0.3
STS−61B	−10.3	−4.6	−2.7
天空实验室	−12.2	−6.6	−3.2
ASTP	−10.0	−6.0	−4.9

注：1. STS 指美国航天飞机飞行，ASTP 指美苏阿波罗－联盟号联合飞行。
2. 失重飞行对下肢容积相对百分比的影响 =（失重飞行中的下肢容积－失重飞行前的下肢容积）/ 失重飞行前的下肢容积。

3. 进军深空的一大瓶颈
—— 空间骨丢失

继成功实现将航天员送上地球轨道、踏上月球、建立空间站的历史壮举后，建设月球基地、登陆火星、遨游星际又成为 21 世纪人类共同的梦想。针对建设月球基地和探索火星的任务需求，美国航空航天局对长期空间飞行中的风险大小进行排序，其中空间骨丢失位列各种风险因素之首。空间骨丢失成为制约人类进军深空的瓶颈因素，也是建设月球基地和探索火星之前必须解决的影响航天员安全健康的问题。

（1）空间骨丢失的表现

在失重环境中，作用于人体腿骨、脊椎骨等承重骨的压力骤减，同时，肌肉的运动减少，对骨骼的刺激相应减弱，骨骼血液供应也相应减少，导致骨质大量脱钙并经肾脏排出体外，这就是所谓的空间骨丢失。空间骨丢失是最令航天医学专家头疼的航天员健康问题。表 6－2 列出了空间骨丢失的临床表现与危害。

在美国和俄罗斯的历次长期太空飞行任务中，空间骨丢失问题一直困扰着航天员。针对空间骨丢失问题，美俄两国的航天医学专家都收集了一定的研究数据，如表 6－3 所示。俄罗斯航天员在和平号空间站上曾试验过多种对抗措施，如每天进行

表 6－2　空间骨丢失临床表现与危害

临床表现	骨骼质量减轻，承重骨骨密度下降，矿质含量明显减少，骨钙丧失达 2 0 %左右，跟骨密度以每月 1 %的速率持续丧失
发生部位	下肢承重骨、腰椎
威胁危害	骨质疏松，高血钙症，软组织钙化，肾结石，重返地面重力环境骨折甚至威胁生命

两个小时的跑步运动，穿企鹅服给予人工加载，以及服用特殊药物等，但这些措施都未能完全解决骨丢失问题。失重所导致的骨丢失随飞行时间的延长而持续进行，而且这种骨质疏松一旦形成，回到地面重力环境后也难以逆转。

表 6－3　空间飞行对骨矿盐代谢的影响

飞行任务	飞行时间／天	人次	矿盐含量减少	
			跟骨	腰椎
天空实验室 3 号	59	3	7.4% 4.5% 7.9%	
礼炮 6 号空间站	75～184	8	最多 19.8% 最少 0.9% 平均 6.7%	
礼炮 7 号空间站	65～237	2（150 天） 2（211 天） 3（237 天）		10.8%，2.3% 61.0%，0.3% 7%，6%，2%
和平号空间站	131	2 1	5.0%，9.1%	10%

注：骨丢失的程度与个体差异有关，不同个体的反应程度存在较大差异。

（2）空间骨丢失的原因

长期空间飞行可导致航天员发生多种病理生理变化。虽然失重在机体病理生理方面的表现多种多样，但归根结底空间环境影响的是细胞、分子及基因表达，其作用均是通过细胞个体、细胞内部和细胞间的相互作用反映出来的。

要了解导致空间骨丢失的原因，首先要认识骨组织。骨组织构成的骨骼系统是人体的支架，具有支撑身体、保护脏器、维持运动等功能。骨组织由包括骨原细胞、成骨细胞、骨细胞和破骨细胞在内的细胞和细胞间质组成。骨细胞间质即骨基质，主要由有机质的骨胶原纤维和无机质的骨钙盐组成。骨胶

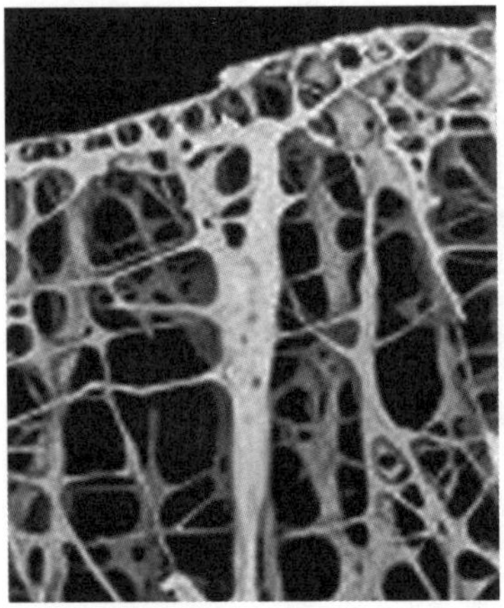
图6-2 骨质疏松症的骨小梁

原纤维的功能是使骨具有韧性，骨钙盐则沉积于骨胶原纤维中，使骨具有坚硬度。

人体的骨结构始终处于新陈代谢之中。来源于骨原细胞的成骨细胞向周围分泌基质和纤维，促进新生骨的形成；破骨细胞则分泌 H^+ 和溶酶体酶降解骨质。正是通过成骨细胞和破骨细胞持续的相互作用，骨骼系统才处于不断除旧建新的动态平衡中。

进入失重环境后，骨骼系统这种适应于地球 1 g 重力环境的特有平衡被打破，成骨细胞功能活动受到明显的抑制，由此引发了一系列的骨丢失效应……来自体外培养的细胞和动物实验结果表明，微重力可以通过阻抑促进成骨细胞分化成熟的相关基因和蛋白表达，使与成骨活性相关的蛋白表达下调，抑制成骨细胞分化成熟，细胞骨基质形成能力下降，成骨活性降低，如骨钙素、α 2（I）型前胶原、前列腺素E2（PGE2)、环氧化酶－2（COX－2）等。

科研人员通过基因工程技术构建出一种带有绿色荧光标记的细胞系，绿色荧光强度可以直接观察骨成熟相关基因的启动子活性。实验证明，微重力环境对成骨细胞特定基因和蛋白表达有抑制作用。正是由于这种抑制作用，成骨细胞活性才会受到抑制，最终发展成为空间骨丢失。图 6－2 所示为骨质疏松症的骨小梁。

早在 1999 年，中国航天员中心的课题组就通过与欧空局的合作，在Photon－12 返回式卫星上成功进行了成骨细胞空间搭载飞行实验（图 6－3)，研究了空间飞行对成骨细胞的影响，对其机理的深入研究，目前仍在进行中。

4．肌肉废用性变化
—— 失重肌萎缩

人类在地球以外的太空活动时，可能面临多种意想不到的困难和谜题，失重肌萎缩就是其中的一种。在太空环境中，由

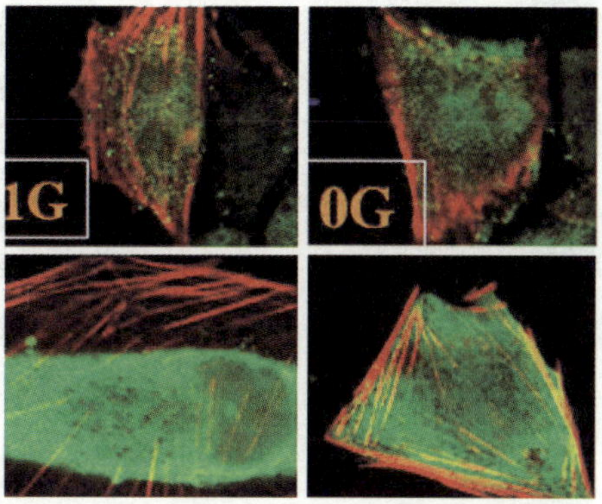

图6–3 在Photon–12返回式卫星上进行的成骨细胞空间搭载实验。实验结果表明，微重力组细胞骨架出现明显解聚，而中药保护组能有效对抗微重力导致的细胞骨架解聚。红、绿颜色为用特定染料着色标记的细胞骨架结构

于生物有机体处于失重状态，肌肉不用再像在地面上的身体发挥支撑作用，因而导致肌肉的废用性变化——肌肉萎缩。

（1）飞行时间越长，肌萎缩越严重

从地球表面出现原始生命至今的35亿年过程中，生物的演化都是在地表1g重力场下完成的，因此，机体的结构、功能和行为，都已经对这种“无时不在而又无法摆脱”的力学环境形成了完善而又巧妙的适应，特别是骨骼肌，形成了与地球重力环境相适应的生理结构与功能特征。在地面上，人体为了适应重力环境，肌肉与骨骼都起到了支撑身体和运动的作用。

当人类从这种已经适应了机体正常运行的地球重力环境突然进入到太空微重力或者是失重的环境中时，原来用于抵抗重力作用，对身体起支撑作用的肌肉中，就有一部分变得“无所事事”了，于是出现了部分肌体萎缩、变形甚至组织退化等现象。航天实践结果证明，在太空中失重数日，即可引起航天员肌肉萎缩，在太空停留的时间越长，肌肉萎缩越严重。表6–4列出了空间飞行中出现的肌肉现象。

表6–4　空间飞行中出现的肌肉现象

飞行任务	实验对象	症　状
生物卫星宇宙1887号	飞行7天的大鼠	比目鱼肌出现广泛的组织坏死，组织中出现巨噬细胞和卫星细胞，并且出现微出血点和水肿，比目鱼肌减轻22.7%，腓肠肌减轻10.7%
STS–78航天飞机	飞行17天的大鼠	比目鱼肌肌纤维萎缩和线粒体变圆。肌原纤维在飞行后变细，出现萎缩，脂滴在飞行后也明显增加
STS–78航天飞机	飞行17天的航天员	股外侧肌肌纤维横截面积下降15%～30%，比目鱼肌肌纤维横截面积下降15%～26%
礼炮6号空间站	飞行140天的航天员	小腿容积减少20%～30%
联盟9号飞船	飞行18天的航天员	躯干肌肉力量下降45～65公斤，11天后恢复正常

失重肌萎缩实质上是人类机体对空间失重环境的一种适应。“适应”本是一件好事情，故有“适者生存”的说法，但是这种适应是以人类的身体健康，特别是以飞行后返回地面的“不适应”作为代价的，它的发生对航天员的健康与工作形成了明显威胁。

具体地说，航天员在空间飞行1周左右，肌肉质量和体积就开始减少，肌纤维出现萎缩。而蛋白合成率降低，降解率增加，使收缩蛋白数量减少，单位肌纤维的收缩力也随之减小。同时，为肌肉收缩提供能量的线粒体含量下降，导致肌肉力量降低，容易疲劳。所以航天员返回地面后，常常诉说全身无力，站立、行走都很困难，有时候还会出现肌肉疼痛现象。如苏联飞行326天的航天员罗曼年科在飞行后期，每天只能工作4.5小时，返回地面后，经测量其下肢肌肉萎缩了15%。

图6–4　航天员通过多种途径在空间进行锻炼，以增加肌肉负荷，对抗肌肉萎缩

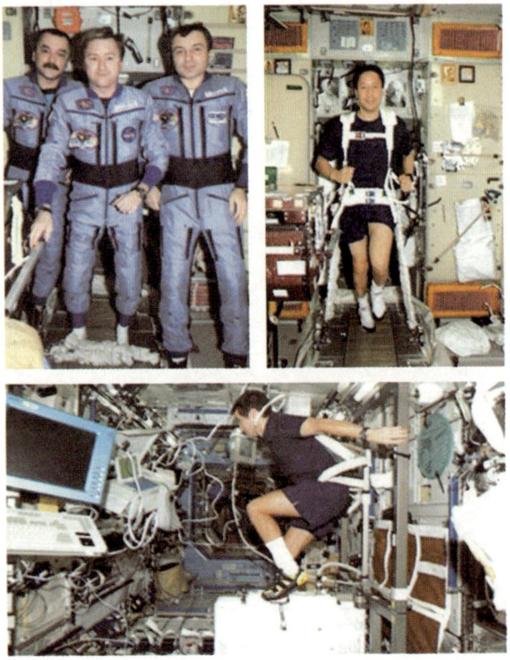

(2)肌肉活动减少是罪魁祸首

随着人类航天技术的不断发展，航天员在太空活动的时间随之延长，研究失重肌萎缩的原因，寻找有效的防护措施变得越来越重要。经过航天医学科学家的长期研究，认为失重肌萎缩主要是由以下原因引起的。

1）失重导致肌肉活动减少。失重时一切物体都没有重量，肌肉不需要克服重力作用而做功，于是肌肉的功能就逐渐退化，引起肌肉的“废用性”变化，这与长期卧床的人肌肉变得无力、肌肉萎缩是相似的。苏联和美国在地面上对肌萎缩进行了大量的实验，苏联曾选择了一批志愿者，让他们在床上躺30天后，发现肌肉出现了与航天中相似的萎缩性变化。卧床时人仍生活在重力环境中，只是减少了人体的活动，这种情况下出现肌肉萎缩，说明失重情况下活动的减少，是引起肌肉

萎缩的最主要原因。

2）失重引起血液循环系统紊乱。肌肉内丰富的血管，是保证肌肉正常代谢和收缩的必要条件。失重可以影响血液循环系统，使血液循环系统出现紊乱，如出现下肢肌肉血液供应减少，血黏度增高，血管结构和形态发生改变。这些变化都会影响到肌肉的血液供应，使肌肉发生萎缩。

（3）对抗措施难以奏效

1）形形色色的对抗措施。为了保障航天员的健康与安全，在空间飞行任务中，采取了许多措施来对抗肌肉萎缩，已经应用的对抗措施主要包括运动、穿着“企鹅服”、使用抗荷服、下体负压、补充水盐、增加营养、药物对抗、肌肉电刺激以及飞行前的适应性训练等。体育锻炼是对抗措施的核心部分，其目的在于保持航天员的健康和有氧工作能力，防止肌肉萎缩，保持运动协调功能等（图6–4）。体育锻炼所用的运动器材有自行车功量计、跑台和弹性拉力器等健身器材。在国际空间站上生活的航天员，每天要抽出两个小时进行走路或跑步训练，以保持肌肉力量。科学家还发明了一种很简单的练习器材，即把两根有弹性的绳子分别固定在太空舱的一侧，航天员把绳子的另一端套在肩上，然后做蹲起运动，以此来锻炼骨骼肌肉。

2）对抗措施的局限性。现行对抗措施对缓解肌萎缩虽然有些效果，但也有其局限性，并且在太空飞行的时间越长，这一问题就越加突出。主要问题是现行的对抗措施对失重肌萎缩的作用不大。俄罗斯和平号空间站的资料表明，每天2～4小时的跑台运动，虽然对保持航天员有氧工作能力与肌肉功能有一定的效果，但无法完全阻止肌肉萎缩的发生。另外，体育锻炼消耗航天员宝贵的工作时间，导致航天器内生命支持物资数量过多，增加了航天飞行成本，对长期载人航天很不利。有些科学家认为，这

图6–5 正在研究中的人工重力设施

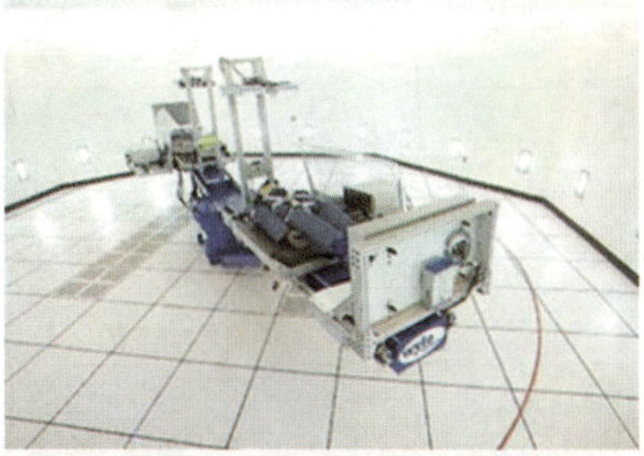

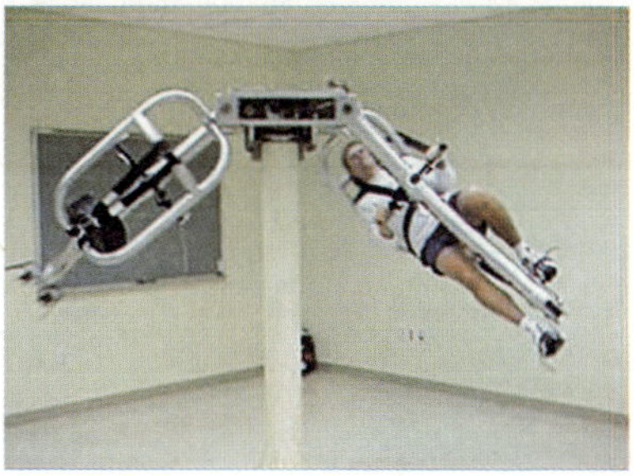

些方法对于短期的太空生活也许有用，但长时间的太空旅行必须依靠人工重力。图 6－5 为正在研究中的人工重力设施。

早在19 世纪末，俄国科学家齐奥尔科夫斯基就提出过一种科学设想，主张在长期航天飞行过程中，利用航天器旋转产生的惯性离心力作为“人工重力”，以此对抗失重带来的不利影响。此外，人工重力不仅是一项根本性的对抗措施，也使长期在微重力(或低重力)环境下的生活卫生和气体环境保护等工程问题变得容易解决，如悬浮颗粒对舱内气体环境的污染，进食、饮水、排便、睡眠等生活不便的问题。但实现人工重力涉及生物医学、工程技术以及居住适合性三个方面的问题，其最终能否实现，还要取决于长期载人航天计划的目标、航天工程技术和经济能力等。

随着国际空间站的建设、载人登月和载人火星探险计划的实施，探讨肌肉萎缩的防护方法，已经成为刻不容缓的问题。在微重力环境中，随着生活和工作的时间延长，肌肉的生理机能及结构损伤是否会逐渐稳定，还是以恒定的速率持续发展下去，人类及动物能否长时间在微重力环境中生活而又能保持健康，至今仍然是个待解之谜。

5. 航天员心血管的微妙变化

人对空间环境是否影响心血管系统功能的关注，可以追溯到人类航天活动的早期。美苏在航天员胸部的 X 光照片中，发现航天员飞行后心脏体积变小，质量变轻。苏联对飞行中意外死亡的 3 名航天员进行尸体解剖时发现，这些航天员的心肌都出现了病理性变化。从航天员返回地球后的表现，可以明显看到他们心血管功能失调，主要表现为超重耐力、立位耐力和运动耐力下降。

(1) 心脏功能真的会减弱吗

心脏有兴奋起搏、兴奋传导、内分泌调节、收缩泵血和舒张充盈等功能。空间失重条件下，心脏收缩和泵血功能出现明显变化，主要表现为射血期缩短，紧张期延长。卧床模拟失重，可以引起心脏收缩力下降，射血效率降低，收缩潜力下降。图 6－6 为心脏示意图。

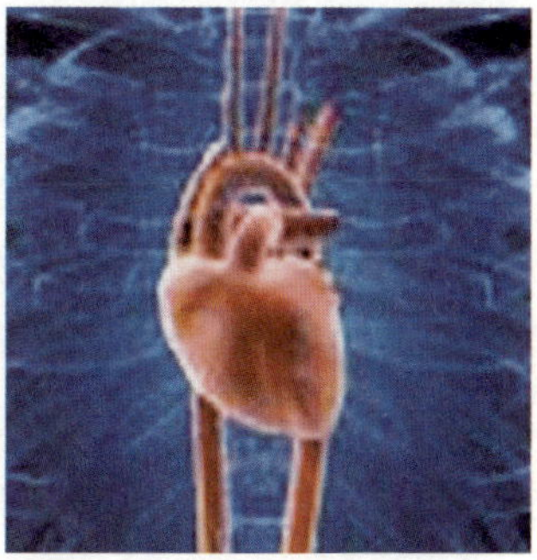

图6－6　心脏示意图

在航天飞行的发射段、在轨运行段、舱外活动段等阶段，航天员的心率常有明显增加，这可能与应激、负荷增加和心理紧张有关。在长期飞行中，航天员一般也表现出心率增加。

一氧化氮是机体内一种重要的“信使”分子，广泛参与细胞内信号的传导过程，其中一氧化氮浓度是心肌收缩和舒张的重要调控因子。研究人员通过检测心肌细胞培养体系中的一氧化氮浓度，发现模拟微重力条件下，心肌细胞一氧化氮的合成显著加强。心肌细胞中有两种酶可以合成一氧化氮，一种是组成型一氧化氮合酶，另外一种是诱导型一氧化氮合酶。前者合成基础水平的一氧化氮，为维持正常的心肌收缩所必需；而后者可合成高水平的一氧化氮，抑制心肌收缩，且对心肌细胞有一定的毒副作用。中国航天员中心的研究结果指出，由于发现模拟微重力条件下后者的表达上调，推测通过这种途径，心肌细胞合成了大量的一氧化氮，过高浓度的一氧化氮，可能是导致失重条件下心肌细胞收缩功能下降的重要原因。进一步的实验表明，模拟微重力条件下，一种通用的细胞内信号分子——蛋白激酶 C，使心肌细胞一氧化氮途径上调。这一成果发表在《中国科学》上，为解释模拟微重力影响心肌细胞收缩功能的机制提供了一个新的角度。如果这些结果通过空间实验得到证实，将为制定中长期空间飞行条件下心脏功能下降的防护措施提供科学依据。

（2）微妙的血管变化

血管的主要功能是物质输送、交换和调节机体血压，血管的基本结构是实现其生理功能的物质基础。目前已有大量研究表明，在失重和模拟失重条件下，由于流体静压改变导致血液头向分布，机体不同部位血管的结构和功能会发生不同性质和程度的变化。

航天飞行中的微重力，可影响机体的血管收缩功能。在航天飞行后的人体立位实验中，没能通过立位测试的受试者，血管功能调节能力明显减弱。航天飞行后，微重力暴露也可能导致机体脑循环发生适应性变化，航天员脑血管发生较飞行前更强烈的收缩反应，而且在失重环境停留的时间越长，这种影响也越严重，恢复时间也更长。

近年来，失重或模拟失重条件下血管结构与功能研究备受重视。尾吊模拟失重可导致大鼠腹主动脉、股动脉、肠系膜动脉的收缩反应明显下降，增强大鼠脑动脉的肌源性张力。另外，位于身体后部的血管，对多种受体介导激动剂如肾上腺素、血管加压素、内皮素1，非受体介导激动剂如氯化钾、氯化钙以及钙离子载体A23187的收缩反应性普遍降低；与之相反，脑部血管（基底动脉）对多种受体介导激动剂如精氨酸加压素、5－羟色胺，或非受体介导激动剂如氯化钾的收缩反应性则为普遍性增强。

6．频发的航天运动病

在太空失重条件下，人的行动不再像地面上那样“脚踏实地”，而是像鱼一样可以“游来游去”。看起来，这似乎是一件美妙而享受的事情，但它真的那么美妙吗？就像地面上有人会有晕车、晕船、晕机等运动病一样，进入太空后，航天员也会受到航天运动病的困扰。图6－7所示为立位耐力下降时下肢血管的适应性变化。

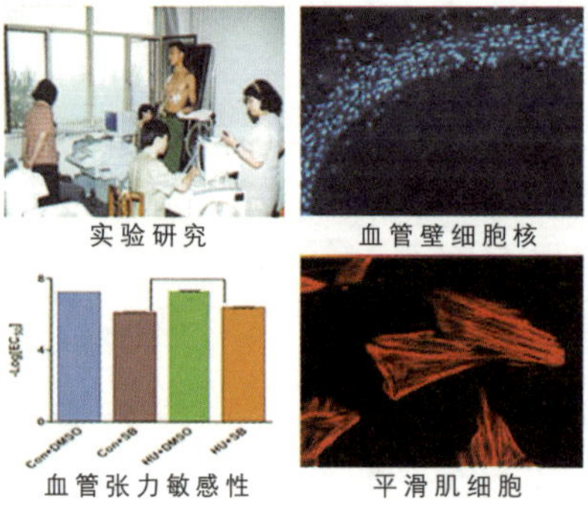

图6－7 立位耐力下降时，下肢血管的适应性变化

科学界第一次知道航天运动病是在1961年9月，当时苏联航天员季托夫搭乘东方2号飞船绕地球飞行到第5圈时，出现了头晕、恶心、腹部不适等症状，当头部运动时，这些症状就会加重。保持连续睡眠状态随船飞行了5圈之后，季托夫的症状开始减轻，返回后症状消失。为了深入研究航天运动病，东方3号飞船的发射被推迟了一年。而同一时期，美国的水星号和双子星座飞船

的18名航天员，并没有发生航天运动病。美国航天医学界曾对苏联关注航天运动病的做法表示怀疑，一直认为航天运动病是苏联的问题，不值得引起重视。不过，阿波罗计划启动之后，美国的观点发生了改变，因为美国航天员在飞行的最初几天，也出现了类似的运动病症状。自此以后，失重条件下由前庭功能紊乱引起的航天运动病，一直是载人航天医学研究的重要课题。

航天员进入失重环境后，最先感受到微重力影响的，就是位于人体颞骨内的前庭系统。由于前庭系统内感受重力作用的耳石接收不到重力作用的信号，原有的平衡被破坏，诱发出新的调整适应过程，人体随之出现种种生理和心理表现，这被通称为空间适应综合征，也称为航天运动病。表6－5列出了美国航天飞机36次飞行中航天运动病的发病率和发病程度。

表6－5　美国航天飞机36次飞行中航天运动病发病率和发病程度

运动病分级	飞行人数		
	第一次飞行	后期飞行	总计
无	32（29%）	28（45%）	60（35%）
轻度	36（33%）	24（39%）	60（35%）
中度	29（27%）	10（16%）	39（23%）
重度	12（11%）	0（0%）	12（7%）
合计	109（64%）	62（36%）	171（100%）

（1）看似很美的漂浮

航天运动病与人体前庭功能机制的变化密不可分。与地面所有前庭刺激一样，太空环境对前庭的刺激会对航天员产生影响，包括空间定向困难、前庭眼动响应、脑高级认知活动的变化等。很多人都看到过航天员在太空中漂浮的画面，并且认为那会是非常美妙的感受，自己也渴望体验一回。太空漂浮真的有看上去那么“美”吗？

1）“游”个不停。进入太空，航天员不再有向下坠落的体验，以前的行走动作被漂浮动作代替。正如一些专家推测的，如果人类长期在太空中生活，可能会进化成类似鱼类的生物，人就像鱼一样在空间站的各个舱内穿行。在失重条件下，地面上建立起来的对外界物体运动轨迹、运动速度的判断策略已不再适用。欧空局的科学家通过地面和太空飞行科学实验，证明在太空中，人脑并没有建立起新模型来判断无重力作用的物体运动方式，而是通过调整地面模型的参数，缩短大脑中枢加工时间，以此来适应太空微重力环境。

2）出现幻觉。地面的前庭刺激，常常诱发人体产生眼震现象，也就是使图像稳定在视网膜上而进行的眼球运动调整。在微重力环境中，有些航天员会出现临床上所见的振动幻觉，凝视、扫视等正常的眼球运动也会发生改变，即前庭眼动响应。

3）脑高级认知活动变化。航天员生活在载人航天器中，微重力作用是无时不在的，虽然进入太空 3～5 天之后，急性航天运动病的一些症状消失了，但有些航天员还会有嗜睡、无力工作、主观能动性下降等慢性运动病症状，影响航天员的健康和工作效率。在某些情况下，这些影响是非常危险的。在对空间飞行历次出现的故障分析中，常常会看到由于航天员忘记在某一时刻开启开关或开启手动调整飞船姿态，忘记关掉自动调姿系统等情况引起的飞船故障，这说明空间中的操作和特殊环境，对航天员的脑高级认知活动产生了较为明显的影响。我国在这方面进行的研究工作已经证明：不同前庭刺激会对脑高级认知活动造成不同的影响，而且这种影响与自主神经响应的变化有潜在的内在联系。

1982 年 11 月 11 日，哥伦比亚号航天飞机进行第 5 次飞行。飞行第 4 天，由于航天员 W ·莱诺尔患了航天运动病，出舱活动计划因此推迟。当他穿上航天服时，发现一个调节器失效，不能维持正常的氧气压力。接着另一名航天员的航天服也出现异常，氧气循环风扇不能正常工作。航天员忍受着航天运动病的折磨，花了一天的时间来打开航天服上的不同开关，但他们始终无法修复航天服，最终不得不放弃了出舱活动。

（2）致命威胁的后果

美国天空实验室第二批航天员成功完成了飞船与天空实验室的交会对接，随即进入天空实验室。此前，3 名航天员的健康状况良好，但进入天空实验室后，航天员很快都患上了航天运动病。病情最严重的是洛斯马，他首先感到恶心，不想吃饭，接着出现了呕吐，前后共呕吐了 3 次，比恩和加里奥特也都感到胃部不适。3 名航天员的食欲都不好，吃饭很勉强，像是在尽义务一样，3 天后才恢复正常。

发病期间，这 3 名航天员曾服用过抗运动病药物，增加了休息和睡眠时间，并根据地面飞控中心的指示做了 900～1 200 次左右摆头动作。一般认为，这种动作有助于航天员的前庭系统尽快适应微重力环境。不过，他们大都不愿意做头部运动，而且行动缓慢小心，以防加重胃部的不适感。在此之前，美苏航天员发生的运动病症状一般都在几小时或一两天内消失，这次竟然持续了 3 天。其中，指令长比恩是第二次参加飞行，他曾参加过阿波罗 12 号飞船的飞行，并曾在月球上行走，当时他并没有患上运动病。

天空实验室第一批航天员在太空停留了 28 天，没有一人出现运动病症状。根据分析，两批航天员的最大不同，就是第一批航天员在对接后，并没有立即进入天空实验室，而是在比较狭小的阿波罗飞船上呆了一夜。第二批航天员在对接成功后，立即进入了宽敞的天空实验室，并过早地开始了活动。由于航天运动病发作，第二批航天员的第一次舱外活动计划被一再推迟，直到 7 天后才实现。

为什么航天员出舱活动会因为运动病而被推迟呢？航天员进行舱外活动时，航天运动病的这些症状被列为Ⅰ类危险因素。航天员穿着带有小型生保系统的舱外航天服进行舱外活动时，如果运动病发作出现呕吐，呕吐物可能严重影响航天服通风、供氧和二氧化碳吸收装置的正常工作。供氧受阻，航天服内剩余的氧气将只够维持航天员几分钟的生命活动。同时，如果航天员吸入呕吐物携带的胃酸，会使肺泡表面张力消失，可能造成血浆穿透细胞膜，对人体带来致命影响。基于上述原因，在航天飞机以及国际空间站的飞行中，航天员进行舱外活动的时间，一般安排在入轨飞行的 3 天以后，这时航天员基本已经渡过了急性运动病发作期，身体处于较为稳定的适应阶段。表 6－6 列出了航天运动病的发病病程及表现。

表 6–6　航天运动病发病病程及表现

飞行时间	发病情况
失重后几分钟至几小时	出现胃肠症状，常伴随干呕，但会出现无前期症状的突然性呕吐，空腹时可重复一次到数次，呕后主观感觉轻松。飞行早期感觉胃部有结节，胃肠道功能低下，出现胃肠胀气等现象
入轨后穿脱航天服时（飞行 0～12 小时）	高敏感阶段，对头或身体的角运动高度敏感，懒于运动
第一天	曾有一名航天员出现心率血压很低，需要进行门诊治疗，一名航天员在运动病恢复期心率明显高于基础心率，须门诊治疗
飞行中	一直有头部充血感，观察不到冷汗和面色苍白
3 天后	症状消失
4～5 天	剧烈头动会重新诱发运动病，除恶心、呕吐、厌食、胃肠胀气外，还包括嗳气、打嗝、打呵欠、对感觉刺激敏感、轻度冷漠、注意力不能集中及主观发热感
7 天	症状基本消失

（3）各显神通的防护措施

许多航天员都认为，航天运动病严重影响了他们的太空生活质量，因此，对航天运动病的预测和防治，一直是航天医学专家需要研究、解决的重要课题。载人航天历史上曾经出现过因为航天运动病导致出舱活动计划被推迟的事件，所以在我国神舟 7 号飞船进行出舱活动任务中，航天运动病的防护成了一个焦点问题，也是我国航天实施医学必须要攻克的堡垒之一。

很多专家对航天运动病的预测不抱任何幻想，原因来自于美国科学家在阿波罗飞船航天员出现航天运动病后进行的有关实验。美国科学家认为，地面运动病的发生和航天运动病的相关性很差，无法对太空飞行中的航天运动病情况进行预测，他们倾向于寻找最佳药物对其进行防治。尽管如此，科学家们也一直没有放弃这方面的努力，如美国科学家试图在太空中通过监测航天员的肠鸣音来判断其胃肠道的功能状况，指导航天员预防航天运动病；欧空局科学家进行的实验发现，8 名航天员在 $3g$ 环境条件刺激下 1 小时后，返回 $1g$ 条件时，出现的运动病状况与太空飞行出现的运动病发病情况非常吻合，目前这项预测工作仍在继续进行验证。

借鉴国际经验，我国科学家也在积极进行相关的预测研究工作。我国科学家的研究目标在于通过寻找导致航天运动病发生的各种个体化因素，包括生理解剖差异、心理因素、前庭生理心理反应类型、相关基因差异以及用药个体差异等，来对其进行预测。

有人评价，美国针对航天运动病进行的地面适应性训练更为人性化，而苏联旋转椅刺激训练方法更像是一种魔鬼式训练。我国的前庭功能地面适应性训练则各取所长，人性化的方面体现在航天员在训练中的积极参与交流，以及教员针对航天员制定的个体化训练方案，魔鬼训练则体现在对航天员训练效果评定的严格和毫不留情上。

利用我国传统医学的优势，在航天运动病药物防治上，我国形成了对抗微重力生理影响的方剂。同时，参考国际上的防治药物，我国研制了易于吸收的口腔崩解剂型以及针剂。相信随着我国载人航天工程的进一步发展，我国的航天运动病研究和对抗体系必将在国际航天的大舞台上以其独有的特色占有一席之地。

7. 航天员免疫功能降低

空间飞行后，航天员的免疫功能特别是细胞免疫功能可能发生变化，其中主要是发生了免疫抑制。苏联对航天员长时间的观察和研究发现，进入太空的29名航天员中，有15名在飞行中或返回后一周发生了细菌或病毒感染，这些感染因子包括流感病毒、肺炎支原体和β链球菌。此外，美国阿波罗系列飞行中，一半以上的航天员在飞行前和飞行中患感染性疾病，特别是在阿波罗13号的飞行中，一名航天员在飞行中发生了尿路感染。从此之后，美国航空航天局严格了航天员隔离制度，要求飞行前7～10天进行隔离。

（1）潜伏病毒随时可能兴风作浪

空间飞行可能引起航天员体内潜伏病毒（图6－8）大量复

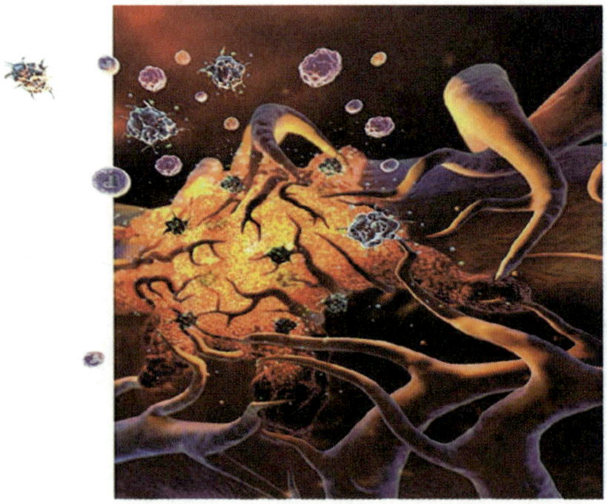

图6-8 人体内潜伏的病毒

制传播。自1999年以来，美国航空航天局在多次空间飞行前、中、后对航天员进行观察，发现航天员身体内潜伏的EB病毒、巨细胞病毒、带状疱疹病毒出现活化。由于目前的航天飞行主要是短期飞行，因此这些病毒尚未引起临床病症。

为了尽量减少航天员携带微生物上天，在进舱前，各国都要对航天员进行检疫，并在起飞前7～10天开始医学隔离。通过这些措施，可以减少航天员携带一般微生物上天的可能。但对深藏于航天员体内的病毒，这些手段不起任何作用，这类病毒称为潜伏病毒。潜伏病毒就像特洛伊木马一样，藏匿于航天员的体内，随时等待机会死灰复燃。如果航天员的免疫系统足够强健，它们会乖乖地呆在那里，不给航天员的身体惹什么乱子。但是，当航天员免疫功能不幸出现问题，对这些潜伏病毒失去了控制和威慑力，它们就会大肆复制传播，在体内找到它们感兴趣的组织器官和细胞进行侵害。这些病毒不但能引起咽炎、传染性单核细胞增多症、慢性疲劳综合征等一些不太严重的疾病，甚至还引起身体重要器官的病变，如肺炎、脑炎、肾炎、肝炎、心包炎等。同时，这些病毒还与鼻咽癌、Burkitt淋巴瘤、Hodgkin淋巴瘤、胃肠道癌等癌症发病密切相关。水痘－带状疱疹病毒活化后，会引发带状疱疹，让人剧痛难忍。

同时，更为可怕的是，航天员长时间在空间飞行，机体的药代动力学也有可能发生变化。此时，机体发生的感染性疾病，用地面常规药物和处置方式可能得不到控制。

上述疾病和表现的主要原因，就是航天员免疫功能发生了变化。研究结果表明，航天员飞行后立即采血和测试，大部分航天员T淋巴细胞增殖能力（机体一种主要免疫功能）下降，淋巴细胞产生干扰素α／β（一种有抗病毒和免疫调节作用的重要细胞因子）等细胞因子能力严重下降，天然杀伤细胞（NK

细胞）杀伤能力降低，中性粒细胞吞噬细菌的能力低于正常值，导致机体整体免疫功能下降。

（2）免疫，身体的安全网

免疫，从字面上理解就是“免于疾病”的意思。免疫系统就像是人类自身的安全防护网，能够防止病毒的入侵。图6－9所示为人体内的免疫细胞。从医学角度来说，免疫是有一个过程的，是指机体识别和排除抗原性异物，保护机体不受外来侵害的特性。免疫主要起到两方面的作用，一是抵御外来病原体和有害物质的侵袭。针对周围存在的极大数量的潜在病原体，免疫系统能产生快速、高度特异性的反应，对机体起到保护作用。二是对体内自身变异细胞起到免疫监视作用。在日常生活中，我们自身感觉不到，其实随着机体的衰老，或者是受到外界有害因素的影响，机体每天都会产生一些不正常的细胞，其中就有癌变细胞。免疫系统能够杀死和清除癌细胞，避免肿瘤发生。

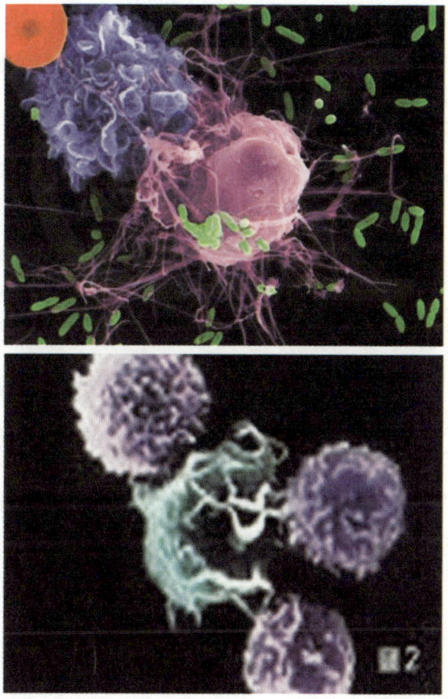

图6－9　人体内的免疫细胞

我们知道，航天员都是经过层层严格的选拔训练，最终才能执行航天飞行任务的，所以说他们的综合素质非常优秀。航天员的身体条件和适应能力肯定是优于普通人的，那么为什么航天飞行会使他们成为疾病易感人群了呢？是什么因素导致他们强大的免疫功能发生了明显下降呢？

首先，在进行空间飞行时，航天员处于一种非正常状态，好像运动员进入赛场，全身心都处于一种紧张状态一样。不仅如此，航天员还受到发射升空时的超重，入轨后的微重力，飞行中的空间辐射、日夜节律变化、繁重的任务、孤独的环境、狭小的舱内空间，返回时的冲击、振动等影响，这在医学上称为应激。应激反射到人的大脑，会迅速激活两类应急激素，一类是儿茶酚胺类激素，另一类是肾上腺皮质激素。这两类激素容易与免疫细胞膜上或细胞内的激素受体结合，它们的结合会以多种方式改变原有免疫细胞的循环和重新分布，同时对免疫细胞功能有抑制作用，如降低T淋巴细胞增殖反应，削弱巨噬细胞的吞噬及细胞内杀伤能力，抑制天然杀伤细胞的功能等。

此外，在空间微重力环境中，有一种和免疫功能息息相关的T淋巴细胞整体结构发生变化，活性下降，对体内外病毒或病菌的进入反应迟钝。这意味着航天员的身体就像“洞开”的城门一样，“外敌”很容易入侵。与此同时，在空间微重力环境中，微生物生长速度加快，再加上航天员所处环境是一个相对密闭的空间，不能像地面一样随便通风换气，双重条件导致微生物密度加大，增加了航天员的感染机会。在航天飞行中，有些微生物可能发生变异，产生毒性增强的变种，对抗生素反应不敏感，这会对航天员造成更大的威胁。

早在20世纪70年代初，在阿波罗飞船的飞行中，科学家们就已经观察到空间飞行后航天员免疫功能的变化。由于迄今为止人类进行的航天飞行主要是短期飞行，而且返回地面后，免疫功能能够恢复正常，因此航天飞行造成航天员发生疾病的报告并不多。但是，以后人类要向深远太空进发，如登陆火星的行程需要2～3年的时间，这必然要面对免疫功能下降带来的后果。在进行深远太空的航天飞行之前，科学家们一定要解决长期航天飞行面临的免疫功能下降问题。随着科学技术的飞速发展，我们相信一定会很快找到问题的核心，获得解决这一问题的办法。

8. 航天员内分泌功能紊乱

内分泌系统是人体内分泌腺及脏器中内分泌组织形成的一个体液调节系统，是人体维持自身运转的八大重要系统之一。内分泌系统调节人体的代谢过程、脏器功能、生长发育、生殖衰老等生命现象，使人体达到维持体内环境相对稳定，适应体内外变化的目的。外在环境改变或者是病菌的入侵，容易影响内分泌系统的功能，导致内分泌系统功能紊乱，对身体产生严重危害。

在航天飞行过程中，航天员受到各种物理因素和环境因素的影响，例如失重、超重、振动、噪声、辐射、昼夜节律改变、狭小的生活环境和舱内有害气体等。这种与地面上完全不同的环境因素作为应激子，极易导致人体体内水盐代谢失衡，继而引起神经内分泌调节紊乱，导致内分泌功能失调，在不同程度上影响航天员的健康状况。

（1）体液“潮水”引发水盐代谢紊乱

航天员在太空飞行时，持续的失重环境会使体内的静水压差消失，导致体液在体内重新分配，航天员体内 2 升左右的体液会从腿部、腹部“逆流而上”，积压到航天员胸部以上的部位。这么多强加过来的体液，如同汹涌而来的“洪水”，在头部和胸部肆意蔓延，使航天员感到一种来自身体内部的强烈压迫感。

体液转移会在航天员体内引起水盐代谢紊乱，导致一系列生理变化。人体心血管系统中到处都分布着压力感受器，特别是胸部低压区（如腔静脉和心房）的感受器，对体液容量的变化十分敏感。当航天员胸部体液增加时，感受器感到“危险”迫近，将变化的信息传给“司令部”——脑中枢，脑中枢就会立即“下令”进行处理：脑垂体减少分泌抗利尿激素以增加排尿量，迫使航天员将头部、胸部“过多”的体液排出体外。当航天员的体液容积减少时，将大量的离子如钾离子、钠离子、钙离子等排出体外，使得血液浓度增大。这时，肾上腺分泌的一种调节人体内无机盐比例的物质——醛固酮，含量也会发生相应的变化，以保持适当的盐离子如钾离子、钠离子比例，维持水盐代谢的平衡。

为了适应太空环境，航天员胸部、头部的“洪水”逐步消退，但是人体的水盐代谢受到影响，会引发生理功能失调，进一步造成水和电解质平衡的紊乱，导致整个人体内环境状况与地面明显不同，从而对人体产生一定的危害。

（2）犹如多米诺效应的内分泌紊乱

对于航天员的身体调节来说，体内的水盐代谢一旦失衡，就会对神经内分泌系统产生刺激，这就如同推倒了一副多米诺骨髀，使神经内分泌系统各功能都受到不同程度的损伤，这对航天员的飞行是非常不利的。神经内分泌系统包括交感－肾上腺髓质系统、下丘脑－垂体－肾上腺皮质系统、下丘脑－垂体－甲状腺系统、性腺等，在不同的飞行任务中，神经内分泌系统、血浆胰岛素和葡萄糖、腺垂体生长激素的功能和活性均会发生不同的变化。

那么，这些变化究竟如何，它们对航天员的身体会产生怎样的危害呢？

1）交感－肾上腺髓质系统的变化与危害。当航天员在太空飞行时，不同于地面引力场的特殊环境，会导致包括心血管功能失调在内的一系列生理功能改变，这种情况会引起航天员血浆中一种叫做儿茶酚胺的激素水平缓慢升高。儿茶酚胺是评定交感神经功能的主要指标，而交感神经又直接参与调节心血管。这样一来，当交感神经受到的刺激增强时，就容易导致航天员心率加快和紊乱，产生高血压等症状。

2）下丘脑－垂体－肾上腺皮质系统的变化和危害。同样是受到儿茶酚胺应激激素增加的影响，人体肾上腺皮质激素会增加，血浆皮质醇水平升高，容易引起航天员皮质醇综合征。

3）下丘脑－垂体－甲状腺系统的变化和危害。同样还是受到儿茶酚胺激素的影响，甲状腺细胞分泌活性和甲状腺激素分泌会下降。这样一来，整个人体的基础代谢会低于正常水平，过多的蛋白质在组织间隙中积存，妨碍细胞间液流回血液，容易使航天员产生皮下浮肿、记忆力减退等症状。

4）下丘脑－垂体－性腺系统的变化和危害。在微重力环境中飞行时，体液的“洪水”效应导致水盐代谢紊乱，性激素功能会受到抑制，导致睾酮分泌下降，这会对航天员的健康产生不利影响。

除此之外，航天医学研究还发现，航天员在微重力环境长时间飞行时，受水盐代谢的影响，还容易发生一种叫做“亚临床糖尿病”的病症，表现为血浆葡萄糖水平升高，糖耐量异常，胰岛素耐受，氨基酸代谢异常。

空间飞行导致的激素分泌水平变化，有助于理解空间飞行导致骨丢失、肌肉萎缩、免疫系统功能抑制以及神经内分泌系统的作用机制。空间飞行中激素的变化，可参与激活肌肉组织分解代谢过程，减少骨形成，导致骨质疏松症，抑制免疫系统活性，调节体液和电解质，影响心血管对微重力的反应。所以失重环境下机体神经内分泌调节、内分泌激素分泌的变化情况，一直受到国内外航天失重生理学家们的关注。

(3) 氧化应激，内分泌功能紊乱的元凶之一

载人航天40多年的空间飞行，已经有力地证实了内分泌功能的改变或紊乱，都会对航天员心血管功能、肌肉运动功能产生影响。个别在空间飞行作业的航天员，甚至会因为内分泌功能的紊乱，不得不中止空间飞行任务。因此，探寻内分泌功能紊乱产生的根本机制，寻找合理的治疗方式，一直是航天医学专家的重要任务。

随着分子生物技术手段的日新月异和太空实验条件的不断改善，近年来，一批科学家从细胞、分子水平进一步研究微重力条件下内分泌细胞功能状态的改变，从分子水平上更准确地揭示航天特因环境对机体造成各种危害的内在原因，为太空中航天员的安全防护提供科学依据。经过多方面的研究，空间飞行过程中机体细胞的氧化应激损伤越来越引起人们的关注。

氧化应激是指由反应性氧化物质引起的破坏，包括对核酸、蛋白质、特殊酶以及组织器官等的破坏。氧化应激被认为是许多疾病的病理因素之一。

大家都知道，我们所呼吸的氧气是机体细胞产生能量必需的。氧气与我们的生命息息相关，然而，生命所必需的氧气也有其不利的一方面。尽管航天员机体消耗的氧气绝大多数被结合还原成无害的水分子，但是仍然有极少量极具活力的氧分子成为氧自由基，这些氧自由基容易进入细胞，并且对细胞造成危害。许多实验表明，航天员在失重条件下进行太空飞行作业时，会增加机体的氧化应激水平。通过大量的研究，科研人员发现微重力环境可以导致神经内分泌细胞的蛋白质、脂质和DNA的氧化损伤，具体表现如下。

1）细胞骨架形态发生改变，有序性降低。

2）细胞蛋白质尤其是细胞骨架蛋白硝基化、羰基化程度加重。

3）细胞脂质过氧化程度加重。

4）细胞核DNA 出现不同程度的损伤。

这些研究结果，为解释太空内分泌功能紊乱的机理提供了新的思路，同时也为太空飞行中航天员的健康防护提供了科学的理论依据。

由于空间实验条件的限制，目前关于空间环境内分泌效应的研究，仅限于空间飞行中各类激素含量的变化，其变化对航天员行为、昼夜节律、空间工作能力的影响，还需进一步阐明。未来应重点研究机体对长期空间飞行中各种应激负荷的反应。为了评估空间飞行各种防御措施的有效性，还需在细胞和分子水平进一步研究激素调节变化引起的代谢和功能变化机制，这些研究对于保证人类在空间环境中长期驻留至关重要。

9. 失重，细胞也形变

细胞，是生命的基本结构和功能单位。图6－10 显示了动物细胞的剖面结构。空间环境条件下，细胞、分子如何感受重力变化？细胞内是否存在特异性的重力变化传导途径和信号分子？这些细胞内信息能否引起相应的基因反应，并最终导致细胞生理生化功能的变化？

目前已进行的空间飞行和地面模拟实验研究，涉及的细胞类型多达20 余种，包括成骨细胞、骨髓细胞、T 淋巴细胞、B 淋巴细胞、红细胞、Hela 细胞、肺二倍体纤维母细胞、心肌细胞、心肌成纤维细胞、血管内皮细胞、上皮细胞、软骨细胞、神经元和神经胶质细胞、肾皮质上皮细胞等；揭示的微重力或模拟失重条件下导致的变化，包括细胞形态、信号传导、细胞分化、基因表达、DNA 损伤、亚细胞组分的定位、细胞凋亡、细胞运动、大分子物质的合成和分布、细胞修复、细胞因子的合成和分泌、糖基化作用和生物膜形成等，几乎覆盖了细胞分子生物学研究的所有内容。宇宙782号生物卫星的飞行结果表明，红细胞自发性溶血比地面对照高3倍，红细胞寿命下降5%。Hughes等对成骨细胞MC3T3-E1的研究表明，在微重力条件下，MC3T3-E1细胞生长速度减缓，细胞核缩小。Sarkar等发现，模拟失重24小时35%的ROS17/2.8细胞出现凋亡。

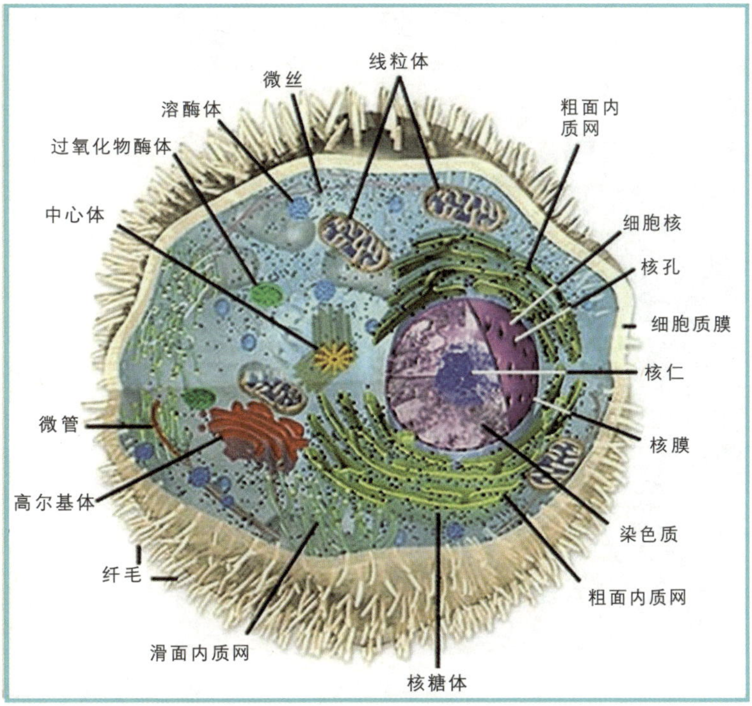

图6-10 动物细胞剖面图

细胞骨架可以感受重力，并对其变化作出反应。随着空间生命科学研究的不断深入，对空间微重力诱导的细胞学效应研究的关注焦点，已逐渐集中于细胞骨架系统。

（1）细胞骨架：微重力作用的“感受器”

细胞骨架，可以说是真核细胞中的“骨骼”。细胞骨架由3种不同的网状结构组成：微管、微丝和中间丝。微管是由微管蛋白亚基组成的刚性管状结构，微丝是由肌动蛋白组成的实心细丝状结构，中间丝是由多种相关蛋白组成的坚韧的绳索状纤维。图6-11显示了不同形状中的细胞骨架。

当地面的1g重力环境变为空间微重力环境时，细胞骨架不仅能够感觉到这种力学变化，而且会立即作出相应的反应。

在显微镜下，细胞骨架的组成成分看上去似乎很稳定，但这只是一种表象。细胞骨架其实也是一种高度动态变化的结构，它能够通过蛋白单体的解聚和聚合迅速重新组织，形成适应于特定环境的特定结构，并执行相应的功能。

通过对不同分化程度的成骨细胞进行观察，在微重力或模拟微重力条件下，细胞骨架的变化主要表现在以下几个方面。

1）从长丝状结构变化为短多聚体结构——微管和微丝解聚、变短。

2）由以细胞核为中心的有序网络排列，变化为无序的紊乱状排列——Actin 应激纤维、微管、中间纤维形态异常，有序性降低，

3）即使短时间的重力变化，也可导致细胞骨架的紊乱。在只有 20 秒微重力和 1.8g 失重、超重交替进行的失重飞机实验中，也可观察到细胞骨架的形态变化。空间飞行 4 天后，成骨细胞的微管骨架几乎完全坍塌（解聚）。图 6－12 显示了不同力学条件下的细胞骨架结构。

4）一些药物特别是中药，可以抑制空间环境导致的细胞骨架解聚，恢复成骨细胞功能。这已经在 Photon－12 返回式卫星

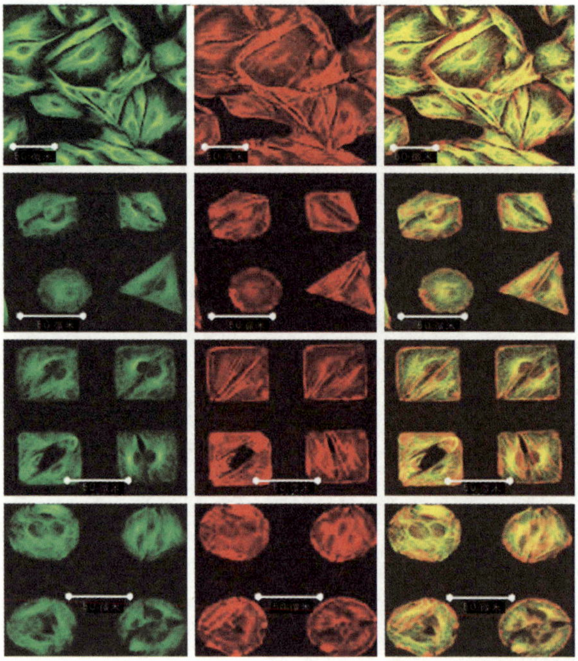

图6－11 不同形状中的细胞骨架

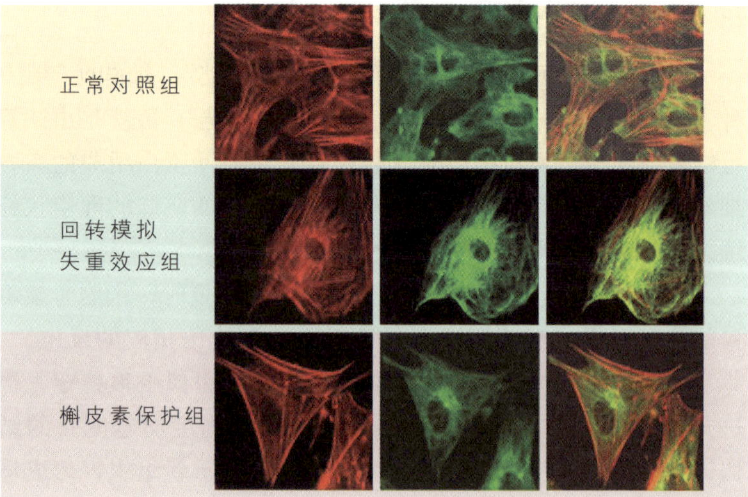

图6－12 不同力学条件下的细胞骨架结构

进行的成骨细胞搭载实验中得到证实。

在包括成骨细胞系和鸡头盖骨原代培养等多种细胞实验中证实，在空间甚至短到20秒的失重飞机实验中，均可观察到细胞形态的变化。微重力条件下，被血清激活的静止成骨细胞生长降低60%，4天后微管骨架几乎完全坍塌（解聚）；航天飞机STS-76、STS-81、STS-84飞行中的研究证实，这种坍塌在微重力条件下24小时就可出现。

在Photon-12返回式卫星搭载的成骨细胞研究中发现，细胞培养液中加入中药SHJ，可抑制空间环境导致的细胞骨架解聚，调节成骨细胞功能。《动物学报》刊登了中国航天员中心关于细胞骨架分布变化的研究结果。研究人员分别利用抗微管蛋白的单克隆抗体和微丝蛋白的荧光探针，对心肌细胞内的微管和微丝骨架进行了免疫双荧光染色。这组在激光共聚焦显微镜下拍摄的照片，用绿色和红色线条显示细胞内微管和微丝形成的网络。“染成红色平行分布的微丝，以及染成绿色形成紧密网络的微管，特别是在微管网络中心的一个细胞核‘空洞’，让人体会到一种生命与自然的美感。”实验结果表明，模拟微重力条件下心肌细胞的微管、微丝分布发生了显著变化，微丝和微管集中分布于近细胞核的区域，而靠近细胞膜处的分布很少；同时，微管和微丝排列的有序性下降，有一定的弥散性趋势。

（2）整合素：微重力信息的“传递者”

整合素（Integrins）是连接细胞外基质和细胞骨架的一种特殊蛋白质，它能与细胞骨架一道为细胞适应重力变化作出贡献。

通过大量的研究，科学家发现细胞骨架可以通过整合素感受到包括重力在内的所有力学变化，并可通过整合素将力学信号传递到细胞内部（图6-13），这就是“细胞张力整合模型”。

许多控制蛋白合成、能量代谢的酶和一些细胞生长的因子，都是以物理方式固定在细胞骨架上的，当整合素移动时，细胞骨架会变得坚硬。细胞骨架受力后的扭曲和形变，可能会影响激活细胞内特定的信号传导途径和基因，引起细胞骨架变化，并将其转化为生物学信息，调节、改变细胞的结构功能和

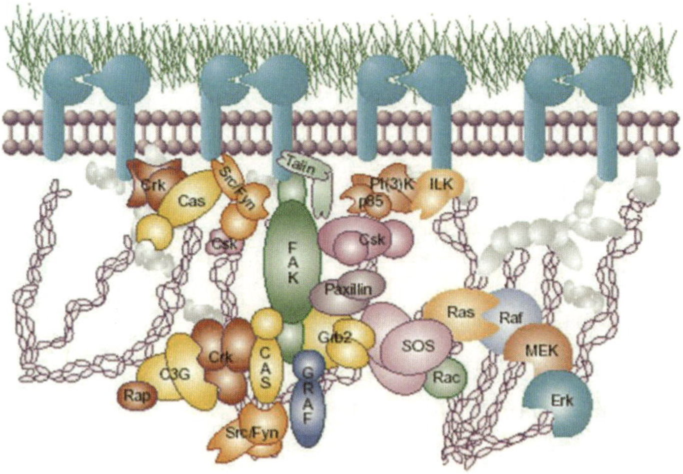

图6–13 整合素参与的细胞信号途径

基因表达。在细胞骨架的触发激活下，细胞开闭不同的基因程序，一系列的适应性细胞反应也就随之产生了。

结构与功能相适应，是细胞生命的本质特征之一。微重力环境通过细胞骨架和整合素导致骨细胞的结构发生改变，必然也会导致其功能特征发生变化，这种变化主要表现为细胞内的基因表达与蛋白表达的变化。

（3）基因表达：微重力效应的“调控子”

越来越多的实验证明，微重力可影响机体的基因表达，使一些与成骨相关的基因和蛋白表达下降，如在成骨过程发挥重要作用的蛋白——骨钙素、I型前胶原、前α2（I）链表达减少，前列腺素E2分泌延缓和减少，COX–2基因的表达下降。有报道指出，空间飞行10天后，幼年大鼠骨膜中组织特异性表达的TGF–β mRNA水平降低。正常情况下，1,25(OH)2D3和TGF β可以诱导MG–63细胞的分化，增加MG–63细胞骨钙素、碱性磷酸酶的表达，卡梅列特（Carmeliet）发现微重力可以抑制这种诱导分化的作用。微重力下，1,25(OH)2D3和TGF β诱导MG–63细胞中与分化相关的基因和蛋白的表达作用降低，细胞骨基质形成能力下降，成骨活性降低，这表明成骨细胞特定分化基因对微重力敏感。

图6–14 细胞骨架的变化可以引起启动子几何形状的改变，从而将环境的力学信号与基因表达调控偶联起来。这一途径可能也参与了细胞对微重力的感受和响应

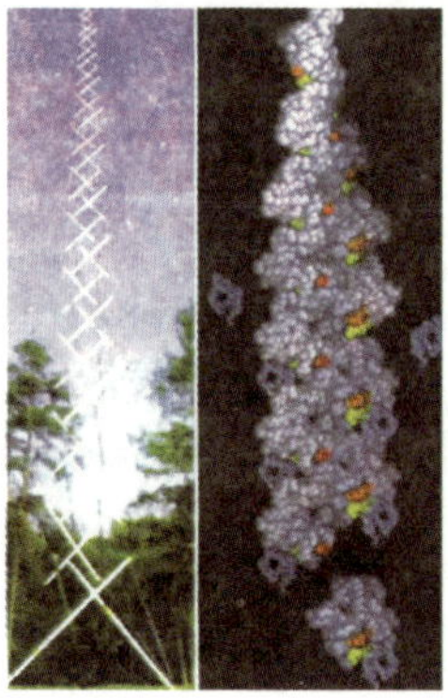

休斯·富尔福德（Hughes–Fulford）在航天飞机STS–76飞行实验中发现，c–fos mRNA上升，COX–2下降，而肌动蛋白的mRNA没有变化，并得出静止期成骨细胞进入细胞周期的速度变慢的结论，认为重力因素在细胞和分子水平有直接的效应（图6–14）。

在空间飞行细胞的10 000个基因中，有1 600个基因发生了明显变化。地面尾吊模拟失重大鼠心肌的基因芯片结果也显示，与对照组相比，模拟失重后，与细胞骨架相关的400个基因中，有71个基因发生了明显变化；在体外培养的软骨细胞中，模拟失重导致4 000个基因中的116个表达出现变化。利用构建的能稳定表达特定报告基因的转染细胞系，研究模拟微重力对I型胶原（COL1A1）基因启动子活性的影响，发现模拟失重可特异性地影响I型胶原基因的启动子活性，调节细胞外基质合成。

人们期待从空间微重力或模拟失重导致的基因变化中发现重力变化敏感基因，或与空间骨丢失、肌肉萎缩等空间病理现象直接相关的基因及其蛋白表达产物，以实现对空间生理、病理变化的本质认识和有效对抗（图6－15）。

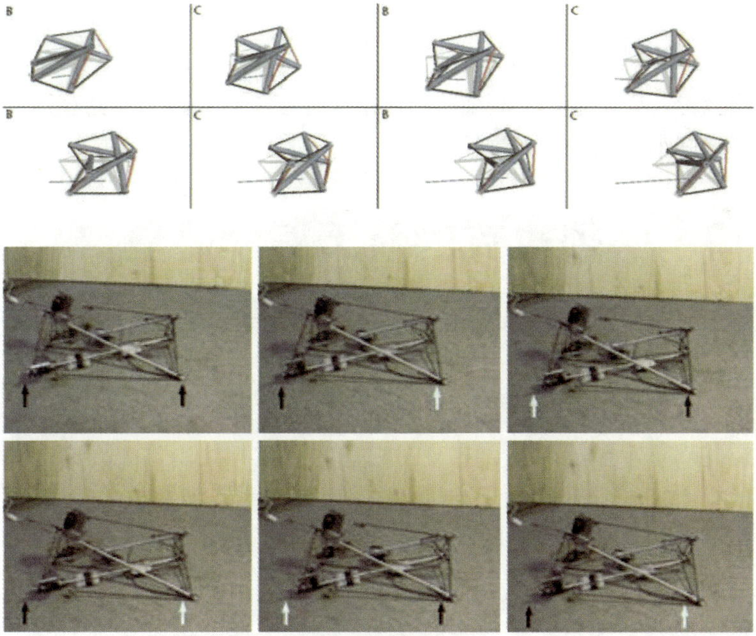

图6－15 细胞采用了一个小尺度、自组织、张力整合的骨架结构，这种结构稳定性好，响应速度快，并且易于控制

（4）组织工程：微重力的独特贡献

空间微重力环境所具有的特殊性和模拟失重细胞学技术平台，如美国航空航天局研制的低剪切力旋转培养器，使体外条

图6–16 旋转培养器条件下三维生长的心肌细胞

件下获得三维生长的组织器官成为可能。这种三维生长的细胞更接近于体内真实生长环境，为研究某些确定因素的影响提供了金色平台，也为研究微重力条件下药物代谢反应提供了较为理想的实验模型（图6–16）。马里安·刘易斯（Marian Lewis）博士在航天飞机STS–69的空间飞行中，在体外条件下进行了心肌细胞三维培养尝试，期待体外培养的这种组织从STS–69飞行时的1/4英寸×1/4英寸（1英寸=2.54厘米）大小生长到STS–80飞行时的3/4英寸×3/4英寸，成为可以作为损伤组织修复“补丁”的组织团块，奠定组织工程的基础；2002年9月，在STS–112飞行中，成功进行了肝细胞的三维体外培养研究，在体外获得了三维肝细胞克隆，并维持其功能长达数周。

10. 必须攻克的航天医学堡垒

人类对于太空的认识和利用才刚刚开始，浩瀚无际的太空，神秘遥远的宇宙，还有无穷的秘密等待着人类的探索和发现。人们期待从微观生命世界中认识失重骨丢失、肌肉萎缩等空间病理现象的本质，实现对它们的有效对抗和防护，这是人类全面进入太空前必须攻克的航天医学堡垒。神舟5号、6号、7号载人飞行的圆满成功，极大地激发了中国人探索太空、研究空间生命、关注航天员健康的热情。目前，空间探索正在向更深的领域和更广泛的空间发展，空间生命科学研究也面临着新的机遇和挑战。我们相信，人类有足够能力来应对这种挑战，以创建适合人类发展的生存环境，开辟人类生存发展的新天地。

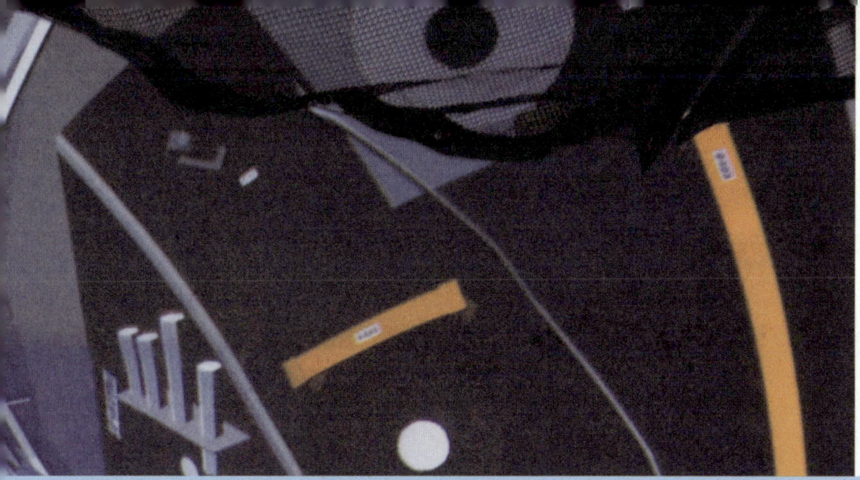

第七章

模拟环境　似真似幻

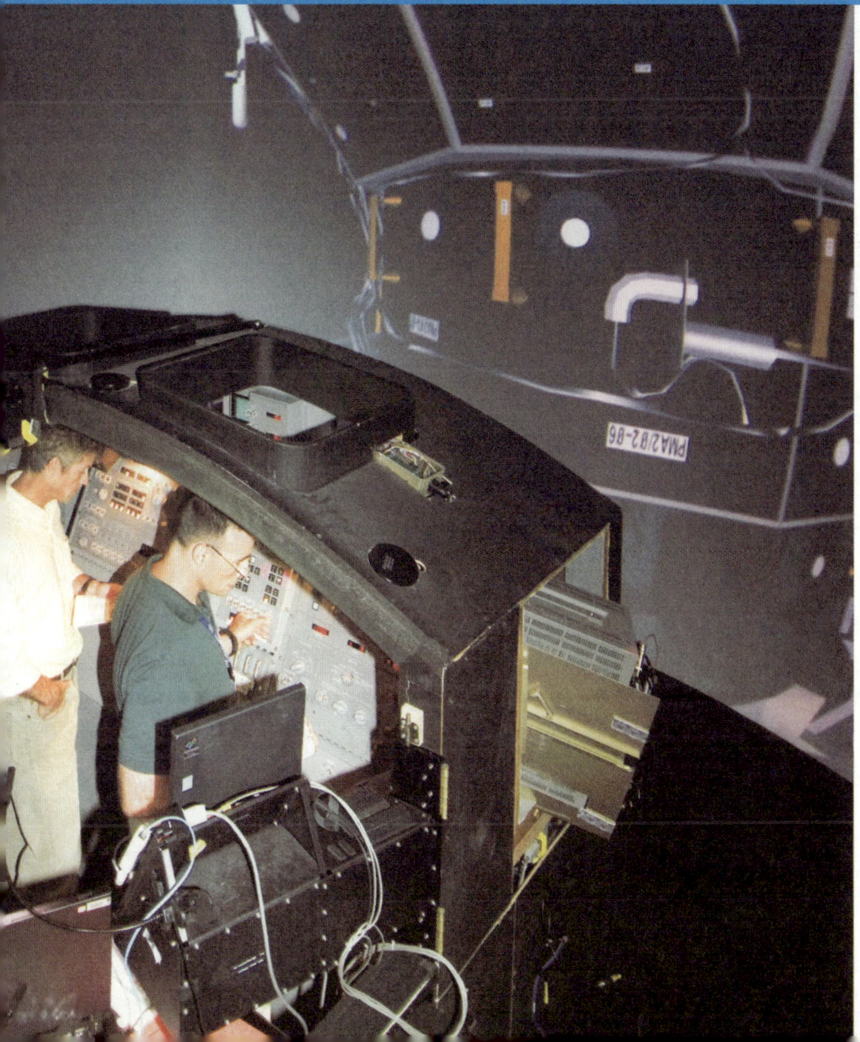

载人航天器从发射、在轨飞行到返回的整个飞行过程中，会遇到各种各样的环境，包括高真空、冷黑、太阳辐射和微重力等空间环境，航天器飞行时诱发的诱导环境，以及乘员舱内的大气环境和航天服内微小大气环境等人工环境。

面对复杂多变的载人航天环境，航天员只有在地面作好充分试验和训练准备，才能圆满完成载人航天飞行任务。地面试验和训练离不开模拟技术、模拟设备。

1. 真空、辐射、冷黑
—— 航天空间环境模拟

浩瀚无垠的太空对人类来说既熟悉又陌生。熟悉，是因为载人航天活动已经开展了几十年，人进入太空已有数百次了；陌生，是因为太空环境如此复杂，以至于每次载人航天活动，仍充满着无数变数和巨大风险。面对复杂多变的载人航天环境，航天员只有在地面作好充分试验和训练准备，才能圆满完成载人航天飞行任务。

地面试验和训练离不开模拟技术、模拟设备。要了解模拟技术和模拟设备，首先要认识载人航天环境。

（1）真空环境及模拟

在载人航天器所处的500千米轨道高度上，空间真空度为10^{-6}帕左右；在1 000千米的轨道高度上，空间真空度为10^{-8}帕左右。

在进行航天器和舱外航天服空间环境热模拟试验（主要是热真空试验和热平衡试验）时，关注的问题主要是真空环境对试件热特性的影响。真空度达到10^{-2}帕以上时，辐射传热已经成为主要的传热形式，对流和传导传热的效应已经可以忽略。因此，空间模拟设备模拟的真空度达到10^{-3}帕数量级，已经能够较为真实地模拟航天器飞行轨道真空环境的热交换效应，不必追求更高的真空度。只有一些特殊的试验，如真空干摩擦和冷焊试验等，才需要提供更高真空度的试验设备。

（2）太阳辐照环境及模拟

太阳每时每刻都在向宇宙空间辐射巨大的能量，太阳光的波长覆盖从10^{-14}米（γ射线）到10^{4}米（无线电波）的宽阔区域，不同波长的太阳光，辐射的能量也不同。可见光辐射的能量最大，可见光和红外光的辐射能量占太阳总辐射能量的90%以上。

在轨道飞行中，航天器和舱外航天服主要接受三部分辐射能量：来自太阳可见光和红外辐射的能量、地球反射太阳辐射的能量和地球大气的热辐射能量。航天器和舱外航天服吸收的这些能量影响其温度及分布，吸收能量的大小取决于其结构外形、表面材料特性和飞行轨道。波长小于300纳米的紫外线，辐射能量虽然只占太阳总辐射能量的极小部分，但会使材料表面的光学性能发生很大的变化。紫外辐射效应主要表现为光化学效应和光量子作用。

太阳辐射模拟试验可以模拟太阳辐射环境对航天器和舱外航天服产生的太阳光谱热效应和太阳光谱光化学效应。如果仅模拟热效应，则称为空间外热流模拟。模拟空间外热流有两种方法，一类是入射流模拟法，也称为太阳模拟法；另一类是吸收热流模拟法，又称红外模拟法。一般外形和表面材料形状复杂的试件，宜采用太阳模拟法；外形规则，表面材料形状单一的试件，则可采用红外模拟法。如果需要模拟紫外辐照环境的光化学效应，可利用紫外辐照模拟器进行。

(3) 空间冷黑环境及模拟

宇宙空间冷黑环境的等效温度约为3K，热吸收率为1，可以看作是没有热辐射和热反射的理想黑体。当没有太阳辐照时，宇宙空间是一个完全“冷”和“黑”的空间。在这个冷黑环境中，物体发出的所有热能被完全吸收，因此也被称为热沉环境。冷黑环境对航天器和舱外航天服的热性能有极大的影响，研制航天器和舱外航天服，必须在模拟的冷黑环境中进行充分的热真空和热平衡试验，验证其热设计和热性能是否满足要求。

为了模拟空间冷黑环境，通常使用铝、铜或不锈钢材料制成的构件，将其内表面涂上高吸收率的特制黑漆，并将液氮通入构件内部，这种装置称为热沉。目前，世界各航天国家均采用这种以液氮作冷源的热沉来模拟空间冷黑环境，因为热分析理论计算和试验数据分析表明，用77K液氮温度和吸收率为0.9以上的热沉来模拟空间冷黑环境，模拟误差仅为1%左右，完全能够满足冷黑环境模拟试验的要求。另外，追求更低的温度是不必要的，而且会大大增加技术难度和模拟设备的投资。

2. 超重、失重、冲击
—— 载人航天动力学环境模拟

在航天动力学环境中，与航天员有关的动力学环境称为载人航天动力学环境，主要包括振动、冲击、超重和噪声等环境因素。这些环境因素是在航天器发射升空、火箭分离、变轨飞行以及返回着陆等过程中产生的。其中和航天员安全关系最密切、最重要的动力学环境，是载人航天器正常发射升空和返回着陆时的超重和冲击环境，以及发射失败逃逸救生、应急返回着陆过程中的大载荷超重和冲击环境。

(1) 航天员经历的超重环境

飞行器（含航天员）的超重环境又称过载环境，过载的定义是飞行器飞行中作用在飞行器上的外力（除重力外）除以飞行器的质量。在载人航天器发射过程和再入大气层过程中，航天器和航天员都会承受较大的过载。

为了克服地球引力，航天器在发射升空过程中，利用火箭的动力，逐步加速至入轨速度。在加速过程中，加速度产生的惯性力作用，使载人航天器中的航天员处于超重状态。飞船发射时超重过载可达到 $5\sim8g$，航天飞机可以控制在 $3g$ 的水平。

航天器完成轨道飞行返回地面的过程中，离轨段制动火箭的动力减速和再入大气层的气动减速，也会使航天器中的航天员承受很大的过载，其持续时间和峰值与航天器返回时的再入角和航天器本身的动力状态有关。目前，飞船正常返回时，一般最大过载值为 $4\sim5g$，航天飞机则不大于 $3g$。异常情况时的应急返回，超重过载值会大大超过正常值，在飞船发射段的应急逃逸过程中，航天员可能会遇到 $8\sim15g$ 甚至更高的超重过载作用。

航天员经历的超重过载持续时间，一般在数十秒至数分钟之间。不同方向的超重过载，引起的人体生理反应不同，对人体影响较大的是纵向超重过载(也称头－盆向超重)和横向超重过载（也称胸－背向超重)。超重力的作用方向、数值大小、持续时间以及变化速率，是描述航天员所承受的超重载荷的主要参数，也是超重环境模拟设备需要模拟的主要参数。

(2）航天员经历的冲击环境

航天员在航天飞行中会经历各种冲击环境。在上升段，由载人航天器火工品工作完成的点火、关机、分离、解锁等过程，均会产生爆炸冲击环境。由于这种冲击载荷衰减得很快，一般在20 毫秒以内，因此对人体的危害较小，但对航天器上的工程构件有较大影响。对人体影响较大的，是返回着陆过程中的开伞冲击和着陆冲击。如果在发射段启动逃逸救生程序，返回段采用应急返回方式，或者返回过程中着陆缓冲系统失效，航天员将会遇到高载荷的冲击环境。

冲击载荷的量级与冲击过载值的大小、时间长短以及过载值增长率等参数有关。过大的冲击量级，会造成航天员身体严重机械性损伤，甚至危及生命。载人航天器运载系统、逃逸救生系统、着陆系统、伞－舱－座椅缓冲系统和束缚系统等有关工程系统的性能，必须满足冲击医学的要求，将航天员在各种冲击环境下所承受的冲击量级，限制在人体可以耐受的范围之内。

(3）航天员经历的失重环境

载人航天器在轨道上飞行时，当不计稀薄大气产生的气动力和反作用姿态控制力时，航天器所受到的离心力近似地与所受到的地球引力相抵消，载人航天器和载人航天器内的航天员处于失重环境中。严格地说，其实航天员是处在微重力环境之中，因为这时的重力量级在10^{-4}～$10^{-3}g$水平，并不是真正为零。

3. 大气压力
—— 乘员舱大气环境模拟

(1) 乘员舱大气环境

人在宇宙空间高真空、强太阳辐照和冷黑的恶劣环境中是不能生存的。载人航天器的绝热密闭乘员舱可以将航天员和宇宙空间环境隔离开，对空间有害的环境因素进行防护。载人航天器的环境控制和生命保障系统，可以在乘员舱内创造一个适宜人生活的人工大气环境，提供航天员所需要的生命保障和工作保障条件。

为了使乘员舱内的人工大气环境符合人的生理需求，在研制载人航天器乘员舱时，必须对其工程设计，如乘员舱结构设计、绝热设计以及环控生保系统设计等，提出相应的医学要求。在载人航天器正常飞行状态下，要保证处于乘员舱人工大气环境中的航天员不会发生减压病、耳膜损伤、缺氧症或氧中毒症，不受二氧化碳及其他有害气体侵害，也不因过度的高温和低温损伤身体。

对乘员舱大气环境提出的医学要求，从医学角度来说应该是安全的，能够确保航天员的身体健康和生命安全。同时，从工程角度来说，还应该是合理和可行的。这二者有时相互矛盾，甚至是对立的，要将其协调起来是一件困难的事情，往往需要利用乘员舱大气环境模拟设备，进行大量的航天环境医学研究实验，才能够将二者协调起来。

(2) 乘员舱压力应急环境

航天飞行中，微流星、陨石或空间碎片有可能击穿乘员舱以及舱门，发生泄漏等突发事故，导致乘员舱异常减压而进入压力应急状态。在压力应急状态中，乘员舱内大气压力和氧分压的持续降低，会使航天员发生严重急性缺氧及减压病。如果减压速度太快，还有可能由于人体内脏急速胀气，造成人体机械性损伤。压力应急状态是一种极易导致航天员死亡的紧急严重事故状态，是航天飞行中最危险的应急状态之一。

在乘员舱出现压力应急状态时，通常采用如下压力应急防护措施。

1）环控生保系统转入压力应急状态工作模式，加压供氧系统自动为失压的乘员舱供氧补氮，减缓其减压速度，并使舱内维持一定的氧分压，以便使航天员在穿航天服的过程中，不致处于过低的大气压力和氧分压环境，避免航天员产生低压缺氧和减压病。

2）航天员尽快穿上舱内航天服，避免身体直接暴露在低压和低氧状态。乘员舱是航天员的一级防护手段，舱内航天服则是二级防护手段。当航天员穿上舱内航天服后，环控生保系统向服装内供应大流量纯氧，舱内航天服上的压力调节阀将服装内的大气维持在一定的压力水平上，以免其随乘员舱的压力一起持续下降。在这种情况下，尽管乘员舱的大气压力和氧分压可能迅速下降到很低的水平，但处于舱内航天服内的航天员，可以呼吸到纯氧并处于适当的大气压力下，从而避免出现缺氧症状或减压病。在发射、返回、对接和变轨等载人航天的复杂和危险飞行阶段，发生事故的可能性相对较大，因此，航天员在这些飞行阶段必须穿着舱内航天服，以保证在出现意外情况时的生命安全。

3）选拔低压缺氧耐力强、减压病易感性低的人作为航天员，以使其对压力应急环境有较强的对抗能力。

4）加强航天员的技能训练，避免出现可能造成压力应急事故状态的误操作，使航天员具有紧急处置压力应急状态的能力。

4. 载人航天环境模拟设备

如何在地面再现纷繁复杂的载人航天环境，并通过对这些环境的模拟开展各种试验研究、试验验证以及航天员特殊环境因素的训练等工作，使航天员在训练过程中熟悉、适应这些环境，并为航天员找到应对这些环境的措施，以确保其安全、可靠地完成飞行任务，就是地面模拟设备需要解决的问题。

需要说明的是，在地面条件下模拟航天环境，存在“相对逼真性”与局限性。在地面条件下对航天环境进行模拟，既可以真实地复现航天环境，也可以是一种效应模拟。效应模拟并不一定完全真实地复现航天环境，而是采用适当的方法，仅产生航天环境所形成的效应，以便达到同样的试验目的，这就是所谓的等效模拟方法。采用等效模拟方法，是因为完全真实地复现航天环境，有时是不可能或不必要的；有时受科学技术发展水平的限制，等效模拟不可能实现，如长时间的真实失重环境和宇宙空间的超高真空环境等；有时虽然技术上有可能实现，但需要付出极大的代价（比如增加研制模拟设备的技术难度和投资），而仅模拟所需要的航天环境效应，也可以达到同样的试验效果。一般来说，大部分地面模拟试验都采用等效模拟方法，等效的目标既可以是物理效应等效，也可以是医学生物学效应等效，或者是主观感觉效应等效等。

（1）乘员舱大气环境模拟设备

飞船内环境模拟舱和舱内航天服试验舱，是典型的乘员舱大气环境模拟试验设备。

1）飞船内环境模拟舱。飞船内环境模拟舱（图7－1）可以提供不同的座舱压力、增压和减压速率、氧浓度、二氧化碳浓度、温度及湿度等试验环境，可用于航天环境医学实验。中国采用的乘员舱大气环境模拟舱舱体直径为2.8米，长6.8米，舱内分为生活间、工作间和卫生间三个舱室及过渡间，可以同时容纳5名受试者进行连续30天的试验。舱内压力可在101～25千帕范围内调节，增减压速率可调节；空气温度可在10～40℃范围内调节；相对湿度可在30%～70%范围内调节；氧浓度可在

图7－1 飞船内环境模拟舱

21%～50%范围内调节。试验中可监测并控制二氧化碳浓度，使其低于设定的限值。该舱载人试验安全措施完备，配有生理参数舱内外传输通道、舱内外通话系统、舱内摄像监视系统和舱内人员使用的供氧装置。

图7－2 舱内航天服试验舱

2）舱内航天服试验舱。舱内航天服试验舱（图7－2）可模拟载人航天器整个飞行过程中座舱内部可能出现的气候环境。该舱为长5.8米、内径2.6米卧式圆筒结构，分为高空舱和副舱两个舱室，两舱之间有双向密封门，可进行1～2人的载人试验。高空舱内压力可在0.667～101千帕范围内调节，副舱压力可在20～101千帕范围内调节，增减压速率可调节；副舱可进行减压速率最高达36千帕／秒（101～54千帕范围内）的快速减压试验；高空舱内空气温度在－20～55℃范围可调，露点温度在10～40℃范围可调（相对湿度在20%～90%范围内），空气紊流速度在0.5～4.0米／秒范围内可调节；高空舱配有服装气源系统，流量在40～350升／分范围内可调节，露点温度在6～26℃范围内可调节（相对湿度在20%～80%范围内），氧浓度在21%～95%范围内可调节；可监测舱内氧浓度和二氧化碳浓度。该舱载人试验安全措施完备，配有舱内外生理参数传输通道、通话和摄像监视系统、舱内人员使用的供氧装置以及用于救治减压病的高压氧舱。

（2）乘员舱压力应急环境模拟设备

除舱内航天服试验舱外，应急生保试验舱也可用于模拟乘员舱压力应急环境。科研人员通过大量压力应急模拟实验，研究乘员舱异常减压对人体的影响并提出防护措施，利用该舱可对舱内航天服系统和环控生保系统对抗压力应急状态的能力和有效性进行验证和评价。

应急生保试验舱由两个独立的试验舱——主舱和副舱组成。

图7–3 应急生保试验舱主舱（左）

图7–4 应急生保试验舱副舱（右）

主舱（图7－3）是载人试验舱，模拟密封绝热的飞船返回舱和轨道舱。副舱是与主舱配套的非载人产品试验舱，模拟非密封的飞船推进舱。

主舱舱体结构为卧式，直径为2.3米，直筒段长4.0米；空载情况下舱壁温度在0～50℃范围内可调；舱内极限压力不大于2千帕，舱体密封并绝热。

副舱（图7－4）舱体为卧式结构，直径为2.3米，直筒段长为1.5米；空载时副舱内的极限压力不大于1.3×10^{-3}帕；舱壁温度可在－30～70℃范围内交变，舱壁的温度变化率大于1℃/分。

（3）空间环境模拟设备

空间环境模拟设备又称空间环境模拟器，是用来模拟航天器运行轨道空间环境因素的设备，可用于航天器和舱外航天服的研制和试验。

中国航天员中心2007年建成的空间环境模拟设备是舱外航天服试验舱（图7－5）。舱外航天服试验舱由舱体、热真空部分、粗抽系统（含普通复压）、紧急复压系统、服装悬吊装置、训练支持设备、测控系统（含摄像监视及通话系统）、循环冷却水系统、液氮系统等组成。其中热真空部分包括热沉、氮系统、高真空主抽气系统、检漏系统、红外模拟器、热真空功能测控系统等。训练支持设备包括服装参数显示系统（含服装物理参数、受试者生理参数）、服装气液供应装置（出舱保障综合控制台、服装控制台、舱载换热器等）、服装氧源和冷源、

图7－5 舱外航天服试验舱

服装故障模拟装置等系统。

舱外航天服试验舱主要用于模拟轨道空间环境的真空、冷黑(热沉)和太阳辐射三个基本参数。

该舱圆柱段长6.5米，内径4.2米，为卧式圆筒结构，可容纳1套内装拟人载荷的舱外航天服进行真空热试验，可容纳2套舱外航天服进行压力性能试验，可容纳2名穿着舱外航天服的受训者进行训练和体验试验；舱内空载极限压力不高于1.3×10^{-4}帕；在航天服向舱内的漏气速率为2标准升／分时，舱内压力小于6.7×10^{-3}帕；出现紧急情况时，舱压在5秒内可复压到41.3千帕（相当于地面7千米高度的气压），可视情况在10秒内继续复压到地面气压；仅粗抽系统工作，在舱外航天服水升华器排水蒸气2.8千克／小时工作条件下，能够维持舱内的压力不高于10帕；能够模拟飞船气闸舱的泄压和复压曲线；热沉表面温度低于100K；配置红外模拟器，能模拟舱外航天服在太空受到的热辐射；配备有能在真空环境下工作的舱内照明和通话系统，在热真空环境下工作的舱内摄像监视系统；配备有服装悬吊装置，能抵消舱外航天服在地面的重量，便于航天员训练；配备有训练支持设备，能向进行训练的舱外航天服供应气液电，实时监视舱外航天服的物理参数和受训人员的生理参数，能模拟舱外航天服可能出现的故障。

（4）载人航天超重环境模拟设备

载人离心机是目前世界各航天国家普遍采用的超重环境模拟设备。这类设备具有安全、超重环境参数（过载值大小、增长速率、作用时间和方向等）可控制和重复性好等优点。实践证明，离心机训练是最为有效的航天员基础训练之一，是维持和提高航天员超重耐力最有效的手段。

载人离心机一般由转台、转臂、吊舱、拖动系统（包括驱动电机及传动装置）、转速控制系统、引电环系统、过载值测量系统、生理信号监测系统、摄像监视与通话系统等组成。

中国航天员中心在用的超重训练，是一台以大型载人离心机为主体，能够模拟飞船上升段和返回段超重过载环境及其他超重过载环境的综合训练设备。该设备的旋转半径为8米，最大过载值16g，最大过载增长率6g/秒，最大过载下降率2g/秒；吊舱为单人单轴舱，最大载荷165千克；设备运转中，可对吊舱内受试者的生理参数进行实时监测，同时设有通话及摄像监视系统，并具有完善的安全连锁及安全保护功能。

（5）载人航天冲击环境模拟设备

载人航天冲击环境模拟设备是进行载人航天冲击环境模拟实（试）验的主要手段，常见的有垂直跌落式冲击塔和水平火箭车式冲击机等。能够实现冲击环境模拟的试验设备，从结构形式上有水平式与垂直式两种；从刹车方式上有弹性金属带减速刹车、气动刹车、液体阻尼刹车等多种。

图7-6　水刹车冲击塔

目前我国能够用于载人的冲击环境模拟设备是中国航天员中心的垂直式水刹车冲击塔（图7-6）。该冲击塔由塔架、冲击平台、水刹车阻尼装置、平台起吊机构和导向机构、电控系统、高度测量及冲击信号记录系统等组成。水刹车冲击塔用水作为阻尼介质，具有可产生大脉宽冲击波形、无

二次反弹现象、重复性好等独特性能。该设备可产生过载峰值为2～80g、脉冲宽度为15～200毫秒的多种常用冲击波形，如半正弦波、任意三角形波、前锯齿波和后锯齿波等。平台使用尺寸为1 200毫米×900毫米，最大载荷500千克。

（6）载人航天失重环境模拟设备

中性浮力水槽是对航天员进行失重环境下运动与作业训练的一种极为有效的设备，在载人航天舱外活动技术的发展中，起到了极为重要的作用。利用中性浮力水槽可以进行出舱维修作业程序的研究，对航天员进行出舱维修作业技能训练，还可以进行载人航天器结构（乘员舱内整体布局、舱内外辅助器具和设施的设置等）和维修工具工效学的研究及评价试验等。

图7–7　美国约翰逊航天中心的中性浮力水槽。该水槽1995年建造完成，是当今世界上最大的中性浮力训练设备。水槽长61.6米，宽31.1米，深12.2米，主要用于国际空间站的装配试验

美国、俄罗斯、日本、法国、欧空局等均建有中性浮力水槽，并且不断提高中性浮力试验的技术水平。美国建有多个中性浮力水槽，且仍在不断改建，以扩大规模和改进性能。俄罗斯加加林航天员中心现有一个中性浮力水槽，使用频度很高。由此可见，各航天国家对中性浮力水槽和中性浮力模拟试验的重视程度。图7－7为美国约翰逊航天中心的中性浮力水槽。图7－8为日本失重环境试验设备。

中性浮力模拟方法以人在失重状态下对运动和力的感觉为模拟目标。其模拟原理是，将穿着水槽训练航天服的受试者全部浸没在水中，通过对人和服装组成的系统实施配重的方法，使其在水中受到的浮力和重力大小相等，即使其达到能够保持一定姿态的中性浮力状态，这时受试者会产生一种漂浮感。

图7–8　日本失重环境试验设备。该设备1994年完成建造，1995年投入使用，直径16米，深10.5米，用于国际空间站任务中日本承担的试验舱的各种水下试验

由模拟原理可以看出，中性浮力模拟方法并没有产生真实的失重环境，也没有真正消除重力对受试者身体的作

图7-9 中国的中性浮力水槽

用，而是仅为受试者提供了人在失重状态下对运动和力的一种感觉上的效应。但是美俄两国进行过航天飞行的航天员普遍反映，这种模拟效果很好，十分逼真。

中国航天员中心2007年建成的中性浮力水槽（图7-9），由水槽本体及支持系统、训练及试验支持系统、训练及试验指挥系统三大部分组成。其中水槽本体及支持系统是训练和试验的基础设备，包括槽体、水系统、冷却水系统、照明系统、起重设备等。训练及试验支持系统为航天员进行水下训练或试验提供生命保障条件和装备支持，包括水槽训练航天服及地面生保系统、潜水装备、航天器模型、加压舱等。训练及试验指挥系统为训练或试验提供指挥手段，包括摄像监视系统、通话系统、生理参数监测系统和测控系统等。

中国的中性浮力水槽槽体为圆筒形结构，直径23米，水深10米，用不锈钢材料制作而成。能保证2名航天员同时进行训练，训练期间水温维持在28～30℃；配备有起吊设备，以保障航天器模型的转运和组装，以及穿着水槽训练航天服的航天员出入水面；配备有水槽训练航天服及地面生保系统，潜水装备和航天器模型；配备有生理参数监测系统，可对航天员的心电、呼吸和体温等生理参数进行实时监测；配备有摄像监视和通话系统，可实时监视记录训练现场情况，并可随时与航天员进行通话联络。

图7-10　失重飞机

利用失重飞机（图7-10）进行抛物线飞行获得失重环境，是目前被广泛应用的方法。世界上没有专门的制造商生产失重飞机，失重飞机一般由运输机、歼击机或其他现有机型改装而成。并不是所有的飞机都可以改装成失重飞机，失重飞机对机身强度、最大飞行速度、最大进入姿态角、最小操纵速度和气密舱容积等都有一定的要求。

对基本机型进行特别设计和改装而成的失重飞机，能够进行抛物线失重特技飞行，在飞行中可获得短时间的失重环境。这种特技飞行的轨迹，是位于与地面垂直的平面内的一条抛物线，所以称之为抛物线飞行。飞机作抛物线飞行时，先以45°角迅速爬高（称急升段），当飞机爬升至抛物线顶点时，又以30°角下降（称下降段）。飞机在急升段向下降段的转变过程中，在抛物线顶点附近能获得20～30秒的失重时间，此时参加

图7-11　航天员在失重飞机上进行失重训练

训练的人员可以获得失重环境体验，进行失重环境操作训练(图7-11)。

美国早期由C-130B型运输机改装成的失重试验机，能够获得约15秒的失重时间，后来由KC-135喷气式空中加油机改装成的失重试验机，获得了约25秒的失重时间。美国还曾将T-33、F-104等型号的战斗机改装后进行失重飞行，但目前美国使用得最多的失重试验机还是KC-135。

苏联曾对图-104飞机进行改装，并获得了约30秒的失重时间。目前俄罗斯训练航天员的主力机型，是四发动机重型运输机伊尔-76改装的大型失重飞机。

我国曾在20世纪70年代初进行过失重飞机改装技术研究，成功研制改装TF-5型小型失重飞机，并获得了40秒左右的失重时间，此后完成了270余架次的各类失重飞行试验和实验研究。因该机型改装的年代已经久远，现已放弃使用。

5. 载人航天飞行模拟技术

载人飞船进入太空飞行前，驾驶飞船的航天员需要熟练掌握操作飞船的技能。载人飞船环绕于地球之外，具有很大的风险性，因此无论从哪方面来讲，不可能让航天员在实际的飞船飞行中尝试航天员的训练。通常的办法是在地面环境下，采用模拟手段训练航天员。

国外开展载人航天以美国和苏联/俄罗斯最早，规模也最大。这两个国家实际发射的载人航天器种类和型号很多，航天员队伍也非常健全。多年的实际载人飞行，使这两个国家积累了丰富的航天员训练经验，建立了系列的、先进的航天员训练模拟设备。

美国的载人航天活动先后经历了水星号、双子星座、阿波罗、天空实验室和航天飞机计划。在这些计划中，都建造了相应的动态、静态训练设备。在水星计划中，美国采用了很多种训练模拟器。据统计，在水星、双子星座和阿波罗三个计划中，美国共使用了30多种模拟器，训练了59名航天员，这些航天员飞行前的总训练时间为91 000小时。其中，在模拟器上训练的时间约38 000小时，约占总训练时间的42%。水星程序训练器、双子星座飞行模拟器、阿波罗指挥舱模拟器、阿波罗登月舱模拟器，以及后来的航天飞机模拟器，是其中比较庞大、完整且应用最多的训练模拟器，为美国航天员的地面训练和载人飞行作出了重要贡献。

随着载人航天器型号的变化，苏联／俄罗斯相应的训练模拟器也不断出现。东方号、上升号、礼炮号、联盟号和和平号等载人飞行计划，苏联／俄罗斯都建造了相应的模拟器，航天员训练体系健全，训练设备齐全。

我国载人航天工程开始实施后，在借鉴国外先进技术的基础上，根据我国载人航天的实际需要，近些年来相继研制了许多训练模拟设备，初步建立起了具有一定规模、技术先进的航天员训练系统，如多个飞船单项系统训练台、计算机辅助训练器、固定基全任务飞行训练模拟器等。这些设备已用于我国航天员的各种训练，并取得了良好的效果，为我国载人航天工程的实施提供了有力的保障。

航天飞行训练模拟器是以相似原理、控制理论、计算机技术、航空航天原理和工程实际等专业技术为基础，以计算机和各种物理效应设备为工具，基于信息等效原则和人机界面等效原则，采用实物、半实物和数字仿真方法，模拟真实飞船的内部环境和全部人－机界面，模拟生成人的视觉、触觉、听觉等人能感知的物理环境和信息环境，提供受训人员地面环境下对飞船飞行操作的训练。飞行训练模拟器是典型的人在回路的飞行仿真系统。世界上第一台飞行模拟器“林克机”，由美国人林克在1929年研制成功，它的诞生实现了人在地面实验室进行飞行试验训练的梦想。

伴随着仿真技术、计算机技术、信息技术的发展，很多现代模拟技术和手段被引入到飞行训练模拟器的研制中，具体体现在以下几个方面。

1）运用机理建模、系统辨识、模糊建模、神经网络建模及模糊神经网络建模等仿真建模技术，建立各种航天器系统的模型，使其动态响应、精度等能够很好地满足训练要求。

2）采用计算机成像、数字音响播放、多自由度运动控制技术，使得针对航天的视景、音响、运动模拟技术不断提高，可以更逼真地模拟航天飞行过程。

3）人工智能、神经网络、专家系统等智能技术的应用，使仿真建模、仿真计算、系统控制及训练评价方法有了很大程度的提高。

4）基于虚拟现实技术的训练模拟器已开始进入实用阶段。

5）分布交互式仿真开始应用到大系统联合演练中。

训练模拟器按照用途和复杂程度的不同，一般可以分为三类：全任务飞行训练模拟器、专项训练模拟器和计算机辅助训练器。全任务飞行训练模拟器可以说是“地面上的太空船”。典型的全任务航天飞行训练模拟器应具备下列功能。

1）航天器环境模拟功能。提供航天器模拟座舱，配置各种必要的舱内设备，座舱内部界面环境和操作环境与实际航天器一致。

2）航天器运动模拟功能。模拟航天器正常飞行和各种应急飞行过程的动感，包括所有仪表显示、事件通报、音响噪声，按飞行程序和航天器姿态显示光学瞄准镜及舷窗视景。

3）人工控制与操作训练功能。具有人工控制与操作训练功能，可实现手动运动控制操作、仪表操作及舱内照料设备的操作训练。

4）天地通信模拟功能。具有模拟船地通信功能，可根据飞行时间向航天员通报进入、飞出测控通信区，可模拟地面指挥和医监人员与航天员通话。

5）航天器故障模拟功能。能模拟各种航天器典型故障状态，可进行故障判别、故障排除的训练。

6）训练控制功能。教员可设置训练科目，设置或解除故障，可控制模拟器训练过程的冻结和解冻；可设置“跳飞”功能，实现可变倍率的“快飞”功能；可以控制模拟器进行复位。

7）训练监视功能。教员可监视模拟器的飞行过程、仪表板的显示信息、视景显示图像，可监视航天员的操作过程和操作结果，监视航天员舱内的活动，监视航天员的生理信息。

8）训练数据记录功能。训练模拟器具有训练档案数据库，可存储训练记录数据，可记录训练的基本情况，包括受训航天员的姓名、训练时间、训练科目、训练结果等，并记录航天员在舱内的操作情况。

9）模拟器系统状态监测功能。具备检查、监测模拟器系统的启动和运行状态的功能。

10）训练评价功能。具备对训练数据的统计分析功能，可对训练效果提出初步的评分结果。

6. 载人航天飞行训练模拟器

一个典型的全任务航天飞行训练模拟器通常由 8 大部分组成，分别是实时仿真计算分项系统、模拟座舱分项系统、运动分项系统、仪表仿真分项系统、视景分项系统、音响分项系统、教员控制台分项系统、辅助支持分项系统，如图 7－12 所示。

（1）模拟座舱

模拟座舱主要为航天员训练提供航天器的界面环境，在半实物仿真中提供身临其境的实物环境。根据所仿真的航天器以及承担的训练任务不同，模拟座舱的结构形式和数量也不相同。例如，针对航天飞机的飞行训练模拟器，其模拟座舱是乘

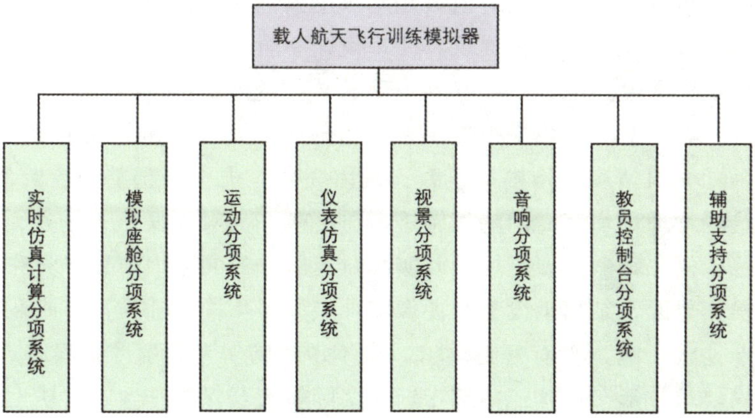

图7－12 模拟器系统组成示意图

图7－13　模拟座舱环境

员舱，主要用于操作和任务训练；而对于全尺寸的航天飞机训练器，其模拟座舱包括了乘员舱、中舱和货舱等舱段，主要用来让航天员熟悉航天飞机内各系统的位置，以及机上的实验、生活环境；针对飞船的全任务飞行训练模拟器，其模拟座舱包括返回舱和轨道舱；针对空间站的训练模拟器，其模拟座舱可包含多个舱段；对于单项任务训练模拟器，根据训练任务的不同，可以是单一座舱，也可以是多个模拟座舱。为了安放模拟座舱并为使用、维护提供方便，模拟座舱一般还设有基座和舱外工作平台。图 7－13 为神舟飞船模拟座舱的内部画面。

航天飞行训练模拟器主要用于航天员的操作和任务训练，因此一般情况下不模拟压力、气体成分、失重和超重等因素，这些物理环境有专门的设施进行仿真模拟。对于操作和任务训练，模拟座舱主要是提供与实际航天器一致的舱内布局界面和操作界面，结构上没有必要像实际航天器一样。通常模拟座舱不是气密舱，没有密封要求，也不用热防护和辐射防护设备，只要求外形、尺寸、内部布局与实际航天器保持一致，材质上通常采用金属或者木质。

模拟座舱内部通常安装有仪表系统、舱内操作照料设备、舱内工艺模拟设备、舱内医监设备、航天员座椅、电气管路接口、通话装置、照明装置等，并为视景显示装置、音响模拟设备、座舱空调、航天服气源、电视监视摄像机等提供安装的环境和接口。模拟座舱内所有设备的安装位置、尺寸大小、操作特性与实际航天器一致，训练模拟器特有的设施，一般在不破坏舱内布局界面的情况下，尽可能隐蔽安装。舱内所有需要航天员操作的设备，实际上是真实设备的复制品，有些为了训练需要进行了特殊的改装和调整。另外，还有一些不需操作的设施，一般用工艺模拟件来代替，这些设备只是在外观、尺寸和安装位置上与实际航天器相同，不具备电特性和操作特性。

（2）仪表操纵模拟

仪表是航天员最主要的观察和操作界面。航天员可以通过舱内仪表板上的各种显示器、信号灯和语音通报，获取航天器飞行状态及各系统工作状态的信息，并且可以通过操纵仪表板上的各种开关、按键来控制航天器。通常在飞行训练模拟器上，舱内仪表板都采用实物，以保证与真实航天器一致。当然，有些地方根据训练的要求进行了一定的改造，主要是增加了仪表板上所有开关、按键操作的信息采集设备，以便教员能够监测到航天员的各种操作，为训练评价提供依据。图 7－14 为俄罗斯飞船仪表模拟器。

图7－14　俄罗斯飞船仪表模拟器

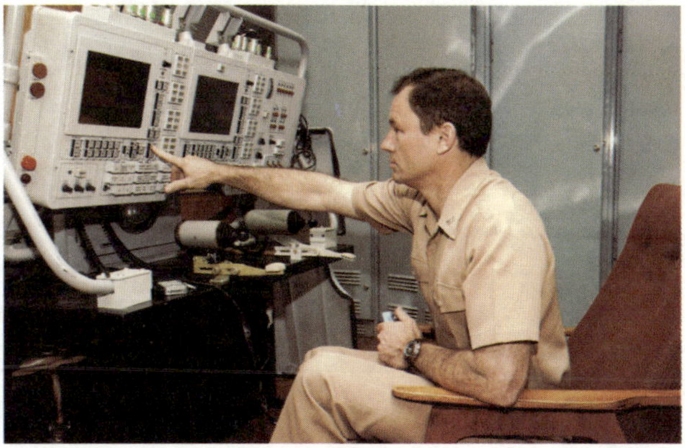

对于载人飞船飞行训练模拟器，其仪表仿真系统一般包括舱内仪表板、数据管理仿真系统、接口控制和教员台上的虚拟仿真仪表(也称为软仪表)。

舱内仪表板通常包括多功能显示器、数码显示器、各种信号灯板、指针式仪表部件、控制开关板、语音报警单元等显示和操作部件，这些部件由单片机、嵌入式计算机等进行驱动、控制及数据处理，可显示和通报飞行程序、重要事件以及飞船各系统的重要参数和工作状态，可操作控制开关板对飞船各系统进行控制。在飞行训练模拟器上，主要通过数据管理仿真系统接收指令和数据。

接口控制和数据管理仿真系统仿真飞船的数管系统，对模拟器实时仿真计算系统给出的仿真数据进行格式转换，对各种指令和数据进行分类处理和界限判别，然后按照飞船数据总线格式重新组织数据报文发送给舱载仪表板。接口控制和数据管理仿真系统还要采集航天员仪表操作信息、舱内其他设备操作信息、航天员生理监测数据，与舱载仪表板下传的数据一起，转换为模拟器的网络报文格式，传送给模拟器其他系统。

虚拟仿真仪表是舱载仪表板的镜像，主要是采用计算机图形技术来生成舱载仪表板的仿真图像，通过接收仿真数据和舱载仪表板下传的仪表操作信息，完全同步地反映舱载仪表板的所有状态，包括所有显示界面、显示内容、各种信号灯状态，控制开关板上所有开关、按键、旋钮的状态，以及同步播发语音报警单元的事件通报。通过虚拟仿真仪表，教员可以随时了解和掌握仪表的工作状态，以及航天员对舱载仪表及控制器的操作。

(3) 动感模拟

对于运动基训练模拟器，比如航天飞机的运动基训练模拟器来说，需要配置运动系统。运动系统是提供动感的仿真设备，可根据航天器产生动感的原理，建立相应的数学模型和软件，在计算机中实时接收模拟器运动参数，生成特定的激励信号，驱动能产生动感的设备，从而实现模拟器运动，使航天员获得逼真的动感。

一般能产生动感的仿真设备有以下几类。

1）平台式运动系统。该系统可分为3 自由度、4 自由度、5 自由度和6 自由度等平台式运动系统。6 个自由度是指升降、纵向、侧向3 个线运动及俯仰、偏航、倾斜3 个姿态角运动。

平台式运动系统一般允许的角度变化范围在±30°以内，线位移在1～1.5米以内，因而只能在有限行程内提供航天器瞬时过载动感、重力分量持续感及部分抖动、冲击信号。

2）抖振座椅。抖振座椅是在模拟器受训人员座椅上安装能产生与机体垂直轴平行的抖振信号的抖振器。抖振信号的频率和幅值可由计算机软件控制，信号源是模拟航天器失速、刹车、着陆接地时产生的抖振信号，抖振幅值可达到±2.5厘米，频率可在20赫以内变化。

3）抗荷服。抗荷服是给受训人员提供一个持续过载感觉的仿真装置。抗荷服采用能施加压力的头盔、背包装置，可以让受训者的触觉感知与真实情况基本一致。

在飞行训练模拟器中，最常见的是协同式运动系统。协同式运动系统一般由液压、机械、控制、计算机及电源等组件组成。机械组件包括底座、平台及传动装置等。计算机支持软件接受来自飞行系统的参数，经过适当的运算和变化，得到有感作动筒的行程参数，经过控制组件，形成各种监视和控制信息，监控机械组件的运动。

反映运动系统性能特点的主要指标是工作范围、负载、频率响应、固有频率、阻尼、平滑度、稳定度、静态精度、轴间交叉耦合影响、漂移、同步和系统传递延迟等。通常最关心的是工作范围、负载及频率响应等。

从飞行系统的飞行参数到运动系统中的驱动信号，都需要经过坐标变换等多种复杂运算。由于运动平台作动筒行程极其有限，与飞船在空中的飞行完全不同，所以平台在完成一次突发运动以后，必须缓慢地（航天员感觉不到）返回到中立位置，以准备执行下一次突发运动。洗出滤波就是计算出驱动运动平台的基本参数，包括3个线位移值和3个角位移值。超前补偿是根据运动系统的滞后特性，对从洗出滤波中得到的驱动运动平台的基本参数进行修整，得到动感更真实的运动平台参数。运动平台的瞬时姿态取决于6个作动筒中各个作动筒活塞杆伸长度的不同组合。所以，必须把前面计算得到的6个平台驱动参数转换成为每一个作动活塞杆的伸长度，并进一步转换成相应的驱动信号，控制液压系统驱动相应的作动筒运动。

（4）视景模拟

视景仿真是训练模拟器极为重要的组成部分。视景仿真系统提供载人航天器各种观察窗、光学瞄准镜(也称为潜望镜)、舷窗等航天器外部动态视觉景观的模拟，为航天员训练建立一个逼真的视觉环境。视景仿真系统依据航天器的轨道和姿态，可精确模拟地球地貌、地球晕轮、云层、星空背景(包括+5等以上的绝大多数恒星和行星)、太阳、月亮、昼夜交替、再入大气层的“火烧”、着陆区景观等视景，给航天员提供视觉动感，使航天员能够通过视景判断航天器的飞行状态(正常或非正常)、船下点位置和姿态。

视景仿真大体上有两类，一类是点光源视景系统、电影放映系统和沙盘模型／闭路电视视景系统，通常早期的模拟器视景仿真系统采用这类方法。随着计算机技术和计算机图形学的迅速发展，现代飞行模拟器普遍采用了另一类视景仿真方法，即计算机实时生成图像的视景仿真。下面以载人飞船飞行训练模拟器为例，介绍计算机实时生成图像的视景仿真技术。

载人飞船可对外观察的视觉通道主要有两种：光学瞄准镜和舷窗。光学瞄准镜主要用于对地观察，在执行交会对接任务时，可通过折光板观察目标航天器。通常光学瞄准镜由9个视窗组成，包括1个中心视窗和8个周边视窗（图7－15）。当飞船在正常轨道飞行时，光学瞄准镜正对地球，在中心视窗上可观察到70～90千米范围的船下点地貌，周边视窗可观察到地球边缘。若轨道高度正常，地球边缘刚好位于周边视窗中心刻度线上。通过中心视窗和周边视窗上的刻度，航天员可判断出飞船飞行的大概高度、飞行方向、飞船的飞行姿态(俯仰、偏航、滚动角度)等。舷窗也是航天员重要的观察通道，通过舷窗，航天员可观察到地球和星空，然后通过地貌和星座判别方位。

图7－15 光学瞄准镜视窗布局

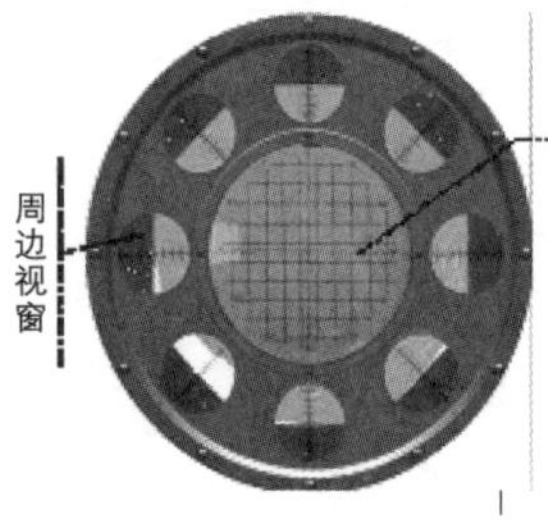

载人飞船飞行训练模拟器的视景仿真系统，主要任务就是仿真光学瞄准镜和舷窗的动态视景。通常采用

计算机实时生成图像的视景仿真系统，主要由视景仿真计算机、光学瞄准镜成像显示装置、舷窗无限远成像显示装置(分光镜式光学准直系统)、全球地貌数据库、星空数据库、视景仿真软件、视景仿真开发工具软件等组成。当模拟器运行时，视景仿真计算机根据教员控制台的指令，以及实时仿真计算系统给出的飞行程序、飞船轨道数据、飞船飞行姿态数据，实时生成相应的光学瞄准镜和舷窗的视景图像，由安装在模拟座舱周围的光学瞄准镜成像显示装置和舷窗无限远成像显示装置显示，提供给航天员逼真的视觉运动感觉。载人飞船全任务飞行训练模拟器的视景仿真系统，可以提供从飞船抛整流罩开始一直到返回着陆为止全部飞行过程的视景仿真图像。

(5) 音响模拟

音响仿真系统提供对载人航天器飞行过程中各种声音的模拟，为航天员训练建立一个逼真的听觉环境，如图7－16所示。航天员可以通过听觉环境的模拟，熟悉载人航天器飞行过程中各种事件和各种设备的工作状态，通过声音判断航天器的飞行状态是否正常。

进行音响仿真，首先要采集仿真对象的各种声音素材，并对这些素材进行分析、滤波去噪、特征提取处理等工作，形成

图7－16 音响模拟

音响仿真声音素材库。

音响仿真的方法通常有模拟式音响仿真、数字式音响仿真和模拟数字混合式音响仿真。

模拟式音响仿真采用电子线路构成模拟音响发生器，每个发生器模拟一种特定频响的声音，由混频叠加电路混合各种音响发生器的输出信号，经功率放大后，驱动发声器播放。其特点是实时控制能力强，随着飞船状态的变化，播放的声音参数可以随时调整。但是模拟式音响系统的声音逼真程度受音响发生器设计的影响，在仿真声音种类很多的情况下，很难实现很好的声音逼真效果。

数字式音响仿真采用数字信号处理器，或直接采用计算机软件构成音响发生器，采用数字序列来表示音响信号波形，并用数字方式处理这些信号，即对信号的产生、滤波、变换、调制、延时、增强等加工处理，以得到所希望的音响信号。改变数字滤波器的参数，可得到不同的声音。数字式音响仿真具有线路简单、灵活、精确等特点，其仿真逼真度高，容易实现声音的三维定位效果。在声音种类很多的情况下，数字式音响仿真的复杂程度不会增加很多，但实时控制能力不如模拟式音响仿真。

数字模拟混合式音响仿真综合了数字式音响仿真和模拟式音响仿真两种方法，部分声音通过模拟方式播放，其他的声音则通过数字方式播放。模拟式音响仿真方法适合于实时控制，对那些受飞船状态影响变化非常明显的重要声音，可以采用这种方法进行模拟，其他的声音则可以通过数字式音响仿真方法实现。

音响仿真系统通常由音响仿真计算机、音响发生器、控制器、多路功率放大器、发声器(通常采用音箱)、音响实时仿真软件、音响声音素材库、音响属性配置软件等组成。当模拟器运行时，音响仿真系统根据教员控制台的指令，以及实时仿真计算系统给出的飞行程序和仿真数据，实时产生具有三维定位效果的音响环境，提供给航天员逼真的听觉感觉。

（6）训练过程控制、监控与评价

教员控制台是飞行训练模拟器的指挥和控制中心。训练教员可通过教员控制台指挥、控制和监视训练过程，包括控制模拟器的启动、设定运行参数、设置训练科目、设置和插入模拟故障、取消故障、运行、冻结／解冻、快飞、跳飞、存点、重演、复位、停止等；监视航天员的训练过程，记录航天员的操作，监测航天员的生理信息，监测模拟器各系统的运行状况；观察飞行程序、航天器各系统的运行数据、舱载仪表板的所有显示，监听飞行过程的语音通报、航天员通话、舱内音响模拟噪声等。教员控制台还兼顾模拟地面飞行指挥控制中心的功能，可模拟天地通话、上下行指令和数据传输等功能。教员控制台具备训练过程的实时记录数据库，可以记录训练中的各种参数和数据，教员可随时查询记录数据。先进的教员控制台还具有采用人工智能和专家系统技术构成的训练评价系统，可根据训练情况，自动给出训练效果的评价结果。

教员控制台一般由教员计算机及教员软件、医监计算机及生理参数监测软件、飞行过程图形化显示计算机及三维图形化仿真软件、系统监控计算机（工程师工作站）及系统监控软件、软仪表（虚拟仪表）显示界面、系统控制面板、电视监视显示器、视景图像监视器、舱内语音通报和舱内模拟噪声监听设备、通话装置等组成。

教员计算机是教员的主要操作界面，一般采用触摸式控制显示系统作为其显示界面。通过教员计算机，教员可完成对模拟器的主要设置、运行控制、参数监视、数据库查询、训练效果评价等功能。

医监计算机模拟天地生理信息监测功能，通过网络与舱载生理信号监测装置连接，可实时采集、显示航天员的主要生理信息。

飞行过程三维图形化显示计算机以三维图形的形式，根据飞行程序及实时仿真计算系统提供的仿真数据，为教员提供直观的航天器飞行过程动态演示。

系统监控计算机又称工程师工作站，主要实现对模拟器各系统设备的状态监控和在线工作状态监测。

软仪表(虚拟仪表)显示界面是由仪表仿真系统提供的舱载仪表板的镜像显示，教员通过软仪表显示界面，可以随时了解和掌握仪表的工作状态，以及航天员对舱载仪表的操作。也有采用与舱载仪表板相同的硬设备监视仪表操作的显示界面，但这种显示界面成本太高，开关和按键等硬设备的状态也无法复现。因此，现代先进的模拟器多采用软仪表显示界面。

系统控制面板主要是实现对模拟器系统的启动、舱内噪声声级设定和控制、模拟座舱空调系统的控制、应急照明的控制等功能。教员还可以通过电视监视屏、视景图像监视器、舱内语音通报和舱内模拟噪声监听设备、通话装置等设备，实现对训练过程的监视、监听以及天地通话的模拟功能。

7. 专项训练模拟器

与全任务飞行训练模拟器（图7－17）不同，专项训练模拟器是为了完成某单一的专项任务而研制的训练设备。

专项训练器由专项训练设备、仿真系统、教员系统等组成，

图7－17　固定基全任务飞行训练模拟器

可以进行某些系统的专门操作训练和飞行训练。目前国际上通用的专项训练器一般有出舱活动程序训练模拟器、手控交会对接训练模拟器和空间站模拟器等。

（1）出舱活动程序训练模拟器

我国研制的出舱程序训练模拟器（图7－18）属于典型的专项训练器，用于出舱活动中与航天员相关的气闸舱设备和舱外航天服的正常操作训练、故障训练和出舱程序训练。为防备在执行任务中气闸舱设备和舱外航天服出现故障，也针对这些设备的故障现象进行模拟，并训练航天员如何排除这些故障。同时，这种训练器也可应用于工程的一些试验验证。

按照模拟器的功能要求和相应的配置，将出舱活动程序训练模拟器系统分为七个分项：地面（常压）训练用舱外航天服分项（下称常压服）、气闸舱舱载设备分项、生保支持设备分项、

图7－18 出舱活动程序训练模拟器

悬吊移动装置分项、主控与仿真分项、教员台分项和辅助支持分项。

常压服分项和气闸舱舱载设备分项是模拟器系统的核心。常压服分项由两套常压服、服装控制台及配套设备组成；气闸舱设备由舱体及配套设备组成，它们是航天员训练过程中的载体和操作对象；生保支持系统为常压服提供气源压力和液冷支持，配合常压服完成压力制度、液冷功能的模拟，以满足受训航天员的生理需要；悬吊移动装置分项提供常压服的承载功能，并能满足常压服小阻力运动；主控与仿真分项负责系统压力模型、航天员操作模型、电源模型、系统监测以及接口控制与数据采集等功能；教员台分项则负责训练科目的设置、训练的指挥调度等；辅助支持分项负责对系统供电、电视监视和系统通话功能。各分项分别完成模拟器的相关配置，实现相应的功能，并且相互协调配合，共同组成模拟器系统，实现模拟器的所有技术指标和功能要求。

真实条件下的舱外航天服和过闸程序处于低压乃至真空环境中，带有很大的危险性。在实验室常压下，基本无医学风险，运行代价小，可以训练航天员熟练掌握过闸操作步骤，是航天员完成低压环境体验和执行飞行任务的基础。要掌握这种体验性的技能，航天员必须置身于一种相对真实的训练环境中，常压服和气闸舱舱载设备应当尽可能地接近真实的环境和功能。

由于这种操作技能与失重条件密切相关，为保障训练难度，接近真实飞行状态，缩短航天员在轨执行任务的适应过程，地面训练环境中设计了无支撑悬吊装置系统，以平衡重力，减少摩擦力，辅助其训练中的自主移动。

在真实气闸舱内设计悬吊移动机构，由于气闸舱和悬吊移动机构的复杂性，加上活动空间非常狭小，因此，无法建立完整一体的气闸舱舱体，只能通过舱压模型和仪表仿真显示来模拟。

在常压环境下，利用反向加压模式，可以模拟真实出舱活动中的服装相对压力变化情况，包括在轨检查、轨道舱泄压、大流量冲洗、吸氧排氮、轨道舱再次泄压、服装气密性检查、出舱、气闸舱复压等过程。

考虑模拟故障的功能，而真实设备在常压开放环境下无法工作（舱门检漏仪），为了降低研制代价，气闸舱与出舱活动相关的设备采用操作功能模拟件来实现。

构建起来的出舱活动程序训练模拟器，是一个以离散事件为驱动，集全实物仿真、半实物仿真和数字仿真于一体的人在回路中的实时仿真系统，利用受训者的操作事件，可以驱动整个程序操作的训练。

（2）交会对接训练模拟器

交会对接训练模拟器用于航天员交会对接任务的技能训练，主要是针对手动操作对接时的航天员技能训练。由于各国的手动操作方式不一样，所以手控训练的模式也不相同。俄罗斯采用的是平移、姿态两个手柄来进行手动交会对接，利用潜望镜模式来进行对接目标的辨识。图 7－19 为俄罗斯手控对接训练模拟器。美国的航天飞机采用的是平移、姿态合一的操作模拟进行手动交会对接，利用舷窗的辅助测量图形符号和视觉所见进行对接目标的辨识。

交会对接训练模拟器一般由仿真系统（仿真目标飞行器和追踪飞行器的动力学、运动学、GNC 控制、对接机构）、交会对接任务相关的仪表系统和交会对接任务相关的视景系统等组成。相对于全任务飞行训练模拟器而言，交会对接模拟器仅模

图7－19　俄罗斯手控对接训练模拟器

图7-20　和平号空间站模拟器

拟两个航天器近距离的对接和撤离训练，着重让航天员熟悉和掌握对接、撤离的手控操作。

（3）空间站模拟器

空间站模拟器主要仿真空间站上航天员需要操作的各种环境，包括各种空间站自身设备的功能模拟器与操作模拟，各种科学实验设备和生活照料设备的功能模拟与操作模拟。相对于全任务飞行训练模拟器，空间站模拟器主要用于航天员在空间站环境之中的设备操作和程序操作训练。图 7－20 为和平号空间站模拟器。

8. 虚拟现实模拟训练

虚拟现实就是利用计算机生成一种模拟环境，如飞船驾舱、操作现场等，通过多种传感设备使用户“投入”到该环境中，实现用户与该环境直接进行自然交互的技术。这里所谓的模拟环境，就是用计算机生成具有表面色彩的立体图形，立体图形可以是某一特定现实世界的真实体现，也可以是纯粹构想的世界。传感设备包括立体头盔、数据手套、数据衣等穿戴于用户身上的装置和设置于现实环境中的传感装置（不直接戴在身上）。自然交互是指用日常使用的方式对环境内的物体进行操作并得到实时立体反馈，如用手拿东西、行走等。虚拟现实模拟训练是计算机辅助训练的典型应用。

（1）航天环境虚拟模拟

太空环境是非常复杂的，航天员执行太空任务，必须要对太空环境有所了解。航天员需要了解的太空环境包括星空、太空辐射等。建立虚拟星空场景，按照飞船飞行轨迹遍历航天员从航天器中可以感知的太空景象，可以帮助航天员了解飞行轨迹。尤其在飞船自动控制发生故障的情况下，航天员可以根据星空方位操纵飞船，以达到自救目的。图 7－21 为航天环境虚拟模拟场景。

图7－21 航天环境虚拟模拟

（2）航天器环境虚拟模拟

航天员执行飞行任务前，必须要对驾驶的航天器环境非常了解，就如同我们了解自己驾驶的汽车一样。真实航天器在发射之前，航天员仅能在模拟器上熟悉航天器的飞行环境，这种熟悉训练的代价往往比较大。建立虚拟的航天器环境，可以在计算机上熟悉航天器的环境。虚拟环境还可以进行交互操作，就如同玩《极品赛车》游戏一样，航天员可以在单机上进行航天器环境训练和操作，这极大地降低了训练成本。

虚拟摸拟训练通常可以采用两种方法，一种是桌面模式，一种是头盔眼镜遍历模式。桌面模式是在普通的显示界面上遍历航天环境，受训者可以用鼠标或者键盘操作漫游场景，或者对场景中的部组件进行操作，界面可以在普通的微机显示屏显示，可以是多个显示屏的组合，也可以是投影模式。头盔眼镜模式是受训者带上头盔眼镜，根据航天员自身的运动自动建立场景。这种模式代价比较高，但互动性比较强，往往可以模拟出逼真的操作遍历场景。头盔眼镜遍历模式是虚拟现实发展的一个重要的方向。

图7－22 单项操作训练虚拟模拟设备

（3）单项训练虚拟模拟

航天员执行任务前，需要训练的单项设备很多，比如单项科学实验设备操作、航天器仪表操作。按照常规做法，单项训练大都采用真实的训练件，但这样会导致训练费用增加。同样，利用虚拟现实技术构建单项设备模拟训练单机产品，可以拓宽训练方法，降低训练费用。单项操作训练虚拟模拟设备如图 7－22 所示。

目前比较常见的是建立虚拟航天器仪表，其中仪表监视与操作是航天员训练的重点。利用仪表组件技术构建真实航天器仪表，利用仿真模型驱动仪表，航天员可以利用虚拟手对仪表进行操作，也可以用鼠标或者键盘操作，以此达到训练的目的。

（4）协同操作虚拟模拟

开发虚拟协同程序训练系统，用于航天员舱外活动训练和舱内操作训练，对舱外活动和舱内操作多种方案进行虚拟仿真，训练航天员掌握单人操作技能以及多名航天员协同程序操作技能，可以为载人航天更复杂的航天员训练提供虚拟现实训练手段。虚拟协同训练系统采用分布式结构，既能完成单个航天员的操作技能训练，又能完成多名航天员协同操作技能训练。协同操作虚拟模拟项目的研究重点是虚拟人体运动建模技术、三维虚拟物体建模技术、基于虚拟现实的人机交互技术和分布式仿真技术。目前，国际上已经有多种协同操作虚拟模拟训练设备用于航天员的地面训练，如图 7－23 所示。

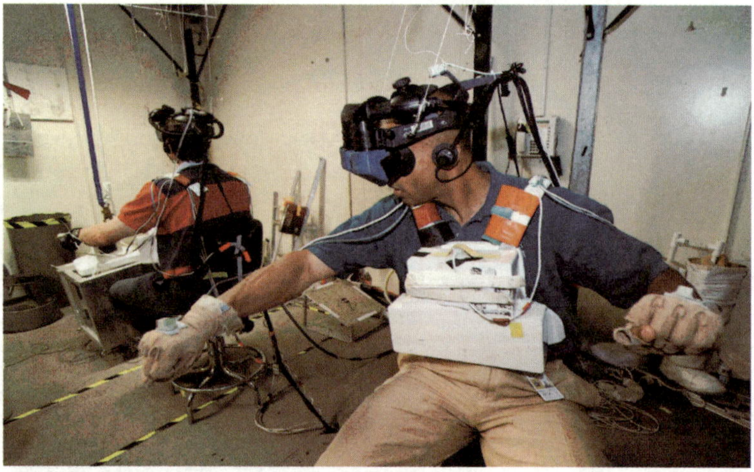

图7－23 协同操作虚拟模拟训练设备

第八章

挺进深空　延伸梦想

21世纪初，外层空间显示出更加重要的作用，一些航天大国相继提出控制空间的设想，导致一场新的空间技术竞赛。世界航天大国对开发月球和登陆火星的热情，表明了21世纪载人航天发展的方向：人类将超越近地空间，进军太阳系。这也意味着，21世纪世界空间技术将持续快速地发展。

1．挺进深空的重大意义

发展载人深空探测技术，将人由地球送往深空和其他天体表面，并安全返回地球，目的是探索和开发宇宙资源，拓展人类活动和生存空间。21 世纪深空探测的五个重点领域是月球探测、火星探测、水星与金星探测、巨行星及其卫星探测、小行星与彗星探测。深空探测对于国家政治、经济、军事和社会发展具有重大的战略意义。就政治意义来讲，深空探测集中显示了一个国家的科技发展水平和综合国力；就其科学和经济意义来说，深空探测可以更深入地了解地球、太阳系乃至宇宙的起源，研究其他天体上是否存在生命，将开发、利用天疆，移民其他星体的梦想变为现实。

尽管深空探测充满挑战和风险，尽管各种努力曾经遭遇失败，但人类探测深空的脚步不仅没有停止，反而在不断向前迈进，而且步伐越来越快。目前看来，在现有技术条件下，人类进行长距离的星际航行还不太现实，但飞往火星是可能的。

在人类历史上，一个国家若能从人类活动的一个领域最有效地迈向另一个新领域，就能取得巨大的战略优势。例如，当人类的活动从陆地转向海洋之后，斯堪的纳维亚人靠擅长近海航行的本领，建立了非凡的统治地位。哥伦布和麦哲伦史诗般的航海之后，西班牙和葡萄牙对公海这个人类活动的新领域实施军事和商业控制，取得了世界的统治地位。后来，英国依仗其强大的海军舰队和商业船队，建立了长达一个世纪的海上霸权地位。当大气层成为人类活动的新领域后，美国凭借自己在航空方面最有效的军用和民用能力，赢得了极大的战略优势。

1957 年 10 月 4 日，苏联成功发射世界上第一颗人造地球卫星，把人类带进了一个无限广阔的太空时代。此后，卫星从实验阶段进入应用阶段，侦察卫星、通信卫星、气象卫星、地球资源卫星、导航卫星等相继投入使用，改变了人类社会生活的各个方面。在载人航天方面，1961 年 4 月 12 日，苏联航天员加加林乘坐东方号飞船绕地球飞行 108 分钟，第一次实现了人类飞出大气层的梦想。1969 年 7 月 16 日，美国的阿波罗 11 号载人飞船成功登上了月球，这是人类第一次在地球以外的星球上着陆。7 月 21 日，航天员阿姆斯特朗走出登月舱，在月球表面行走。阿波罗登月成功，是世界航天史上又一项具有划时代意义的重大成就，对人类而言，这是一个巨大的进步。1971 年 4 月 19 日，苏联第一次把礼炮 1 号载人空间站发射上天。1981 年 4 月 12 日，美国哥伦比亚号航天飞机首航成功，顺利完成两天的试验飞行。至今，航天飞机已完成 100 多次航天飞行任务。有史以来最大的航天科技项目，耗资 600 亿美元的国际空间站，即将于 21 世纪初建成。所有这些活动，都为人类探索宇宙奥秘、开发利用空间资源作出了卓越的贡献。

探索宇宙奥秘，开发利用空间资源，探求人类进入新疆域的可能与途径，是世界各国的共同使命。可以预见，载人深空探测将是 21 世纪人类航天活动的一个重要方面。

2. 长期载人飞行的医学难题

长期飞行对航天员健康的影响、疾病防治和在轨医学处置等问题，是人类全面进入太空前必须解决的问题。目前，人们还无法确认长期星际飞行中人对空间环境的适应能力有多强，空间环境对机体的影响与危害有多大，如何利用有效技术评价空间环境对人体的影响及其发生机制。特别是在长期的高应激封闭环境中，人类还将面对长期应激造成的免疫功能持续低下，孤独焦虑引发的心理障碍和生理功能失调，长期失重导致的神经系统认知变化。这些问题增加了确保人在空间生存、健康和有效工作的复杂性和艰巨性，也对航天员选拔训练，航天员在轨飞行健康保障，各种防护措施的研究与建立等方面，提出了更高的要求。如何在较长的空间飞行和星际探索期间，针对空间环境因素进行有效的医学防护和对抗，将空间对人的影响降低到最小程度，是制约人类向更深、更远、更高的外层空间探索的瓶颈因素。

载人航天活动在近半个世纪以来的发展历程中，已经成功地解决了天地往返、近地轨道飞行、出舱活动等技术问题，当前的重点已转入为人类探索、开发月球和火星等作准备的长期航天飞行阶段。在俄罗斯，已有航天员完成了一年多的飞行实验。组装中的国际空间站，将继续成为长期航天飞行的主要实验平台，为开展空间生命科学研究，解决长期飞行的航天医学、心理学问题提供条件，这也是国际空间站整个飞行任务中的一个重点。

中国也将建设自己的空间实验室，这为中国空间生命科学研究带来了难得的机遇。目前，中国科学家已提出了需要解决的航天医学、心理学问题，未来将利用空间实验室开展相关实验。可以预见，无论在国际还是在国内，空间生命科学都面临着新的发展机遇。

根据载人航天活动的要求，空间生命科学将继续研究微重力等航天环境因素对生命体的作用机理，以理解重力在生命活动中的作用，同时重点研究长期飞行的医学、心理学问题，以保障航天员长期飞行的健康、安全和工效。由此可见，长期飞行的航天医学、心理学研究，重力在生命活动中的基本作用和多层次的机理研究，将会成为空间生命科学研究的重点方向。

由于航天员的安全和健康是载人深空探测中的核心问题，所以航天医学、心理学问题的研究，仍是空间生命科学研究的重中之重。航天医学问题中，骨丢失和空间辐射是受到关注的第一位问题，其次是航天飞行中免疫、造血功能和神经系统的功能变化。在微重力环境中，人即使不断地进行运动锻炼，承重骨的矿物丢失每月也会超过1%，因此研究长期飞行中骨丢失的程度、代谢机理及其可逆性极为重要。同时，还要研究有效对抗骨丢失的措施。就失重来说，在国际空间站上，拟采用人工重力为主的对抗措施，日本正在研制站载小型人用离心机。在辐射危险方面，为实现行星际载人飞行，必须解决辐射屏蔽和辐射的医学防护，以及任务周期内空间辐射的预报问题。在航天心理学方面，虽然大家对心理问题的重要性在认识上是一致的，但在方法学上仍处于摸索阶段。目前较为一致的认识是，在选拔训练中重视乘员之间的兼容性，人－机界面设计要满足人的因素和要求；居住环境、饮食作息制度、文化娱乐活动、天－地联系等方面要合理安排，以减轻航天员的心理负担。优先开展的行为研究项目包括行为评定方法，航天物理环境与心理对人的认知、情绪影响的机理等。

3．再生式环控生保
——深空飞行的关键技术

环控生保技术的任务，是在载人航天器密闭座舱内创造一个适合居住的环境条件，并为航天员的生存提供必要的物质条件，保证航天员在载人航天器内的正常生命活动及工作效率。

环控生保技术可分为非再生式和再生式两大类，这是按航天员在航天活动中所消耗物质的供应方式和物质是否循环使用来划分的。

深空探测不能依靠来自地球的补充供应，无论是氧气、水或食物，都要靠自己解决，所以必须采用再生式环控生保技术。再生式环控生保技术还可进一步分为物理／化学再生式和生物再生式，这是按物质再生原理来划分的。

物理／化学再生式环控生保技术，是在开环式的环控生保系统基础上发展起来的，主要在氧气和水的再生两方面有了发展。这种环控生保技术采用物理和化学方法再生座舱内的大气和水，但食品需要从地球供应和补给，对废物仍采取收集储存处理的方式。物理／化学再生式环控生保技术是部分闭环的生命保障系统，即第二代生命保障系统。这种系统结构比较复杂，适用于中长期太空飞行。现在空间站上装备的环控生保系统，就是采用的这种再生式环控生保技术。

生物再生式环控生保技术，又称为闭合生态生保系统或受控生态生保系统。顾名思义，在该系统里，除了人之外，还有动植物生存，人与动植物和微生物生活在一起，犹如一个小的自然界。生物再生式环控生保系统是完全闭环的生命保障系统，即第三代生命保障系统。在该系统中，利用绿色植物的光合作用，可以吸收二氧化碳，释放出氧气，同时生产植物性食品。利用植物的蒸腾作用，还可以净化废水。废物和废水则利用微生物进行处理。通过引入生态平衡概念，采取生物再生式环控生保技术，可以进一步解决航天员的食品生产和废物再循环问题。生物再生式环控生保系统是最为复杂的一种环控生保系统，适用于物质供应困难的长期载人太空飞行，例如未来的月球基地、载人星际探索等。目前，美国和俄罗斯等国家都在对此开展各种实验研究，但许多关键技术还没有获得突破。

在地外天体，还可利用地外天体上的资源，就地生产氧气和水等生命所需物质。在外星基地，如火星基地，可以利用火星大气中的二氧化碳生产推进剂（氧气和甲烷），供火星上升飞行器使用，而水和呼吸用的氧气，则是推进剂生产过程中的副产品。

4. 人工重力
—— 长期载人飞行的新概念

微重力可引起航天员生理系统失调，然而目前尚没有一种理想的对抗措施来避免这种生理失调。体育锻炼对心血管功能失调和肌肉萎缩有一定效果，但是对骨丢失、体液转移和免疫功能抑制的对抗效果就不明显，而且这种方式要求航天员每天要花两个多小时进行身体锻炼，对空间时间极为宝贵的航天员来说，两个小时的代价太大了。

人工重力是指航天器乘员舱围绕航天器自转轴旋转产生的一种类似于重力的加速度力。人工重力能防止人体在微重力条件下的生理系统失调，未来的长期空间飞行，这将是对抗失重影响的重要措施。首先，人工重力可以防止入轨后体液向头胸部转移，同时还可以防止因体液转移而出现的尿量增多现象。其次，人工重力通过减少尿量，可以增加血管内的流体容量和心脏负荷，从而防止心肌萎缩和心律失常。第三，俄罗斯科学家用离心机对生物卫星上的大鼠进行旋转实验发现，大鼠长骨中钙和磷的含量保持不变，这证明人工重力可以防止骨骼脱失矿质。最后，美国科学家的实验证明，在空间离心机旋转条件下培养的淋巴细胞，能保持其正常的生理功能。

早在30多年前，科学家们就提出了人工重力的概念，但是，由于该技术过于复杂，所以一直没有确定下来。今天，当人类准备向深空进军之际，这个问题又重新被提到议事日程上来。

5. 向更遥远的宇宙空间进军

长期载人飞行和载人登月，已成为21世纪世界载人航天发展的热点，也必将是中国载人航天发展的重要目标。经过40多年的发展，中国已成功研制并发射了100多颗人造卫星、4艘不载人的试验飞船和3艘载人飞船，另外还发射了30余颗外国卫星，取得了一系列重大成就，建立了完整配套的航天工程体系，达到了相当的规模和水平，积累了丰富的实践经验，在空间科学和航天技术领域培养造就了一支高素质的科技队伍，这些基础设施和人才资源，为我国开展深空探测奠定了坚实的技术和物质基础。

本世纪初，世界各主要航天大国纷纷推出规模庞大的月球、火星和更远的行星际探测规划，我国在这个时候不失时机地开展深空探测是及时而且必要的。

现代火箭创始人冯·布劳恩曾经预言："21世纪将是外层空间进行科学活动和商业活动的世纪。"在新的千年中，经过在地球母星上几十亿年演化的人类，必将踏着阳光的阶梯，向宇宙空间进发，从而带来人类文明的新进步。

在21世纪的外层空间科学研究和空间资源的开发和利用上，中国载人航天将为人类作出自己的贡献，推动人类文明不断向前发展。